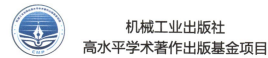

机械工业出版社
高水平学术著作出版基金项目

辽宁省科协资助
LIAONINGSHENG KEXIE ZIZHU
辽宁省优秀自然科学著作·2024年

人工智能科学与技术丛书

U0190956

多智能体自主协同技术

吴杰宏 著

机械工业出版社
CHINA MACHINE PRESS

本书从多角度覆盖了多智能体自主协同技术的内容，分5篇共18章，包括多智能体系统的协同基础、集群控制、通信优化、任务协同及目标追踪，旨在将多智能体自主协同技术中的方法和理论结合起来，并强调协同基础的重要性，具有基础性、应用性、综合性和系统性等特点。

本书可以作为多智能体系统领域研究的入门指南，或者作为协同无人系统工程师的自学教材，还可以用作高年级本科生以及研究生教材。另外，本书也可以作为协同无人系统、无人飞行系统以及无人系统的补充阅读材料。

图书在版编目（CIP）数据

多智能体自主协同技术 / 吴杰宏著 . —北京：机械工业出版社，2024.6（2025.5 重印）

（人工智能科学与技术丛书）

ISBN 978-7-111-75881-5

Ⅰ.①多…　Ⅱ.①吴…　Ⅲ.①无人驾驶飞机–自动飞行控制–研究　Ⅳ.①V279

中国国家版本馆 CIP 数据核字（2024）第 104915 号

机械工业出版社（北京市百万庄大街 22 号　邮政编码 100037）
策划编辑：李晓波　　　　　　　责任编辑：李晓波　陈崇昱
责任校对：郑　婕　梁　静　　　责任印制：刘　媛
北京中科印刷有限公司印刷
2025 年 5 月第 1 版第 2 次印刷
184mm×240mm · 15.75 印张 · 325 千字
标准书号：ISBN 978-7-111-75881-5
定价：119.00 元

电话服务　　　　　　　　　　　网络服务
客服电话：010-88361066　　　机　工　官　网：www.cmpbook.com
　　　　　010-88379833　　　机　工　官　博：weibo.com/cmp1952
　　　　　010-68326294　　　金　书　网：www.golden-book.com
封底无防伪标均为盗版　　　机工教育服务网：www.cmpedu.com

序

在人工智能的广阔天地中，深度强化学习以其独到的学习策略和广泛的应用范围，正在引领无人机协同技术的创新浪潮。《多智能体自主协同技术》一书，作为此领域研究的集大成者，不仅深入探讨了无人机的集群控制、通信优化、任务协同和目标追踪等关键技术，而且提供了一系列创新的解决方案和实际应用示例，使得这一技术更加贴近实际，更具实用价值。

从书中可以看出，作者不仅系统地总结了深度强化学习的基本理论，还详细阐述了如何将这些理论应用于实际的无人机操作中，以解决实际问题。通过精心设计的实验和模拟，本书展示了深度强化学习在无人机自主协同中的高效性和可行性，尤其是在复杂和动态的环境中。

在集群控制方面，本书提出了一种新的算法框架，使无人机能够实现更为高效和协调的集体行动。通过改进的通信协议和优化算法，无人机群体能够在保持低延迟的同时，实现大范围的实时集群控制，这对于执行紧急救援、环境侦察等任务至关重要。

在任务协同与目标追踪方面，本书详细介绍了如何通过深度强化学习来优化无人机的任务执行策略和行为模式。无人机能够根据环境反馈自动调整其行动策略，从而有效提高任务完成率和操作效率。此外，书中还探讨了无人机在复杂环境中的自主导航和障碍避让技术，极大地提升了无人机的安全性和可靠性。

本书不仅适合深度强化学习和无人机技术的研究人员和学者，也适合那些希望将这些先进技术应用到实际工作中的工程师和技术人员。每一章都提供了丰富的参考文献，便于读者深入研究，并在自己的研究或应用项目中找到灵感和支持。

随着人工智能技术的不断进步，深度强化学习将在未来的无人机技术中扮演更加重要的角色。本书的出版正值其时，为我们提供了一个深入了解和掌握这一领域的绝佳机会。我们期待这本书能够激发更多科技工作者的兴趣，推动无人机自主协同技术的持续发展和革新。再次祝贺本书的成功出版，它不仅是作者智慧的结晶，也是无人机自主协同技术发展的里程碑。

中国工程院院士

前　言

PREFACE

智能体是人工智能领域中一个很重要的概念，它是指驻留在某一环境下，能持续自主地发挥作用，具备驻留性、反应性、社会性、主动性等特征的计算实体。任何独立的能够思考并可以同环境交互的实体都可以抽象为智能体。

多智能体协同系统是指多个自主智能体通过信息交互和行为交互所构成的在时间、空间、模式和任务等多维度进行协同的智能系统。这类智能系统通常包含两个及以上的单机，呈现出的整体功能、性能超过各单机之和。多机协同智能不仅拓展了单机的物理域、信息域和作业范围，也显著提升了单机面对复杂环境和任务的感知-执行综合效能。

作为沈阳航空航天大学协同无人系统研究室多年科学研究成果的总结，本书可以作为多智能体系统领域研究的入门指南，或者作为协同无人系统工程师的自学教材，还可以用作高年级本科生以及研究生教材。另外，本书也可以作为协同无人系统、无人飞行系统以及无人系统的补充阅读材料。本书共 18 章，包括多智能体系统的协同基础、集群控制、通信优化、任务协同及目标追踪五个部分，多角度覆盖多智能体自主协同技术内容。

1）协同基础篇，主要包括智能体概述、多无人机系统和目标运动建模、水下复杂任务环境建模等内容，它是后续多智能体协同技术的基础及理论支撑。

2）集群控制篇，主要包括角度控制集群、圆环控制集群、MADDPG 集群控制，以及风流对集群控制的影响等内容，是对多智能体的集群控制问题进行研究。

3）通信优化篇，主要包括多无人机安全通信机制、引入飞行控制因子增加通信链路、引入虚拟洋流及自适应步长改进人工鱼群算法、设计层式虚拟通信圆环及移动算法提高通信安全，如何减小不安全通信范围并增加无人机通信链路等技术内容，是对多智能体的通信性能进行优化研究。

4）任务协同篇，主要包括未知环境下的目标点搜索及路径优化、任务分配机制，基于距离进化 N-PSO 的多智能体能源优化路径搜寻方法，基于强化学习角度积累营救区回报值，通过寻找回报最大值得到执行营救过程的最优行为等技术，是对多智能体自主协同目标搜索及任务分配问题进行研究。

5）目标追踪篇，主要包括多无人机在追踪单目标或多目标时如何实时自适应地调整自身运动状态，如何在追踪过程中始终保持网络动态连通及避免碰撞，并快速跟踪到目标等技术内容，是对多智能体协同目标追踪问题进行研究。

本书的编写和准备是一个漫长的过程，也是我们多年研究工作的积累与总结。非常感谢我的研究生马坚、李丹阳、于元哲、邹良开、王景志、宋成鑫、孙亚男、杨京辉等，他们为本书的编写准备了材料，并参与了部分整理工作。特别感谢本书的策划编辑李晓波老师，他对本书的每个章节都认真审阅，积极给出改进意见。

多智能体自主协同技术发展迅速，涉及领域广泛。作者学识、时间和精力有限，书中难免存在不妥之处，若蒙读者诸君不吝告知，将不胜感激。

吴杰宏

2024 年 3 月

集群控制篇

第 6 章 CHAPTER.6

G-MADDPG 集群控制　/ 52

第 7 章 CHAPTER.7

A-MADDPG 集群控制　/ 70

第10章
CHAPTER.10
改进人工鱼群通信优化　/　113

第11章
CHAPTER.11
改进 OLSR 协议的通信优化　/　123

目标追踪篇

第17章 CHAPTER.17　切换式协同目标追踪 / 206

第18章 CHAPTER.18　局部信息交互多目标追踪 / 220

协同基础篇

多个智能体通过信息、行为交互构成的多机协同智能，代表未来智能系统的必然发展趋势，是我国新一代人工智能规划部署的主攻方向，也是支撑国防、社会安全的核心技术和推动制造业由大到强的必由之路。开展多机自主智能协同技术研究，对于推动我国国防智能、智能产业高质量发展、加快工业转型升级具有重要意义。

多机协同智能是指多个自主智能体通过信息交互和行为交互所构成的在时间、空间、模式和任务等多维度进行协同的智能系统。这类智能系统通常包含两个及以上的单机，呈现出的整体功能、性能超过各单机之和。组成多机协同智能的单机包括自主移动作业机器人、无人飞行器、无人车辆、无人舰船、无人潜水器等，这里的单机是指高度融合机械化、信息化的系统，能自主完成指定任务。多机协同智能不仅拓展了单机的物理域、信息域和作业范围，也显著提升了单机面对复杂环境和任务的感知-执行综合效能。

集群控制、通信优化、任务协同及目标追踪能力是多智能体系统自主协作的重要环节，彼此紧密关联。本篇包括第 1~3 章，所阐述的内容及技术是后续集群控制篇、通信优化篇、任务协同篇及目标追踪篇的前提及理论支撑。

第1章

▶▶▶▶▶▶

智能体概述

1.1 智能体的范畴

智能体是人工智能领域中一个很重要的概念，它是指驻留在某一环境下，能持续自主地发挥作用，具备驻留性、反应性、社会性、主动性等特征的计算实体。任何独立的能够思考并可以同环境交互的实体都可以抽象为智能体。

由以上定义可知，智能体具有下列基本特性。

1）自治性（Autonomy）：智能体能够根据外界环境的变化，而自动地对自己的行为和状态进行调整，而不仅仅是被动地接受外界的刺激，具有自我管理、自我调节的能力。

2）反应性（Reactive）：能够对外界的刺激做出反应的能力。

3）主动性（Proactive）：对于外界环境的改变，智能体能够主动采取活动的能力。

4）社会性（Social）：智能体具有与其他智能体或人进行合作的能力，不同的智能体可根据各自的意图与其他智能体进行交互，以达到解决问题的目的。

5）进化性：智能体能够积累或学习经验和知识，并修改自己的行为以适应新环境。

移动智能体是指能够自行在网络的节点间进行移动，以完成求解任务的智能体，它包括现实生活中的无人机、无人艇、无人车等概念。提到"多智能体协同"，你的脑海里会呈现出怎样的画面？是出现在空中的多架无人机编队表演，还是公路上的多辆无人车列队行进，又或者是大海里多艘无人艇协同作战呢？

多智能体协同强调单体之间的合作与协同，往往能够大幅提高工作效率和能力，可以应用于许多场景，例如工业操作、巡逻侦察、灾情救援、环境勘探、智能物流、智能农业和消费娱乐等。

这里我们以无人机作为移动智能体进行阐述。

1.2 多无人机控制模型

多无人机的植绒集群行为是将空间中随机分布的无人机经过个体之间信息交互，依据无人机群体局部规则，通过群体中无人机之间的协同控制聚集成一个群体的行为。最终状态是群体中无人机彼此保持一定的距离，并且可以通过一跳或者多跳进行通信，形成一个可信息交互的群体。无人机群体技术经过多年的研究和发展，最终形成了以 Reynolds 三原则为基础的经典植绒集群模型。

▶▶ 1.2.1 Reynolds 模型

Reynolds 研究鸟群、羊群和牛群时提出植绒算法的三条基本控制准则，从而实现了植绒算法在计算机上的第一次仿真。Reynolds 三原则主要为分离原则、聚合原则和速度匹配原则。

1）分离原则：如图 1.1 所示，当两个智能体相互靠近时，为了避免两智能体距离过近而发生碰撞，每个智能体根据自身的需求存在一个安全距离，当两个智能体之间的距离小于这个安全距离，智能体之间会产生排斥的作用力，并且该力与距离成反比，即无人机之间的距离越近，排斥力越大；距离越远，排斥力越小。

2）聚合原则：如图 1.2 所示，当两智能体位于彼此通信范围内时，为了保证智能体不脱离群体，保持紧凑的队形。每个智能体根据自身的特点，设定吸引区域，吸引力的大小与两个智能体之间的距离成正比，距离越远则智能体的吸引作用越大，反之越小。

3）速度匹配原则：如图 1.3 所示，为保证群体最后的行为一致性，即保证所有的无人机可以朝着同一个方向运动，通过各个智能体与其通信范围内的其他智能体可以保持平均速度的大小和方向一致来实现。如图 1.3 所示，周围的 6 架无人机与中间的无人机速度逐渐接近，最终，中间无人机的速度方向和周围的无人机的速度方向保持一致，如此无人机形成了一个有共同运动状态的集群。

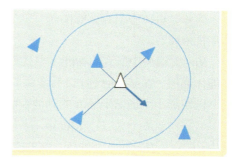

● 图 1.1　分离原则

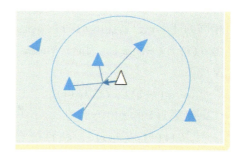

● 图 1.2　聚合原则

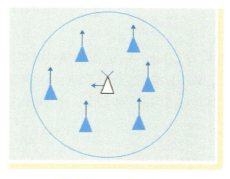

● 图 1.3　速度匹配原则

▶▶ 1.2.2　Vicsek 模型

Vicsek 以统计力学为出发点，分析多智能体植绒集群问题，提出了经典的植绒集群模型，即 Vicsek 模型。多智能体通过算法的迭代，实现智能体的同步运动。在该系统中，由 N 个智能体组成离散时间系统，集合 $V = \{1, 2, \cdots, N\}$ 表示所有智能体。模型中通过随机初始化的方式初始化智能体的位置和速度，模型中的智能体均在有限的空间范围内移动，智能体的速度保持恒定。为了便于研究，Vicsek 模型对系统做出如下假设：

假设　群体中所有智能体在二维平面上运动，忽略群体内的个体质量及形状大小，所有个体均视为质点。

Vicsek 模型中所有的智能体均具有相同的感知能力，并且每个智能体只和通信范围内的其他智能体通信。在某一时刻 t 以智能体 i 为圆心，智能体通信范围 R 为半径绘制圆，将与智能体 i 的欧氏距离小于通信半径 R 的其他智能体视为智能体 i 在该时刻的邻居集合，定义为

$$\Gamma_i(t) = \{j \mid \| x_j(t) - x_i(t) \| \leq R, j = 1, 2, \cdots, N\} \tag{1.1}$$

其中，$\| \cdot \|$ 表示两个智能体之间的欧氏距离。如图 1.4 所示，邻居集合内均为智能体 i 的邻居智能体。图中的 θ 表示智能体 i 的移动方向。

在 Vicsek 模型中，所有的智能体均具有相同的速率 v_0，智能体 i 在 t 时刻运动方向为 $\theta_i(t) \in (-\pi, \pi]$。因而，Vicsek 模型定义如下。

$$x_i(t+1) = x_i(t) + v_i(t) \tag{1.2}$$

则时刻 $t+1$ 的速度方向为

$$\theta_i(t+1) = \langle \theta_i(t) \rangle_r + \xi_i(t) \tag{1.3}$$

$$\langle \theta_i(t) \rangle_r = \arctan \frac{\sum_{j \in \Gamma_i(t)} \sin\theta_j(t)}{\sum_{j \in \Gamma_i(t)} \cos\theta_j(t)} \tag{1.4}$$

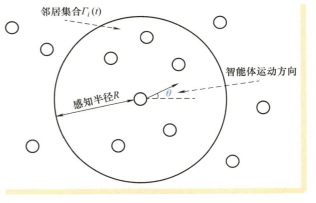

● 图 1.4　Vicsek 模型中的邻居范围示意图

其中，$\xi_i(t)$ 为 $[-\eta, \eta]$ 上的随机噪声，$\langle \theta_i(t) \rangle_r$ 为通信范围内所有智能体速度方向平均值。此外，Vicsek 模型还给定了智能体植绒集群算法的评价标准，采用序参量来表征智能群体系统所有个体运动方向的同步程度，称为群体系统的序参量，其计算方式如下：

$$V_a(t) = \frac{1}{Nv_0} \left\| \sum_{i=1}^{N} \vec{v}_i(t) \right\| = \frac{1}{N} \left\| \sum_{i=1}^{N} e^{i\theta_i(t)} \right\| \tag{1.5}$$

群体系统的序参量，又叫极化程度或有序度，可以将其视为粒子归一化的平均速率。式（1.5）的值越大，表明群体的运动方向越同步。当值为 1 时，表明个体朝着同一个方向运动，即达到了方

向同步，反之若式（1.5）的取值越小，表明群体无序程度越高，运动方向越没有规律。

▶▶ 1.2.3　Couzin 模型

Couzin 模型将智能体的感知区域从内向外依次分为排斥区域、对齐区域和吸引区域三个互不重叠的区域。其中排斥区域对应群体中的分离，对齐区域对应群体中的速度一致，吸引区域对应群体中的聚合。

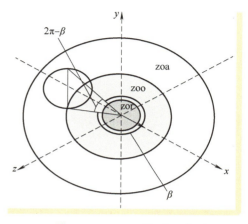

如图 1.5 所示，智能体在中心处，并且将该智能体从内到外划分为三个互不重叠的区域，图中的 zor 表示排斥区域，zoo 表示速度匹配区域，zoa 表示吸引区域。同时考虑了智能体的视野范围有限条件，即智能体的视野范围为 β。该模型将无人机的控制根据空间的不同划分为三个区域，其中 zor 的优先级最高，忽略背后的视野受限区域，对三个不同的区域分别定义社会力学模型。

● 图 1.5　Couzin 模型示意图

（1）当智能体视野内的 zor 区域存在其他的智能体时，其受到 zor 区域内智能体的排斥效果作用，则下一时刻的速度可以定义为

$$d_{\mathrm{r}}(t+\tau)=-\sum_{j\neq i}^{N_{\mathrm{r}}}\frac{r_{ij}(t)}{|r_{ij}(t)|} \tag{1.6}$$

其中，$r_{ij}=(p_j-p_i)/\parallel p_j-p_i\parallel$，$p_i$ 和 p_j 分别表示智能体 i 和 j 的位置坐标，N_{r} 表示智能体 i 在 zor 区域内的其他智能体的数量。

（2）当智能体 i 视野内的 zor 区域内没有其他个体，即 N_{r} 为零时，智能体对 zoo 和 zoa 区域中的其他智能体存在作用效果

1）对于 zoo 区域内个体

$$d_{\mathrm{o}}(t+\tau)=-\sum_{j\neq i}^{N_{\mathrm{o}}}\frac{v_j(t)}{|v_j(t)|} \tag{1.7}$$

2）对于 zoa 区域内个体

$$d_{\mathrm{a}}(t+\tau)=-\sum_{j\neq i}^{N_{\mathrm{a}}}\frac{r_{ij}(t)}{|r_{ij}(t)|} \tag{1.8}$$

其中，N_{o} 和 N_{a} 分别表示位于智能体 i 的 zoo 和 zoa 区域中的其他智能体的数量。v_j 表示智能体 j 的速度矢量。

（3）将下一时刻智能体 i 的期望速度 $d_i(t+\tau)$ 定义如下

1）若 zoo 区域内有其他智能体，而 zoa 区域内没有智能体，即 $N_o \neq 0$ 且 $N_a = 0$，则

$$d_i(t+\tau) = d_o(t+\tau) \tag{1.9}$$

2）若 zoa 区域内有其他智能体，而 zoo 区域内没有智能体，即 $N_a \neq 0$ 且 $N_o = 0$，则

$$d_i(t+\tau) = d_a(t+\tau) \tag{1.10}$$

3）若 zoo 区域和 zoa 区域内均有其他智能体，即 $N_o \neq 0$ 且 $N_a \neq 0$，则：

$$d_i(t+\tau) = \frac{1}{2}\left[d_o(t+\tau) + d_a(t+\tau)\right] \tag{1.11}$$

1.3 多无人机运动模型

▶▶ 1.3.1 常用坐标系

在无人机编队集群的控制中，需要选取合适的坐标系进行参考，以此更好地描述无人机和整个编队集群的运动过程，下面介绍常用的三种坐标系。

（1）地面惯性坐标系

首先可以在地面的任意一处选取一点作为该坐标系的原点 O_g，该点通常为无人机的出发点。其次选取水平面内的某个方向，通常为无人机飞行方向，作为 O_gX_g 轴正方向；以该水平面内垂直于 O_gX_g 轴并指向左的方向为 O_gY_g 轴正方向；最后取垂直于该水平面并指向上的方向为 O_gZ_g 轴正方向，由上述三个轴共同组成一个地面坐标系。当不考虑地球自转对无人机飞行的影响时，可以将该坐标系看作惯性坐标系。

（2）无人机航向坐标系

通常以无人机的质心为航向坐标系的原点 O_b，取无人机的水平运动方向为 O_bX_b 轴正方向；其次取垂直于水平面并指向上方的为 O_bZ_b 轴正方向；另取 O_bY_b 轴与上述两轴构成右手坐标系，最终构成无人机的航向坐标系。

（3）编队坐标系

编队坐标系的定义通常不固定，一般根据不同的编队策略进行选取。本书借鉴虚拟结构法和领航跟随者的控制方法进行编队策略的研究，选取编队中的领导者无人机，以其为坐标原点 O_f 建立坐标系，该无人机的飞行方向为编队坐标系的 O_fX_f 轴；平行水平地面并垂直于 O_fX_f 为 O_fY_f 轴；最后取 O_fZ_f 轴垂直于 $X_fO_fY_f$ 平面。

▶▶ 1.3.2 单无人机运动模型

本书研究的是无人机编队集群的控制，重点在多个无人机之间的协同关系，忽略无人机的质量

等属性。所以可以简化问题，将无人机抽象为质点。首先定义一个向量集合 $\boldsymbol{p} = [\boldsymbol{p}_1, \boldsymbol{p}_2, \cdots, \boldsymbol{p}_n]^{\mathrm{T}}$，其为集群中的所有无人机在笛卡儿坐标系下的位置，由向量 $\boldsymbol{p}_i = (x_i, y_i, z_i)^{\mathrm{T}}$ 可确定无人机 i 在空间中的位置。对单架无人机的运动过程进行建模，有如下公式：

$$\begin{cases} \dot{x}_i = v_i \cos\theta_i \cos\phi_i \\ \dot{y}_i = v_i \cos\theta_i \sin\phi_i \\ \dot{z}_i = v_i \sin\theta_i \end{cases} \tag{1.12}$$

其中，v_i 为无人机 i 的飞行速度，θ_i 和 ϕ_i 分别为无人机 i 的俯仰角和航向角。在无人机的飞行过程中，通过施加控制输入引导无人机的飞行。给定如下控制输入公式：

$$\begin{cases} \dot{\boldsymbol{p}}_i = \boldsymbol{V}_i \\ \dot{\boldsymbol{V}}_i = \boldsymbol{u}_i \end{cases} \tag{1.13}$$

其中，$\boldsymbol{p}_i$ 和 $\boldsymbol{V}_i$ 分别为无人机 i 的位置和速度。$\boldsymbol{u}_i = [u_i^x, u_i^y, u_i^z]$ 为在三个方向上的控制输入量，通过对 $\boldsymbol{u}_i$ 的输入控制可以改变无人机的速度和角度等参数。

▶▶ 1.3.3 无人机间相对运动模型

在编队的运动过程中需要获取两架无人机之间的相对位置关系，此处以两架无人机建立编队对其相对运动关系进行分析。两架无人机之间的相对关系如图 1.6 所示。

首先定义该编队在 X 和 Y 方向上的运动方程

$$\begin{cases} \dot{x} = v_1 \cos\phi_e - v_2 + y\phi_2 \\ \dot{y} = v_1 \sin\phi_e - x\phi_2 \end{cases} \tag{1.14}$$

其中，$\phi_e = \phi_1 - \phi_2$ 为两架无人机在航向角上的偏差，即无人机 1 和无人机 2 的速度向量之间的夹角。v_1 和 v_2 分别为两架无人机在水平方向上的速度向量。对两架无人机在 Z 方向上的间距进行简化处理，有：

$$z = h_1 - h_2 \tag{1.15}$$

h_1 和 h_2 分别为两架无人机的飞行高度。

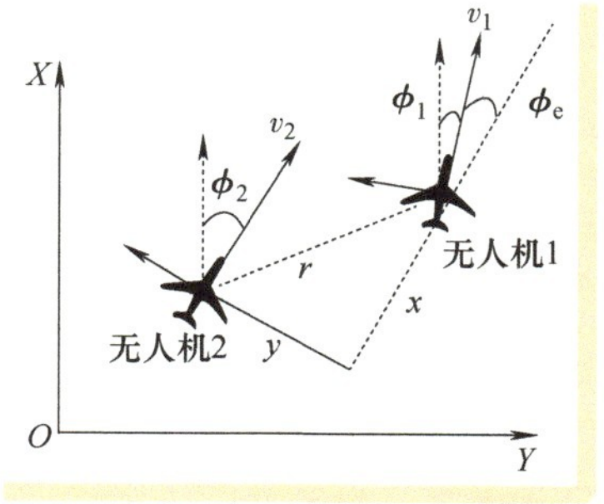

● 图 1.6 无人机相对运动示意图

多无人机系统和目标运动建模

多无人机系统和目标运动模型应该充分考虑动态环境的特点，贴近真实的追踪过程，否则算法不具有合理性和客观性。本章着重介绍多无人机系统模型、多无人机系统一致性理论、目标运动模型与目标捕获模型。本章理论是本书目标追踪篇中讨论的多无人机目标追踪算法的前提条件和理论支撑。

2.1 无人机系统模型

在 n 维空间中，考虑 N 架无人机组成的系统，则无人机 i 的动力学方程为

$$\begin{cases} \dot{\boldsymbol{q}}_i = \boldsymbol{p}_i \\ \dot{\boldsymbol{p}}_i = \boldsymbol{u}_i \end{cases}, i = 1, 2, \cdots, N \qquad (2.1)$$

其中，$\boldsymbol{q}_i$ 和 $\boldsymbol{p}_i$ 分别表示无人机 i 的位置和速度向量；$\boldsymbol{u}_i$ 表示无人机 i 的控制输入；$\boldsymbol{q}_i$，$\boldsymbol{p}_i$，$u_i \in \mathbb{R}^n$。针对无人机模型有如下假设：

所有无人机都具有相同的运动学方程和相同的地位，即不存在领导者；

所有无人机装载的传感器探测范围有限，在任意时刻 t，无人机只可以感知到有限范围的邻居，因此无人机的邻居记作：

$$N_i(t) = \{j : \| q_i(t) - q_j(t) \| \leq R, j = 1, 2, \cdots, N, j \neq i\} \qquad (2.2)$$

其中，$\| \cdot \|$ 为欧几里得范数，R 为无人机通信半径。

将无人机集群看作动态网络，无人机系统可以用通信拓扑图 $G = (V, E, A)$ 来表示，其中 $V = \{1, 2, \cdots, N\}$ 表示无人机节点集；$E = \{(i, j) | i, j \in V, \| q(i) - q(j) \| \leq R\}$ 是边的集合，代表无人机之间的通信连通。设无人机 i 为网络中的节点，无人机 i 与邻居无人机无向边连接，其邻接矩

阵为 $\boldsymbol{A} = [a_{ij}]\mathbb{R}^{N\times N}$ 是一个加权邻接矩阵，其中：

$$a_{ij} = \begin{cases} 1, & j \in N_i(t) \\ 0, & j \notin N_i(t) \end{cases} \tag{2.3}$$

无人机 i 的度矩阵就是无人机节点 i 邻居的数量 $|N_i|$，表示为 $\deg(i)$，图的度矩阵是一个对角矩阵；定义 $\boldsymbol{D} = \mathrm{diag}(\deg(1), \deg(2), \cdots, \deg(N))$，拉普拉斯矩阵为 $\boldsymbol{L} = \boldsymbol{D} - \boldsymbol{A} = [l_{ij}] \in \mathbb{R}^{N\times N}$。关于 $\boldsymbol{L}$ 的定义如下：

$$L(t) = D(t) - A(t) = [l_{ij}(t)]_{N\times N} = \begin{cases} \sum_{k=1,k\neq i}^{N} a_{ik}(t), & i = j \\ -a_{ij}(t), & i \neq j \end{cases} \tag{2.4}$$

根据上述定义，可以得出如下性质：

$$\sum_i l_{ij}(t) = \sum_i l_{ji}(t) = 0 \tag{2.5}$$

$$\boldsymbol{x}^{\mathrm{T}} L(x) \boldsymbol{x} = \frac{1}{2} \sum_{(v_i, v_j) \in E} a_{ij} (q_j - q_i)^2, \text{任意} q \in \mathbb{R}^n \tag{2.6}$$

从上面的公式可以看出，$L(t)$ 为半正定矩阵，其中有一个零特征值和特征向量 $\mathbf{1}_n = (1, \cdots, 1)^{\mathrm{T}}$，记 $\lambda_n(t) \geq \lambda_{n-1}(t) \geq \cdots \geq \lambda_2(t) \geq \lambda_1(t) = 0$ 为 $L(t)$ 的特征值，λ_2 可以用来表示动态网络拓扑图在 t 时刻的连通性，若 $\boldsymbol{L}$ 的第二小特征值 $\lambda_2 > 0$，则说明图处于连通状态。

2.2 多无人机系统一致性理论

在自然界中，生物群体可以通过简单的运动规则表现出整体的一致性。而一致性的关键是研究可行性高的协同控制算法，仅仅通过个体之间的基本通信和相互作用来保持系统的一致性行为。

目前，关于多无人机系统的一致性理论已经有很多成果。在上一节中，将多无人机组成的系统看作一个动态网络，假设 $x_i(t) = \{x_{i1}(t), x_{i2}(t)\} \in \mathbb{R}^n$ 表示无人机位置向量，动态网络的一致性思想表示为

$$x_i(t) = \sum_{j=1}^{N} a_{ij}(t) \times (x_j(t) - x_i(t)), i = 1, 2, \cdots, N \tag{2.7}$$

其中，$a_{ij}(t)$ 表示在 t 时刻无人机 i 与无人机 j 之间的作用关系，其随着时间迭代动态变化。

式（2.7）的另一种表达形式为

$$x_i(t) = -L(t) x_i(t) = A(t) x_i(t) \tag{2.8}$$

其中，$L(t)$ 表示网络在 t 时刻的拉普拉斯矩阵。拉普拉斯矩阵和邻接矩阵的关系在上一节中已经给出定义。

在进一步展开研究之前，先给出关于一致性问题的定义和引理如下：

定义 2.1 对于每一对无人机$(i,j) \in V$，在$t \geq t_0$时都有$x_j(t) - x_i(t) \to 0$，则称无人机组成的动态网络$G = (V, E)$在$t \to \infty$时处于一致性状态。

引理 2.1 假设t_1，t_2，$\cdots$为一个时间序列，在这个时间序列中，无人机不断运动，彼此之间的作用关系也在不断改变，所以网络G的连接关系也发生了变化。假设G表示网络变化过程中可能出现的无向图集合，且$G(t_i) \in G$代表在$t = t_i$时刻的转换图。假如时间间隔序列$[t_{i_j}, t_{i_j} + l_j)$（其中$j = 1, 2, \cdots$）是有界的，且在每个时间段中，转换图的并集均包括一个生成树，则证明可以逐渐达到一致性。

最先考虑一阶系统模型为

$$\dot{x}_i(t) = u_i(t), i = 1, 2, \cdots, N \tag{2.9}$$

其中，$\dot{x}_i(t)$表示无人机i的状态向量，$u_i(t)$表示无人机i的控制输入。一阶系统一致性的核心问题在于通过迭代计算合适的$u_i(t)$，最后系统中的所有无人机个体达到一致状态。即当$t \to \infty$时，$x_j(t) - x_i(t) \to 0$。

在考虑二阶系统时，设置目标模型为

$$\begin{cases} \dot{q}_i(t) = p_i(t) \\ \dot{p}_i(t) = u_i(t) \end{cases}, i = 1, 2, \cdots, N \tag{2.10}$$

这里考虑无人机之间通信、信息交互、模式切换等行为，设计控制输入$u_i(t)$保证任意两个无人机之间速度趋于一致，即当$t \to \infty$时，$p_j(t) - p_i(t) \to 0$。并且在同一系统内，任意两个相邻无人机保持既定距离，即当$t \to \infty$时，$q_j(t) - q_i(t) \to d$（d是一个正的常数）。

高阶系统模型如下：

$$\begin{cases} \dot{x}_{i1}(t) = x_{i2}(t) \\ \dot{x}_{i2}(t) = x_{i3}(t) \\ \vdots \\ \dot{x}_{ik}(t) = u_i(t) \end{cases}, i = 1, 2, \cdots, N \tag{2.11}$$

其中，$x_i(t) = [x_{i2}(t), x_{i3}(t), \cdots, x_{ik}(t)]$表示无人机$i$的状态向量，$u_i(t)$表示无人机$i$的控制输入。在高阶系统中，一致性思想主要体现在如何使无人机系统的所有状态达到一致性，即当$t \to \infty$时，$x_j(t) - x_i(t) \to 0$。

由上述公式可知，一致性的思想可以很好地融入多无人机系统中，表现出来的一致性方法总体来说是指通过相邻无人机之间的相互作用使得所有无人机最终能够实现趋于一致的协调运动。该方法既可以控制每一个无人机实现速度一致，又可以控制无人机之间的距离，最终保证多无人机形成稳定的状态。通常，为了达到所有无人机状态一致性，一些研究假设转化图 G 是无向图且保持连通。但是，在动态环境下，无人机组成的动态网络会受到影响，出现不稳定的状态。同时，无人机系统执行不同的任务，会转换相应的运动模式，而网络也会处于动态变化的过程。因此，针对无人机系统中的一致性问题展开研究，既有非常大的难度，又具有非常重要的意义。

2.3 目标运动模型

在 n 维空间中，考虑无人机系统追踪 N 个目标的情况，为了方便研究，忽视目标的体积，将每个目标均看作质点，目标的动力学方程为

$$\dot{\boldsymbol{q}}_k = \boldsymbol{p}_k, \; \dot{\boldsymbol{p}}_k = \boldsymbol{u}_k; \; k = 1, 2, \cdots, N \tag{2.12}$$

其中，$\boldsymbol{q}_k = [x_k, y_k]^T \in \mathbb{R}^n$，$\boldsymbol{p}_k = [v_x, v_y]^T \in \mathbb{R}^n$ 分别为目标的位置向量和速度向量；$\boldsymbol{u}_k \in \mathbb{R}^n$ 为输入控制向量。

下面针对不同情况下的目标运动模型进行分析。

若目标的运动仅仅取决于自身的状态，不受到周围的影响，则保持既定的移动轨迹，向着终点移动。那么目标的输入控制方程如下：

$$\boldsymbol{u}_k = g(\boldsymbol{q}_k, t) \tag{2.13}$$

考虑实际情况，目标会试图躲避无人机追踪，下面针对单个目标和多个目标的情况进行分析，设置不同的逃逸模型，具体表示如下。

若为单目标情况，当目标没有感知到无人机时，目标只需要考虑自身运动状态，目标的输入控制方程可由下式表示：

$$\boldsymbol{u}_k = f(t, \boldsymbol{q}_k, \boldsymbol{p}_1, \cdots, \boldsymbol{p}_N) \tag{2.14}$$

当追踪无人机进入目标的感知范围时，目标会根据追踪无人机的数量以及追踪无人机与目标之间的距离，采取下一步的动作，逃离追踪无人机。设定目标的逃逸状态如下：

$$\boldsymbol{u}_k = \nabla U_k \tag{2.15}$$

$$U_k = C_k \sum_{j=1}^{N} a_{k,j} \mathrm{e}^{-\|q_k - q_j\|} \tag{2.16}$$

$$a_{k,j} = \begin{cases} 1, & \|\boldsymbol{q}_k - \boldsymbol{q}_j\| \leq d_k \\ 0, & \|\boldsymbol{q}_k - \boldsymbol{q}_j\| > d_k \end{cases} \tag{2.17}$$

式（2.16）中，$C_k \in \mathbb{R}$ 是常数增益，$\|\cdot\|$ 是欧几里得范数；当 $\|\boldsymbol{q}_k - \boldsymbol{q}_j\| \to \infty$ 时，势能函数 $U_k \to 0$；d_k 表示目标的感知范围。

若为多目标情况，当目标没有感知到无人机时，目标的输入控制方程与单目标情况下相同。

当无人机进入目标感知范围时，受到生物行为的启发，设计目标逃逸模型。在自然界中，生物集群在运动的过程中遇到危险通常会分散逃离。如图 2.1 所示，目标具有一定的感知范围和通信范围，当有无人机靠近目标时，目标会根据感知范围内的无人机数量、位置和通信范围内的其余目标状态信息，采取下一步的动作。

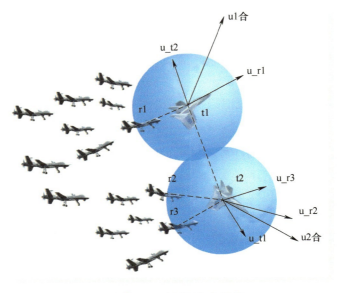

● 图 2.1 目标逃逸模型

图 2.1 中 t1 和 t2 分别表示两个目标；u_t1 和 u_t2 表示两个目标之间的作用力；r1、r2、r3 分别表示三个进入目标范围的无人机；u_r1、u_r2、u_r3 分别表示无人机对目标的作用力；u1 合和 u2 合分别表示目标 t1 和目标 t2 受到的合力。

目标逃逸模型如下：

$$u_k = m_1 a_{k,j} \sum_{j=1}^{N} \exp(-\parallel p_k - p_j \parallel) + m_2 a_{k,t} \sum_{t=1}^{Nt} \frac{(p_k - p_t)}{\parallel p_k - p_t \parallel} \tag{2.18}$$

$$a_{k,j} = \begin{cases} 1, & \parallel p_k - p_j \parallel \leqslant d_k \\ 0, & \parallel p_k - p_j \parallel > d_k \end{cases} \tag{2.19}$$

$$a_{k,t} = \begin{cases} 1, & \parallel p_k - p_t \parallel \leqslant d_k \\ 0, & \parallel p_k - p_t \parallel > d_k \end{cases} \tag{2.20}$$

式（2.18）中，m_1，$m_2 \in \mathbb{R}$ 是增益系数；$\parallel \cdot \parallel$ 是欧几里得范数；式（2.19）中，d_k 表示目标的感知范围；式（2.19）表示目标 k 是否感知到追踪无人机的标志量；而通过式（2.20）可以计算出目标 k 是否感知到目标 t 的标志量。

2.4 目标捕获模型

为了保证能够对目标进行有效控制，设计目标捕获模型如图 2.2 所示，以目标为中心，定义第 i 架无人机包围目标对象的位置为捕获点 $R_i \in \mathbb{R}^2$。

本章只考虑所有无人机捕获目标成功后的收敛位置与目标之间的距离相等的情况，即 $R_1 = R_2 = \cdots = R_N = d_r$

$$R_i = d_r \begin{bmatrix} \cos\alpha_i \\ \sin\alpha_i \end{bmatrix}, \alpha_i = \frac{2\pi(i-1)}{N} \qquad (2.21)$$

其中，d_r 是常数，代表包围圆形半径；$\alpha_i \in [0, 2\pi)$ 是需要的捕获角度，单位为弧度（rad）。

定义 2.2 捕获行为。为了防止目标逃脱，以目标当前的位置为中心，d_r 为半径，在区域边界建立势点。每一个无人机试图接近目标，最终保持距离为 d_r，同时控制角度为 α_i。该定义将在后面用到。

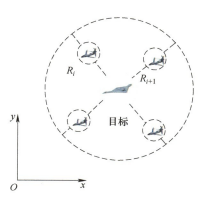

• 图 2.2　目标捕获模型

2.5 本章小结

本章主要介绍了多无人机系统和目标运动模型，首先介绍了无人机的运动方程，以及无人机之间的相互作用关系，并且针对一致性理论进行了深入分析，保证了无人机系统框架在理论上的可行性。之后介绍了目标的运动模型，并分情况讨论，当目标数量为单个或者多个时的两种运动模式，沿着既定轨迹运动和逃逸行为。最后介绍了无人机抓捕目标的捕获模型，该模型将在第 17 章得到运用，本章是后续研究的基础。

第3章

水下复杂任务环境建模

环境模型是通过抽象方式描述三维真实水下环境，它是路径规划的基础，也是算法验证的基石。环境模型应充分具备真实水下环境特点，贴近水下环境实际情况，否则算法验证结果就不具有科学性。本章综合考虑 AUV（Autonomous Underwater Vechicle，自治式潜水器）在执行任务时的实际运动特点与环境特点，搭建环境模型并对环境模型进行仿真。

3.1 AUV 六自由度运动模型

AUV 在水下执行任务时，会遭遇洋流、不同类型障碍物与海底暗礁等诸多不确定因素干扰，装载在机身上的传感器会搜集环境反馈数据并对环境数据融合处理，AUV 通过环境反馈的信息采取相应运动，这对 AUV 运动模型提出更高要求。图 3.1 表示具有两个坐标系统标记的 AUV 六自由度（6-DOF）运动模型，一个称为 North-East-Down（NED），被定义为 $\{N\}$，另一个称为 body-fixed，被定义为 $\{B\}$。通常，大多数 AUV 结构对称并具有中性浮力，原点 G 设置在 AUV 的重心位置。在坐标系统 $\{N\}$ 中，x，y 和 z 代表 AUV 执行任务的位置，ϕ、θ 和 ψ 代表欧拉角。在坐标系统 $\{B\}$ 中，p、q 和 r 代表角速度，u、v 和 w 是 AUV 线速度。本章针对水下环境，AUV 在执行水下任务时的线速度包含两个方面：（a）AUV 在坐标系统 $\{B\}$ 上拥有的自身速度；（b）洋流速度。

通常 AUV 在水下运动过程中发生侧翻是小概率事件，计算 AUV 线速度时可忽略 ϕ。AUV 运动模型被定义为

$$\begin{bmatrix} \dot{x} \\ \dot{y} \\ \dot{z} \end{bmatrix} = \begin{bmatrix} \cos\psi\cos\theta & -\sin\psi & \cos\psi\sin\theta \\ \sin\psi\cos\theta & \cos\psi & \sin\psi\sin\theta \\ -\sin\theta & 0 & \cos\theta \end{bmatrix} \begin{bmatrix} u \\ v \\ w \end{bmatrix} \tag{3.1}$$

其中，$\dot{x}$、$\dot{y}$ 与 $\dot{z}$ 代表 AUV 在坐标系统 $\{N\}$ 中的速度，AUV 从起始点到目标点路径通过潜在离散控制点标记。本章中路径规划本质被定义为自适应调整潜在离散控制点位置，寻找在当前最优状态下的潜在离散控制点位置。假设离散控制点标记路径被定义为 $\boldsymbol{\Phi} = \{p_1, p_2, \cdots, p_i, \cdots, p_n\}$，第 i 个离散控制点 $p_i = (x_i, y_i, z_i)$，欧拉角 ψ、θ 分别被定义为

$$\psi = \arctan\left(\frac{|y_{i+1} - y_i|}{|x_{i+1} - x_i|}\right) \tag{3.2}$$

与

$$\theta = \arctan\left(\frac{-|z_{i+1} - z_i|}{\sqrt{(x_{i+1} - x_i)^2 + (y_{i+1} - y_i)^2}}\right) \tag{3.3}$$

假设 AUV 在执行任务过程中自身速度 V 恒定，并且受到 Lamb 涡流 $V_c = (u_c, v_c, w_c)$ 的影响，则 AUV 的线速度被定义为

$$\begin{cases} u = |V|\cos\psi\cos\theta + u_c \\ v = |V|\sin\psi\cos\theta + v_c \\ w = |V|\sin\theta + w_c \end{cases} \tag{3.4}$$

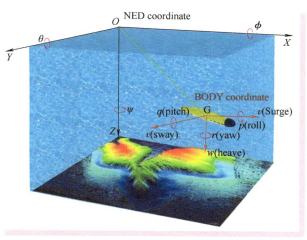

● 图 3.1　AUV 六自由度运动模型图

3.2　水下环境模型搭建

3.2.1　Lamb 涡流

AUV 在执行任务时会受到各种因素影响，最重要的影响是海底洋流。洋流可能发生在海底

任何地方，考虑 AUV 执行任务的实际水下环境，生成执行任务的路径并不能忽略洋流影响。相关文献研究表明 AUV 在三维涡流场中的能量消耗比一般洋流场更大，三维涡流场由多个层结构组成并且层之间分布多个涡流中心，涡流方向在涡流中心周围区域变化显著。当 AUV 通过涡流中心周围区域时，在不同位置需要频繁改变航向角自适应涡流方向变化。三维涡流可理解成一种力，如果 AUV 在涡流场中频繁遭遇不利洋流冲击，会导致更大的能量消耗，能量优化应尽量顺着涡流方向，利用涡流推动作用减小执行任务过程中的能量消耗。在三维水下环境中，涡流场可通过多个黏性 Lamb 涡流量化估计，Lamb 涡流 $V_c = (u_c, v_c, w_c)$ 被定义为

$$
\begin{cases}
u_c(\boldsymbol{R}) = -\rho \dfrac{y-y_0}{2\pi (\boldsymbol{R}-\boldsymbol{R}^o)^2}\left[1-\exp\left(-\dfrac{(\boldsymbol{R}-\boldsymbol{R}^o)^2}{\xi^2}\right)\right] \\[3mm]
v_c(\boldsymbol{R}) = \rho \dfrac{x-x_0}{2\pi (\boldsymbol{R}-\boldsymbol{R}^o)^2}\left[1-\exp\left(-\dfrac{(\boldsymbol{R}-\boldsymbol{R}^o)^2}{\xi^2}\right)\right] \\[3mm]
w_c(\boldsymbol{R}) = \gamma\rho \dfrac{1}{\sqrt{\det(2\pi\lambda_w)}}\exp\left(\dfrac{-(\boldsymbol{R}-\boldsymbol{R}^o)^2}{2\lambda_w(\boldsymbol{R}-\boldsymbol{R}^o)}\right) \\[3mm]
\boldsymbol{\lambda}_w = \begin{bmatrix} \xi & 0 \\ 0 & \xi \end{bmatrix}
\end{cases}
\tag{3.5}
$$

其中，$\boldsymbol{R} = [x, y]^T$ 代表二维空间平面，$\boldsymbol{R}^o = [x_c, y_c]^T$ 代表涡流中心，ρ、ξ 分别代表涡流半径与涡流力量，$\boldsymbol{\lambda}_w$ 代表涡流半径为 ρ 的协方差矩阵。图 3.2 是三维水下环境中 Lamb 涡流仿真图，它由多个层结构组成并且在不同位置分布多个涡流中心，构建的三维 Lamb 涡流会用于本节算法验

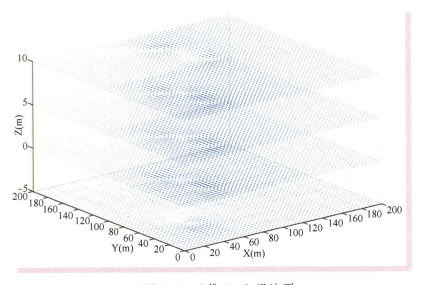

● 图 3.2　三维 Lamb 涡流图

证。图 3.3 是三维 Lamb 涡流场的俯视图，涡流场中构建了三个涡流中心，分别位于 $\boldsymbol{R}^o = [50,50]^T$，$\boldsymbol{R}^o = [115,115]^T$ 与 $\boldsymbol{R}^o = [100,160]^T$。涡流半径 $\rho = 10m$，涡流力量 $\xi = 8$。

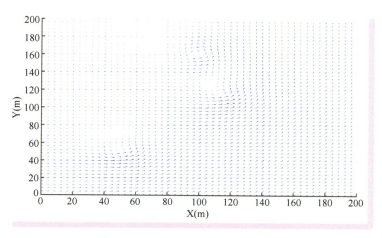

● 图 3.3　三维 Lamb 涡流场的俯视图

▶▶ 3.2.2　区域海洋模型系统洋流数据集

　　仿真环境与实际三维水下环境存在显著差异，为确保算法具有实际应用价值，需要在更真实的三维水下环境中验证算法实际效果。AUV 在实际水下环境中执行任务同样可看作在起始点与目标点之间生成优化路径，AUV 在执行水下任务时需要考虑真实的洋流变化，灵活利用洋流驱动作用，避开不利洋流。区域海洋模型系统是一个真实洋流模型数据集，该数据集结构是一种分层结构并且以 netCDF 格式存储。本节采用的数据集是位于美国加利福尼亚州海峡群岛周边一条 30km 历史洋流数据的一部分，经度范围从西经 121.2 度至西经 117 度，纬度从北纬 32.5 度至北纬 34.7 度，历史洋流数据的收集时间是 2013 年 1 月 21 日，通过 MATLAB 读取数据并将地理经纬度坐标转化为笛卡儿坐标。图 3.4 为真实历史洋流数据集可视化图。

　　障碍物构建是可视化历史洋流数据集中的最大挑战，随机设置规则障碍物或者不规则障碍物的行为并不科学。读取真实历史洋流数据就是希望能够贴近实际水下环境验证算法，而人工构建障碍物会失去洋流数据集的实际意义。通过研究发现洋流数据集中存在大量"NAN"的标志数据，说明相关位置是海峡群岛，群岛内部不能存在洋流，否则会造成相应位置洋流数据缺失。netCDF 格式存储的数据在垂直高度上分层，层与层之间存在间隔，为了可视化海峡群岛，相隔两层间存在"NAN"标志数据的位置通过散点插值函数法进行数据填充，图 3.4 中不规则障碍物是海峡群岛。

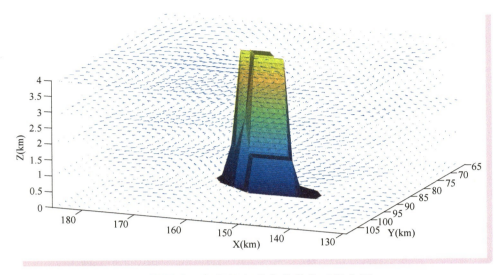

● 图3.4　真实历史洋流数据集可视化图

▶▶ 3.2.3　障碍物模型

为保证 AUV 安全执行任务，躲避障碍物是一个重要问题，AUV 应灵活躲避障碍物。与陆地情况不同，随着 AUV 不断下潜，能见度逐渐降低，为保证顺利完成任务，AUV 必须具备更强的探测与避障能力。真实水下存在诸多障碍物会对 AUV 执行任务造成威胁，如礁石、浅滩、沉船、石坡、沉树。图 3.5 展示了将使用的三维水下空间中的障碍物模型，$S_1 \sim S_6$ 代表球体障碍物，$O_1 \sim O_4$ 代表长方体障碍物，C_1 代表圆柱体障碍物，M_1 代表三棱柱障碍物。为了模拟水下礁石、

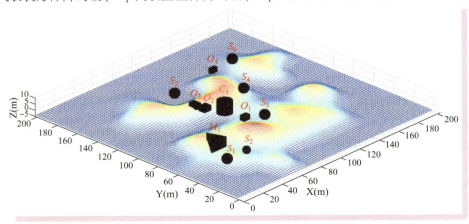

● 图3.5　三维水下空间中障碍物模型图

浅滩等不规则障碍物，仿真时在海床底部增加高低不平的暗礁，AUV 在贴近海床时，必须调整航向角，避免碰撞暗礁。

通过 n 个潜在离散控制点可标记 AUV 执行任务的规划路径 Φ，$\Phi = \{p_1, p_2, \cdots, p_i, \cdots, p_n\}$，$p_i = (x_i, y_i, z_i)$。如图 3.6 所示，躲避障碍物的本质可被定义成灵活调整潜在离散控制点位置，避免控制点落在障碍物覆盖区域内。通常，潜在离散控制点过多会造成算法时间复杂度增加，但离散控制点偏少则会导致避障失败。图 3.6 显示所有离散控制点没有落在障碍物覆盖区域内，但是 p_2 与 p_3 控制点之间的路线落在障碍物 W_1 的覆盖区域范围内，若 AUV 沿此规划路径执行任务，会撞上 W_1 导致任务执行失败。

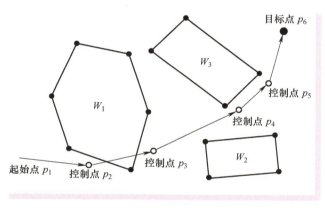

● 图 3.6　离散控制点避障示意图

图 3.6 表明潜在离散控制点对路径安全性衡量存在偏差。这里基于潜在离散控制点，提出一种新颖、高效的微元点概念。为确保 AUV 高效执行任务，假设在运动过程中不能执行环形运动，$\Phi = \{p_1, p_2, \cdots, p_i, \cdots, p_n\}$ 的三维坐标展开被定义为

$$\begin{cases} x_s = x_1 < x_2 < \cdots < x_i < \cdots < x_n = x_t \\ y_s = y_1 < y_2 < \cdots < y_i < \cdots < y_n = y_t \\ z_s = z_1 < z_2 < \cdots < z_i < \cdots < z_n = z_t \end{cases} \tag{3.6}$$

其中，$S = (x_s, y_s, z_s)$ 与 $T = (x_t, y_t, z_t)$ 分别是 AUV 执行任务的起始点与目标点。$S(x)$ 可被定义为在 $[x_s, x_t]$ 区间内基于离散控制点的三次插值函数，假设 $S(x)$、$S'(x)$ 和 $S''(x)$ 在区间 $[x_s, x_t]$ 连续，同样在区间 $[y_s, y_t]$ 与 $[z_s, z_t]$ 能产生三次插值函数 $T(y)$、$G(z)$。通过插值函数分别生成 N 个微元点。图 3.7 描述了微元点，在三维水下环境中存在长方体与圆柱体障碍物，假设 AUV 从基站 S 出发，执行任务后到达子站 G。图 3.7 路径上的浅色的圆点标记微元点，微元点通过参照当前离散控制点标记的路径，将离散控制点之间的路径又划分为若干离散部分，通过三次插值函数 $S(x)$、$T(y)$、$G(z)$，微元点 $p_{\text{micro}}(x_i, y_i, z_i)$ 被定义为

$$\left\{ (\mathrm{d}x_i, \mathrm{d}y_i, \mathrm{d}z_i) \;\middle|\; \mathrm{d}x_i = S\left(\frac{x_t - x_s}{N}i + x_s\right), \mathrm{d}y_i = T\left(\frac{y_t - y_s}{N}i + y_s\right), \mathrm{d}z_i = G\left(\frac{z_t - z_s}{N}i + z_s\right), 1 \leqslant i \leqslant N \right\} \quad (3.7)$$

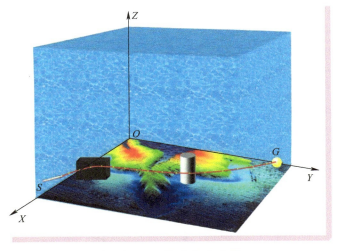

● 图 3.7　微元点示意图

基于微元点，用 $Violation$ 评估微元点 $p_{\mathrm{micro}}(x_i, y_i, z_i)$ 落在障碍物覆盖区域 $\sum\limits_{i=1}^{N} obs(i)$ 的程度，$Violation$ 被定义为

$$Violation = \begin{cases} Violation + \varepsilon, & p_{\mathrm{micro}} \in \sum\limits_{i=1}^{N} obs(i) \\[3mm] Violation, & p_{\mathrm{micro}} \notin \sum\limits_{i=1}^{N} obs(i) \end{cases} \quad (3.8)$$

其中，ε 表示排斥障碍物的程度值，ε 值越大，AUV 对障碍物排斥程度越强。为计算微元点落在障碍物覆盖区域 $\sum\limits_{i=1}^{N} obs(i)$ 的数目，通过式（3.9）定义微元碰撞因子 $Micro\_factor$，它能够度量当前微元点落在障碍物覆盖区域的数目。微元碰撞因子是衡量 AUV 躲避障碍物的直观表现，如果规划路径是安全的，$Micro\_factor$ 的值为 0。$Violation$ 与微元碰撞因子 $Micro\_factor$ 在避障中扮演不同角色，前者用于代价函数计算，后者度量当前微元点落在障碍物覆盖区域的数目。

$$Micro\_factor = \begin{cases} Micro\_factor + 1, & p_{\mathrm{micro}} \in \sum\limits_{i=1}^{N} obs(i) \\[3mm] Micro\_factor, & p_{\mathrm{micro}} \notin \sum\limits_{i=1}^{N} obs(i) \end{cases} \quad (3.9)$$

3.3 水下任务分配算法

▶▶ 3.3.1 水下任务分配算法描述

近年来，多 AUV 系统已被广泛用于水下任务执行，它是水下多任务执行的必然趋势。多
AUV 系统解决了单一 AUV 执行任务存在的效率低、时间长等问题。多 AUV 系统执行多任务要考
虑任务分配，任务分配基本问题是如何把整体任务划分成不同任务集，使单一 AUV 沿最优路径
执行不同任务集。任务分配算法的优劣对任务执行结果具有决定性作用。

通过任务分配算法，AUV 执行最优任务分配策略，合理利用多 AUV 系统自身资源，提升
AUV 的营救效率。水下任务分配算法需考虑多任务子集划分问题，针对不同任务划分任务集将
任务分配给不同 AUV，实现执行任务效率最大化。同时还需要考虑 AUV 针对一个任务子集的执
行任务顺序，不同执行顺序也会影响执行效率。水下任务分配算法要保证多个 AUV 执行任务互
斥，避免带来执行任务冲突问题。针对生成的执行任务路径，AUV 在执行任务时需考虑路径最
短，提高执行效率。

▶▶ 3.3.2 水下任务分配模型

多 AUV 系统任务分配是一个复杂的 NPC 问题，鉴于水下环境复杂性与特殊性，任务分配
算法除了具备上述特征，还要考虑实时性问题。从水下实际环境考虑，水下任务可能更多由
突发因素引起，这类任务具有实时性，实时性在本节中被定义为 AUV 的任务分配策略并不是
通过离线策略预先生成，而是多 AUV 系统在执行任务过程中根据系统效率自动产生，多 AUV
系统在执行此类任务时要具备代价低、快速执行和少考虑任务之间关联的特征。图 3.8 显示
将使用的营救任务分配环境模型。营救任务的明显特点是具备实时性，为确保人员生命安全，
多 AUV 系统必须展开实时营救。从安全性出发，图 3.8 构造了不同类型障碍物与海底凸起暗
礁。这里假定多 AUV 系统包含 3 个 AUV，即 $V = \{V_1, V_2, V_3\}$，每个 AUV 从起始点 S 出发，当
完成所有营救任务后，分别到达各自目标点 $G = \{G_1, G_2, G_3\}$，图 3.8 任务分配环境模型上构建
了 7 个球体营救任务 $T = \{T_1, T_2, \cdots, T_7\}$，针对 T 中任务 T_i，限定仅能被单一 V_i 执行。多 AUV
系统执行不同任务分配策略代价值不同，如果多 AUV 系统执行任务的代价被表示成 $C = \{C_k \mid k = 1, 2, 3\}$，水下任务分配算法需要寻找一种最优的实时分配策略确保总代价 $C_{sum} = \sum_{k=1}^{3} C_k$ 最小。

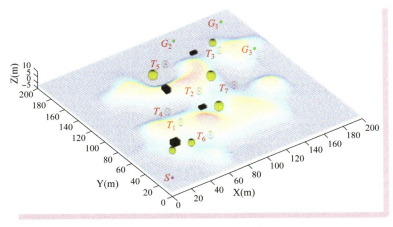

● 图 3.8　水下任务分配模型图

3.4　本章小结

　　水下任务分配是多 AUV 系统执行任务的基本形式，多 AUV 系统需要根据水下分配模型生成的最优分配策略来执行相应任务，保证多 AUV 系统执行任务的实时性与高效性。

　　本书研究涉及多 AUV 系统实时执行多营救任务的路径规划与 AUV 执行任务的能量优化路径规划两个方面问题，本书提出一种 R-RLPSO 算法解决多 AUV 系统实时执行多营救任务的路径规划，同时提出一种 DENPSO 算法解决 AUV 执行任务的能量优化。为便于后文集中描述算法，本章首先介绍水下任务分配模型，起到承上启下的作用。

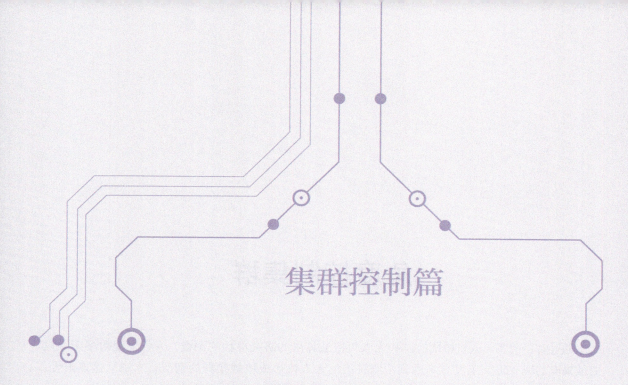

集群控制篇

无人机相互协同共同组成编队集群能够发挥出单无人机所不具有的优势，更加胜任复杂、多任务等场景下的工作。由于无人机集群编队展现出来的优秀的任务执行能力，当前越来越多地受到了研究学者的关注。针对集群执行多种不同类型任务的需求，本篇对其中最重要的编队集群的控制问题进行研究，实现具有不同功能的异构无人机编队集群的聚集和保持工作。

本篇包括第 4~8 章，涉及对角度控制集群、圆环控制集群、MADDPG 集群控制，以及风流对集群控制的影响等技术内容的阐述。

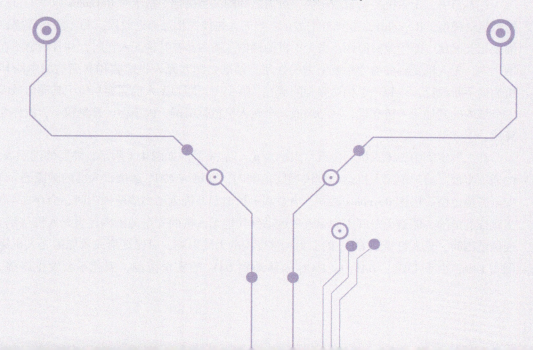

第4章

角度控制集群

通过对目前多无人机协同控制和无人机植绒算法的研究现状的调查，人们发现对多无人机植绒集群的现有研究还没有考虑到不同种类的无人机形成植绒集群的情况。本章从这点出发，以护航无人机和运输无人机场景为例。借鉴 Reynolds 思想、Vicsek 模型和 Couzin 模型，建立轻量级无人机植绒集群模型。考虑护航无人机在植绒集群中的异构特性，通过算法的迭代，使得生成的无人机集群包含两种不同功能的无人机，并且根据功能的不同，在集群的位置也不同。

4.1 轻量级植绒运动模型

在本节中，无人机控制是由相邻飞行器之间的关系决定。基于对 Reynolds 原则的分析，设计植绒运动模型。Reynolds 三原则分别表示：当无人机彼此相互靠近时候，为了防止碰撞，无人机需要相互远离，即为分离原则；当无人机的通信范围内存在其他无人机时，并且距离不在安全范围之内，无人机受到校准力和吸引力的作用。校准力即为无人机需要和其通信域中的其他无人机速度不断靠近，达到一个相对静止的状态。吸引力，即为无人机需要与位于其通信域内而不在安全域内的其他无人机靠近，从而形成一个无人机植绒集群，该模型计算量较小，故称为轻量级算法。

在二维空间中，无人机的位置可表示为 $\boldsymbol{p}_i = [x_i, y_i]^{\mathrm{T}}$。如图 4.1 所示，外层的圆圈表示 UAV_1 的通信半径。当其他无人机运动到该通信范围内，则可与 UAV_1 通信。内层的圆圈表示 UAV_1 的安全碰撞范围。根据 Reynolds 原则，当空间中其他无人机运动到该范围内时，会存在与 UAV_1 发生碰撞的危险，需避免空间中的无人机运动到其他无人机的安全范围内。当无人机飞到 UAV_1 的通信范围时，无人机受到 UAV_1 的引力和速度校准力的影响，以保证形成可靠的无人机集群。在图 4.1 中，由于 UAV_3、UAV_4 和 UAV_5 未移动到 UAV_1 的安全范围，因此不会发生碰撞。UAV_3、

UAV_4 和 UAV_5 将分别受到 UAV_1 对应 F_1、F_3 和 F_4 的吸引力,这三个力分别使 UAV_3、UAV_4 和 UAV_5 不断向 UAV_1 靠拢实现聚合效应,此时无人机的速度方向和大小也在逐渐收敛。在图 4.1 中,UAV_2 飞行移动到 UAV_1 的安全范围内,存在碰撞的危险,此时 UAV_2 受到 UAV_1 的排斥力 F_5。而图中的 UAV_6 未在 UAV_1 的通信范围内,假设此时 UAV_6 是一个游离的无人机,未与其他任何一架无人机建立联系。为了保证这类游离的无人机可以找到集群位置,设定了一个集合区域,在未形成群体时,所有的无人机飞向该集合区域位置,形成一个集群。经过上述分析,对无人机植绒集群建模。

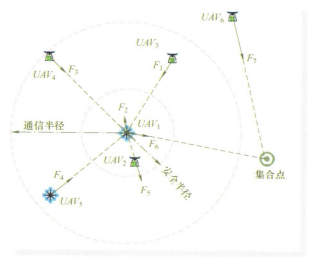

● 图 4.1 轻量级无人机植绒集群模型

1)吸引力:将无人机 i 和无人机 j 的在时刻 t 的吸引力系数定义如下:

$$\phi_{ij}(t)=\begin{cases}0, & \parallel p_i(t)-p_j(t)\parallel<d_{safe}\\ \eta_{ij}(t), & d_{safe}\leqslant\parallel p_i(t)-p_j(t)\parallel<r_i\\ 0, & \parallel p_i(t)-p_j(t)\parallel>r_i\end{cases} \tag{4.1}$$

其中,d_{safe}、$\eta_{ij}(t)$ 和 r_i 分别表示无人机 i 安全距离、无人机在时刻 t 的吸引力和通信范围,$\eta_{ij}(t)$ 可以定义如下:

$$\eta_{ij}(t)=\frac{\parallel p_i(t)-p_j(t)\parallel-d_{safe}}{r_i-d_{safe}} \tag{4.2}$$

其中,$\eta_{ij}(t)\in[0,1]$,因此 $\phi_{ij}(t)\in[0,1]$。根据式(4.1)可知:当无人机 j 位于无人机 i 的通信范围外和安全范围内时,$\phi_{ij}(t)=0$。而当无人机 j 位于无人机 i 的通信范围内和安全范围外时,无人机 j 与无人机 i 的吸引力大小与距离成正比,距离越远,吸引力越大,故当无人机 j 位于无人机 i 的通信边界处时,无人机 i 受到无人机 j 的吸引力系数为 1,同理当无人机 j 位于无人机 i 的安全范围边界处时,无人机 i 受到无人机 j 的吸引力系数为 0,并且在 $[d_{safe},r_i]$ 区间内 $\phi_{ij}(t)$ 是单调递增的。最后,定义无人机 i 在某一个时刻 t 受到其邻居域的吸引力合力为

$$\Phi_i^a(t)=\sum_{j=1}^{j\in N_i(t)}\phi_{ij}(t)\frac{p_j(t)-p_i(t)}{\parallel p_j(t)-p_i(t)\parallel} \tag{4.3}$$

其中,$N_i(t)$ 表示无人机 i 在时刻 t 邻居域内其他无人机的集合,定义为式(4.4)。

$$N_i(t)=\{j\in V:d_{safe}\leqslant\parallel p_i(t)-p_j(t)\parallel\leqslant r_i\} \tag{4.4}$$

其中，V 表示所有无人机的集合。

2）速度校准力：如图 4.1 所示，当其他无人机移动到 UAV_1 的通信范围内，这些无人机可与 UAV_1 进行通信，此时，形成了一个整体。为保障群体的稳定性，群体中的无人机运动状态需不断地靠近，从而形成一个稳定的状态。速度校准力的作用是为了保证群体的稳定性，定义如下：

$$\Phi_i^b(t) = \sum_{j=1}^{j \in N_i(t)} \frac{v_j(t) - v_i(t)}{\| p_j(t) - p_i(t) \|} \tag{4.5}$$

3）排斥力：在无人机植绒群集过程中，无人机之间避免彼此碰撞是研究无人机集群的一个关键点，因此引入无人机之间的排斥力来保证无人机的安全飞行。如图 4.1 所示，UAV_2 位于 UAV_1 的安全范围内，为了保障安全飞行，需考虑 UAV_2 和 UAV_1 彼此相互远离。无人机 i 在 t 时刻的排斥力系数定义如下：

$$\rho_{ij}(t) = \begin{cases} 0, & \| p_i(t) - p_j(t) \| \geqslant d_{\text{safe}} \\ \psi_{ij}(t), & \| p_i(t) - p_j(t) \| < d_{\text{safe}} \end{cases} \tag{4.6}$$

其中，$\psi_{ij}(t)$ 表示在时刻 t 当无人机 i 和无人机 j 欧氏距离小于安全距离时，无人机 i 受到无人机 j 的排斥力。$\psi_{ij}(t)$ 定义如下：

$$\psi_{ij}(t) = 1 - \frac{\| p_i(t) - p_j(t) \|}{d_{\text{safe}}} \tag{4.7}$$

通过式（4.6）可发现在时刻 t，当 UAV_j 在 UAV_i 的安全范围外时，由于此时无人机不会存在碰撞的危险，排斥力系数 $\rho_{ij}(t) = 0$。而当 UAV_j 和 UAV_i 的欧氏距离在区间 $[0, d_{\text{safe}}]$ 之内时，两无人机存在碰撞的风险，此时无人机之间需排斥力作用。而当两无人机的距离靠近时，碰撞风险就会增高。因此，无人机之间的排斥力与距离成反比，距离越远，排斥力越小；距离越近，排斥力越大。由式（4.7）可见，当无人机 j 和无人机 i 处在同一个位置时，即为 $\| p_i(t) - p_j(t) \| = 0$，尽管该情况在实际环境中不可能存在，此为理想条件下排斥力最显著位置，故 $\psi_{ij}(t) = 1$。当无人机 j 和无人机 i 的欧氏距离大于安全距离 d_{safe} 时，$\psi_{ij}(t) = 0$，说明此时两无人机不会相撞。排斥力在区间 $[0, d_{\text{safe}}]$ 内逐渐递减，符合实际设计的需求。排斥力定义如下：

$$\Phi_i^r(t) = \sum_{j=1}^{j \in N_i(t)} \psi_{ij} \frac{p_i(t) - p_j(t)}{\| p_i(t) - p_j(t) \|} \tag{4.8}$$

4）最后，无人机在时刻 t 状态下的控制输入力为

$$\Phi(t) = \Phi_i^a(t) + \Phi_i^b(t) + \Phi_i^r(t) + \Phi_o \tag{4.9}$$

其中，Φ_o 表示外界输入的控制力，见图 4.1 中，即无人机的初始离散状态下，需要集结点使所有无人机飞向该区域，保证所有无人机在飞行过程中能够进行通信。Φ_o 为一个虚拟领导者，在没有领导者时，Φ_o 是一个集合点。

4.2 基于角度控制的移动算法

▶▶ 4.2.1 护航无人机移动策略

在无人机植绒集群过程中，为保护运输无人机的安全，护航无人机需部署在无人机植绒集群的外层。因为当恶意无人机入侵无人机集群时，最先受到冲击的便是集群外围，故将护航无人机部署在外围，能有效地将运输无人机保护在无人机群中，以起到巡航保护的作用。如图 4.2 所示，展示了护航无人机的运动过程。

图 4.2 中，圆心为运输无人机组的虚拟中心，C 为运输无人机组通信范围，在向图中中心点进行聚集的过程中，将时刻 t 运输无人机组成的虚拟中心定义为

$$p_o(t) = |V_{\text{org}}|^{-1} \sum_{i=1}^{|V_{\text{org}}|} p_i(t) \qquad (4.10)$$

其中，$|\cdot|$ 表示数量，$|V_{\text{org}}|$ 表示运输无人机的数量。护航无人机集群时，需控制其向运输无人机群外围移动的方向。通过计算运输无人机的虚拟中心，可以确定其近似移动方向。但在移动过程中，护航无人机不能无限向外移动，必须保证护航无人机和运输无人机仍可以正常通信。护航无人机的运动方程主要是将护航无人机从运输无人机群内部移动到运输无人机群边缘。因此，在植绒集群过程中，需找到所有不在运输无人机群边缘的护航无人

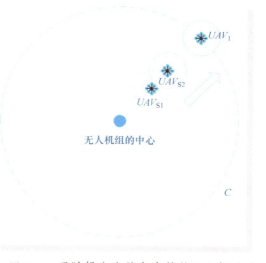

● 图 4.2　无随机方向的角度护航无人机移动

机，而后将这些护航无人机移动到无人机集群外围。在该算法中，将时刻 t 时的护航无人机 i 的步长 $M_i(t)$ 定义为

$$M_i(t) = \xi \frac{p_i(t) - p_o(t)}{\| p_i(t) - p_o(t) \|} \qquad (4.11)$$

其中，ξ 表示移动系数，决定了护航无人机的移动快慢。如图 4.2 所示，$M_i(t)$ 表示从 UAV_{S1} 到 UAV_{S2} 的距离。UAV_1 从运输无人机组的内部移动到外围，在外围保护运输无人机。通过引入护航无人机移动算法，使群体中的护航无人机在运动因子的控制下向群体边缘移动。此时移动范围存在限制，需小于运输无人机群的通信范围，使护航无人机和运输无人机保持在一个植绒集群

内。此外，上述移动方式不能保证护航无人机在运输无人机群的外层均匀分布。因此，需要在上述移动算法中加入左移和右移因子。如图 4.3 所示，通过向量旋转方程可以求出垂直 d_o 方向的向量。

$$d_i = \begin{bmatrix} x_{d_i} \\ y_{d_i} \end{bmatrix} = \begin{bmatrix} \cos A & -\sin A \\ \sin A & \cos A \end{bmatrix} \begin{bmatrix} x_{d_o} \\ y_{d_o} \end{bmatrix} \quad (4.12)$$

其中，A 取值为 $\dfrac{\pi}{2}$ 或 $-\dfrac{\pi}{2}$。

如图 4.3 所示，UAV_1 沿 d_o 方向移动。添加一个左偏或右偏因子，达到调整角度的目的。同时，结合本章 4.2.2 节设计的评估代价函数，对某一时刻无人机集群状态进行评判，从而保证算法收敛到目标无人机集群。护航无人机的移动方程可以重新定义如下：

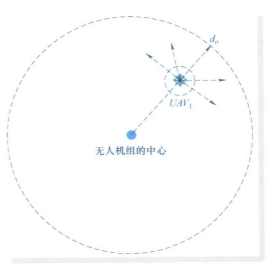

● 图 4.3　护航无人机集群中移动规则

$$M_i(t) = \xi \left(\frac{p_i(t) - p_o(t)}{\| p_i(t) - p_o(t) \|} + \frac{d_i}{\| d_i \|} \right) \quad (4.13)$$

通过式（4.13）可以保证护航无人机方向改变的同时移向群体边界，不会出现大角度的偏转，在聚合算法中不会出现大范围的变动，保证系统的稳定性。

▶▶ 4.2.2　轻量级植绒模型求解

4.2.1 节介绍了轻量级异构无人机集群的建模。然而若仅仅依靠上述模型，不能保证可以在时间 T 时能收敛成目标无人机集群。引入如下的求解方法，保证无人机集群经过有限次数迭代后，形成目标异构无人机植绒集群。引入评估代价函数，通过该代价函数来指引植绒无人机集群的收敛。首先目标植绒集群应该是：护航无人机尽可能部署在运输无人机的外围，而且护航无人机应尽可能在群体周围均匀分布。因此设计的评估代价函数应该是运输无人机在集群内部时代价最小并且护航无人机均匀程度越高代价越小，护航无人机在集群的外部代价最小。经过此分析，考虑护航无人机的角度。

如图 4.4 所示，o' 表示由护航无人机和运输无人机组成的无人机集群的虚拟中心，定义如下：

$$p_{o'}(t) = (\ | V_{\text{org}} | + | V_{\text{def}} | \ )^{-1} \sum_{i=1}^{|V_{\text{org}}| + |V_{\text{def}}|} p_i(t) \quad (4.14)$$

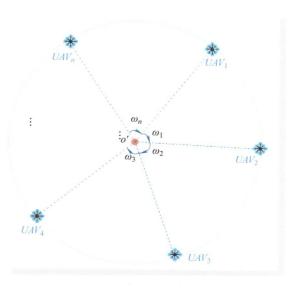

● 图 4.4　护航无人机角度评估

其中，$|V_{org}|$ 和 $|V_{def}|$ 分别表示护航无人机的数量和运输无人机的数量。在时刻 t 时，以 o' 为圆心的角度上邻居护航无人机的角度大小表示为 $\omega_1(t)$，$\omega_2(t)$，$\cdots$，$\omega_{n-1}(t)$，$\omega_n(t)$。其中前 $n-1$ 个角度的计算公式如下：

$$\omega_i(t)=\arccos\frac{[p_i(t)-p_{o'}(t)]\cdot[p_{i+1}(t)-p_{o'}(t)]}{\|p_i(t)-p_{o'}(t)\|\times\|p_{i+1}(t)-p_{o'}(t)\|} \tag{4.15}$$

其中，"$\cdot$" 表示向量的内积运算，$\omega_i(t)\in[0,\pi]$ 或者 $\omega_i(t)\in[-\pi,0]$，而由于护航无人机围成一个圆周，因此无人机的角度之和满足：$\omega_1(t)+\omega_2(t)+\cdots+\omega_{n-1}(t)+\omega_n(t)=2\pi$，以此求出 $\omega_n(t)$，计算方式如下：

$$\omega_n(t)=2\pi-\omega_1(t)-\omega_2(t)-\cdots-\omega_{n-1}(t) \tag{4.16}$$

在无人机群的形成过程中，希望能够实现护航无人机在无人机群外围的统一部署，而运输无人机则尽可能处于无人机群的内层。设计评估代价函数如下：

$$J(t)=\frac{d_{safe}}{|V_{def}|}\sum_{i=1}^{|V_{def}|}\frac{1}{\|p_i(t)-p_{o'}(t)\|}+\frac{1}{|V_{org}|}\sum_{j=1}^{|V_{org}|}\frac{\|p_i-p_{o'}\|}{d_{safe}}+\max(\omega_1,\omega_2,\cdots,\omega_n)-\min(\omega_1,\omega_2,\cdots,\omega_n)$$

$$\tag{4.17}$$

评估代价函数包括三个部分。第一部分是防御无人机移动到群体中心外层越多，代价越小。该部分的目的是确保护航无人机部署在无人机群的外层。第二部分是运输无人机向内移动越多，损失越低，这也是为确保运输无人机在组内。最后，保证护航无人机沿边缘均匀分布。保证当敌无人机入侵时，护航无人机迅速做出反应。

▶▶ 4.2.3　ACHF 算法

完整的 ACHF 集群算法见表 4.1。在该算法中，T 为迭代次数。该算法的输入为护航无人机和运输无人机的数量和初始的位置。第 1 行将 $p_i(0)$ 代入式（4.17）中计算评估值 $J(t)$。第 2 行进入算法的循环迭代。然后，在第 3 行，通过式（4.1）~式（4.13）计算出 $p_i(t+1)$ 并且记录为 loc。第 4 行，将 $p_i(t+1)$ 代入式（4.17）中计算评估值 $J(t+1)$。在第 5 行中，计算时刻 t 和 $t+1$ 评估代价值的差 $Price$。前后 $Price \geqslant 0$ 说明移动后的无人机集群更接近目标集群，在第 7、8 行记录此时无人机的位置和系统的评估值。而后在第 10~13 行计算护航无人机的移动规则，从而保证护航无人机朝着植绒集群的外围移动。

表 4.1　ACHF 算法

输入：d_{safe}，$|V_{def}|$，$|V_{org}|$，$p_i(0)$
输出：$p_i(T)$

1	将 $p_i(0)$ 代入式（4.17）中计算评估值 $J(t)$；
2	While $T<T_{min}$ do
3	通过式（4.1）~式（4.13）计算出 $p_i(t+1)$ 并且记录为 loc；
4	将 $p_i(t+1)$ 代入式（4.17）中计算评估值 $J(t+1)$；
5	计算时刻 t 和 $t+1$ 评估代价值 $Price$ 之差；
6	If 前后 $Price$ 之差 $\geqslant 0$ then
7	将 loc 视为可以接受的 $p_i(t+1)$；
8	记录当前的位置 $p_i(t+1)$ 和评估值 $J(t+1)$；
9	Else
10	计算式（4.13）计算护航无人机的下一步位置；
11	通过式（4.17）计算评估值 $J(t+1)$；
12	记录当前的所有无人机位置和评估值；
13	End
14	End

4.3　ACHF 算法实验分析

▶▶ 4.3.1　算法参数设置

实验中的参数设置如表 4.2 所示。

表 4.2　无人机和算法参数设置

类　　别	配　　置
$[\,[\,|V_{\mathrm{def}}|,|V_{\mathrm{org}}|\,]$	$[\,10,20\,];[\,5,10\,];[\,5,20\,];[\,10,25\,];[\,15,30\,]$
d_{safe}	40m
ξ	1.3
r_i	120m

▶▶ 4.3.2　ACHF 算法效果分析

如图 4.5 所示，坐标系中六边形和三角形分别代表护航无人机和运输无人机。纵坐标和横坐标分别表示无人机在空间中的坐标。运输无人机和护航无人机分别为 20 架和 10 架。运输无人机

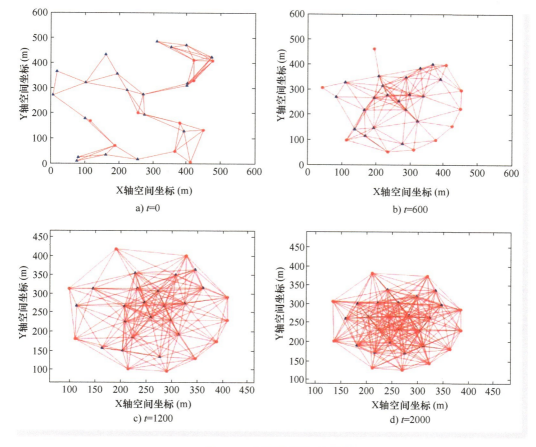

a) $t=0$　　　　b) $t=600$

c) $t=1200$　　　　d) $t=2000$

● 图 4.5　ACHF 算法效果图

和护航无人机初始随机分布在 0~500m 的空间区域内，本章的实验时间间隔均为 0.3s 取样。在图 4.5a 所示初始状态下所有的无人机离散分布在空间中。在图 4.5b 是程序迭代 600 次的结果，所有的无人机都飞到集合点。在图 4.5c 中，迭代 1200 次，所有无人机都可与形成植绒集群中的其他无人机通信。图 4.5d 是算法迭代 2000 次时结果，两种无人机形成植绒集群，护航无人机在植绒集群周围分布均匀。植绒算法可使无人机群从无序运动状态重新排列到具有相同特性的植绒状态，保证无人机之间不发生碰撞。经过算法迭代后，将护航无人机部署在运输无人机的外围，以确保运输无人机群在执行任务时得到保护。

实验采用不同数量的护航无人机和运输无人机进行，实验结果如图 4.6 所示。如图 4.6a 所示，共有运输无人机 15 架，护航无人机 5 架，最终形成一个异构植绒集群。从图中可以看出，星形代表护航无人机，三角形代表运输无人机。最终，运输无人机被 5 架护航无人机包围。护航无人机均匀分布在群边界上。此时，无论敌方的无人机从哪个角度出发，该异构无人机集群均能

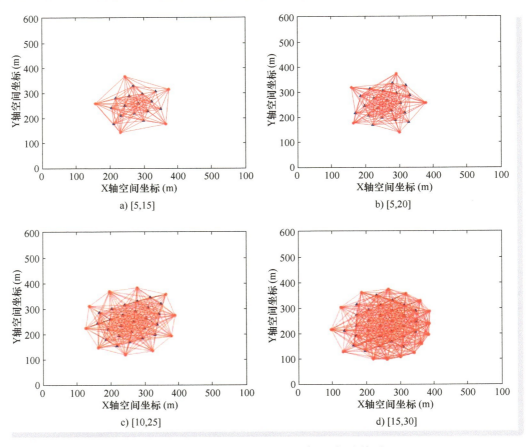

a) [5,15] b) [5,20] c) [10,25] d) [15,30]

● 图 4.6　不同配比的无人机群实验结果

迅速做出反应。图 4.6b 中，运输无人机 20 架，护航无人机 5 架，所有运输无人机被 5 架护航无人机包围。图 4.6c 中，运输无人机 25 架，护航无人机 10 架。图 4.6d 中，运输无人机 30 架，护航无人机 15 架。从图中可以看出，30 架运输无人机基本被 15 架护航无人机外层包围。综合上面算法的表现，ACHF 算法可以保证形成异构无人机植绒集群。

▶▶ 4.3.3   ACHF 算法防碰分析

在异构无人机植绒集群过程中，所有无人机经历向目标点移动，与群中其他无人机通信，聚集，最后以护航姿态编队的过程。无人机群植绒的过程中，通过对两无人机之间距离曲线的分析可以清楚地观察无人机植绒集群过程中是否发生了碰撞。

图 4.7 中记录了护航无人机 10 架，运输无人机 20 架的植绒集群算法中的无人机之间距离变化。初始状态无人机随机分布在空间中的，无人机群的中的最小距离为 10m。在图 4.7a 中，当迭代次数在 0~59 步时，此时由于存在无人机位于碰撞范围内，无人机组中相邻个体之间的距离迅速变远，所有无人机离开不稳定区域。图中出现波动是由于护航无人机向外围移动导致的，由于向外移动必定会出现进入其他无人机的安全范围内，再通过局部规则调整，最后形成集群。图 4.7b 是无人机之间最大距离，在无人机植绒集群中，该距离逐渐减小，最后形成稳定的无人机集群。

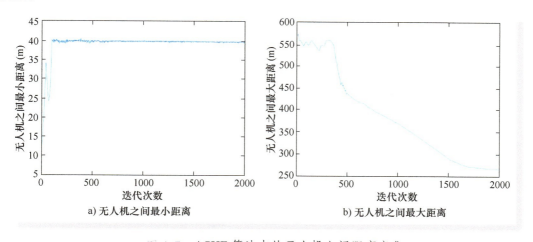

a) 无人机之间最小距离   b) 无人机之间最大距离

● 图 4.7   ACHF 算法中的无人机之间距离变化

▶▶ 4.3.4   ACHF 算法护航无人机状态分析

本章提出了一种护航无人机集群部署在运输无人机外围的护航集群。在 4.2.1 节，角度控制使护航无人机能够均匀部署在无人机群外围。在 4.2.2 节，引入评估代价函数来评判模型的状态。然后对研究结果进行分析。如图 4.8 所示，角度为外围部署护航无人机的最大和最小相邻角度差值。该值大小反映了外围护航无人机分布的均匀性。从图中可以看出，在初始时刻，空间中的无人机需相互靠近，此时无须护航无人机的角度调整。当空间中所有无人机可以相互通信时，此时护航无人机的角度需要调整。因此相邻无人机的最大和最小角度差值减小，即无人机的角度收敛至一个区间，从而保证位于运输无人机边界的护航无人机分布较为均匀。

评估代价值是算法的核心，评估值的收敛方向决定了算法植绒的方向。如图 4.9 所示，评估代价值一直处于下降状态。此外，在开始阶段，无人机处于离散状态，无人机的评估值迅速下降。然而，经过 400 个步骤后，单个无人机可相互通信。因此，价值的损失减缓了。最后，经过大约 1600 步，无人机达到目标植绒状态。代价值基本不变。由于植绒系统是对连续的蜂拥过程离散化，无人机会在安全距离范围处振动。可以看到曲线上有一个很小的变化。这是正常的，表明无人机已经到达目标植绒群集状态。

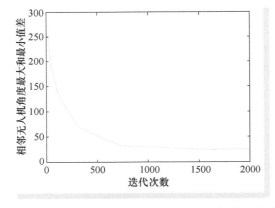
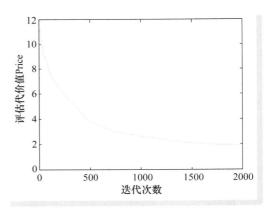

• 图 4.8　护航无人机最大和最小相邻角度差值　　• 图 4.9　植绒群集算法中的评估代价值的变化

▶▶ 4.3.5　ACHF 实验数据分析

在这里，角度控制因素是一个重要的因素。平均角系数定义如下：

$$z = \frac{1}{|V_{\text{def}}|} \sum_{i=1}^{i \in V_{\text{def}}} \left| \omega_i - \frac{360}{|V_{\text{def}}|} \right| \tag{4.18}$$

下面是使用的角度控制因素和未使用的角度控制因素的比较。比较结果如表 4.3 所示。在随机初始条件下的五组实验结果表明，在无角度控制因素的情况下，护航无人机是直接背向运输无人机移动的，其由于合输入力的作用导致角度会有轻微变化，不过未达到较为均匀的分布。然而加入了角度控制后，其均匀效果好了近一倍。该算法是一种分布式算法，其收敛速度与无人机的初始位置有关。无人机的初始位置是 500m×500m 空间内随机分布，设定速度最大值为 20m/s，其近似收敛时间如表 4.4 所示。随着无人机集群中无人机数量的上升，其形成无人机群体所需的时间就越长。无人机 15 架，护航无人机 5 架，无人机数量较少。因此，收敛时间短，大约在1561 步。当运输无人机数量为 30 架，护航无人机数量为 15 架时，由于无人机数量较多，收敛时间需要更长，大约 2400 步。因此，种群越大，收敛速度越慢。

表 4.3 使用角度控制因素对比

测试次数	1	2	3	4	5
无角度控制	34.4321°	20.9125°	25.9845°	23.6458°	45.6247°
有角度控制	0.1716°	0.1370°	0.0996°	0.1765°	0.3508°

表 4.4 不同数量无人机配比算法收敛时间

数 量	[5,15]	[5,20]	[10,25]	[15,30]
收敛步长	1561	1601	1900	2400

由于该算法的目的是形成具有自主协同护航功能的无人机集群，因此运输无人机将被护航无人机包围。内部运输无人机群半径、外部护航无人机群内径、外部护航无人机的外径和总无人机群半径如表 4.5 所示。

表 4.5 ACHF 算法植绒后集群半径　　　　　　　　　　　　　　（单位：m）

数量	[5,15]	[5,20]	[10,25]	[15,30]
R_a	90.0769	96.0239	119.3460	121.6493
$R_b(in)$	110.3009	116.3915	139.2641	131.4976
$R_b(out)$	114.8100	120.6169	140.3245	151.7957
R_{out}	114.8100	120.6169	140.3245	151.7957

其中 R_a、$R_b(in)$、$R_b(out)$ 和 R_{out} 分别表示内部运输无人机群的半径、外部护航无人机群的内径、外径和总无人机群半径。如表 4.5 所示，运输无人机均在护航无人机内部。达到了异构植绒集群的效果。此外，群半径随着无人机数量的增加而增大。

4.4 本章小结

本章探讨了多无人机协同控制问题，并提出了一种新的轻量级植绒运动模型，该模型可在飞行过程中形成护航无人机群。与已有的针对功能单一无人机集群的研究工作相比，设计了一种基于两级无人机的护航无人机集群算法，并且以护航无人机和运输无人机场景为例。形成无人机植绒集群时，护航无人机内部保护运输无人机，实现护航过程中植绒的目标。本章基于无人机的下一次迭代的位置控制，提出了一种基于角度的护航无人机运动控制方法和评估代价函数，确保护航无人机部署在无人机集群的边缘。利用评估代价函数保证无人机在运动过程中向目标状态运动。通过对两种不同数量无人机的测试，该算法显示出了良好的效果，能够形成特定的植绒集群态势，确保无人机群保持护航状态。

第5章

圆环控制集群

在第 2 章中首次提出了轻量级异构多无人机自主集群控制策略，该策略计算简单，运行速度较快，然而只能在二维空间中形成异构无人机集群。因此本章设计了一个在三维空间中运行的异构无人机植绒算法。在三维环境中，为了保障护航无人机可在形成集群的时候更稳定，提出了三层区域的植绒算法模型，对无人机植绒模型进行修改，将校准区域和吸引区域分开，利用校准区域作为缓冲区，从而解决了无人机在边界震荡的现象。同时本章提出基于圆环控制的异构无人机植绒算法，此外，由于角度无法作为高纬度评判护航无人机在边界处均匀分布的标准，因此提出圆环控制方法，保证护航无人机可以在三维空间中在无人机植绒集群的边界处均匀分布。

5.1 三层区域的植绒算法模型

在本章中，无人机的运动状态依旧由邻居之间的关系来决定的。结合了 Reynolds、Vicsek、Couzin 模型，设计了三层区域的植绒算法模型。在三维空间中，无人机的位置坐标可以表示为 $p_i(t) = [x_i(t), y_i(t), z_i(t)]^T$。如图 5.1 所示，最外层的圆 C_3 表示无人机的感知半径，这里即为无人机的通信半径。中间圆 C_2 表示无人机的速度校准范围，最内层的圆 C_1 表示无人机的安全范围。当无人机位于 C_1 区域内，为了避免无人机相互碰撞，此时无人机需相互远离，即受到排斥力的作用。而无人机位于 $C_1 \sim C_2$ 范围内，此时的主要作用是使无人机速度一致，最后当无人机位于 $C_2 \sim C_3$ 范围内时，此时主要受到吸引力作用，使得无人机相互靠拢。通过这种划分，使得无人机不会在边界处震荡。在图 5.1 中，以 UAV_1 为例，UAV_4 位于 UAV_1 的通信范围内，所以 UAV_1 受到 UAV_1 的吸引力 F_{41}，通过 F_{41} 的牵引作用，保证了 UAV_1 和 UAV_4 相互靠近，从而形成一个无人机群体。UAV_3 位于 UAV_1 的速度校准范围内，此时 UAV_3 不受排斥力和吸引力的作用，仅

和 UAV_1 求速度平均，从而保证速度最后达到一致。UAV_2 在 UAV_1 的安全范围之内，因此需要有排斥力的作用保证二者不会出现碰撞，因此 UAV_2 受到 UAV_1 的排斥力 F_{12}，保证两架无人机的相互远离。UAV_5 和其他任何一架无人机都没有联系，但是为了保证形成一个植绒集群，因此在未形成群体时，所有的无人机均需要朝着一个集合区域移动。UAV_5 受到集合区域的力 F_5 作用。经过以上算法的迭代可以保证无人机最终形成一个植绒群体。针对上述的分析建立数学模型。

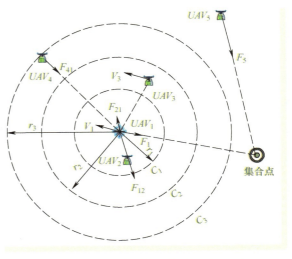

● 图 5.1　三层区域的植绒算法模型

1）吸引力：吸引力是为了保障空间中飞行的无人机在遇到其他无人机时，相互靠拢，形成一个无人机群体。定义无人机 i 的吸引区域如下：

$$N_a^i(t) = \{j \in V : r_2^i < \| p_i(t) - p_j(t) \| < r_3^i\} \tag{5.1}$$

其中，$p_i(t)$、r_2^i 和 r_3^i 分别表示在时刻 t 无人机 i 的位置坐标、无人机 i 的速度校准力半径和无人机的通信半径。依据此划分建立无人机吸引力系数，该系数反映了无人机的吸引力规律。在时刻 t 的无人机吸引力系数定义如下：

$$\varphi_{ij}(t) = \begin{cases} 0, & \| p_i(t) - p_j(t) \| \leq r_2^i \\ \dfrac{\| p_i(t) - p_j(t) \| - r_2^i}{r_3^i - r_2^i}, & r_2^i < \| p_i(t) - p_j(t) \| \leq r_3^i \\ 0, & \| p_i(t) - p_j(t) \| > r_3^i \end{cases} \tag{5.2}$$

随着两架无人机之间距离的变远，两架无人机之间的引力增大；相反，两架无人机之间的引力减小。当无人机 i 和无人机 j 的欧氏距离小于安全距离时，$\varphi_{ij}(t) = 0$。当无人机 i 和无人机 j 的欧氏距离大于通信半径时，此时无人机没有感知到无人机 j 的存在，因此 $\varphi_{ij}(t) = 0$。当无人机 i 和无人机 j 的位于吸引力范围时，此时无人机 i 和无人机 j 需要相互靠近，形成无人机群体。在式（5.2）中，当无人机 j 位于无人机 i 的通信边界上时，$\| p_i(t) - p_j(t) \| = r_3^i$，此时 $\varphi_{ij}(t) = 1$，表明此时需要的吸引力最大，而当 $\| p_i(t) - p_j(t) \| = r_2^i$ 时，此时 $\varphi_{ij}(t) = 0$。这一点也符合实际需求。同时，吸引力系数在区间 $[r_2^i, r_3^i]$ 上是单调递增的。结合吸引力系数将无人机之间的吸引力定义如下：

$$\Phi_i^a = \sum_{j=1}^{j \in N_r^i(t)} \varphi_{ij}(t) \ \frac{p_j(t) - p_i(t)}{\| p_j(t) - p_i(t) \|} \qquad (5.3)$$

2）排斥力：排斥力是为了保证无人机在飞行过程中不会出现因距离过近而导致的碰撞问题。首先对无人机 i 的排斥力范围进行定义。

$$N_r^i(t) = \{ j \in V : \| p_i(t) - p_j(t) \| < r_1^i \} \qquad (5.4)$$

根据排斥的公式，可以定义排斥力系数公式如下：

$$\rho_{ij}(t) = \begin{cases} 0, & \| p_i(t) - p_j(t) \| \geqslant r_1^i \\ 1 - \dfrac{\| p_i(t) - p_j(t) \|}{r_1^i} & \| p_i(t) - p_j(t) \| < r_1^i \end{cases} \qquad (5.5)$$

其中，r_1^i 表示无人机 i 的安全距离，通过式（5.5）可以发现，当无人机 i 和无人机 j 的欧氏距离大于安全距离时，此时两无人机不会发生碰撞，故排斥力系数为 0。而当无人机 i 和无人机 j 的欧氏距离小于安全距离时，存在排斥作用。从公式中可以看出，当 $\| p_i(t) - p_j(t) \| = r_1^i$ 时，排斥力系数 $\rho_{ij}(t) = 0$。而当 $\| p_i(t) - p_j(t) \| = 0$，此时 $\rho_{ij}(t) = 1$，排斥力最大。因此将排斥力计算公式定义如下：

$$\Phi_i^r(t) = \sum_{j=1}^{j \in N_r^i(t)} \rho_{ij}(t) \ \frac{p_i(t) - p_j(t)}{\| p_i(t) - p_j(t) \|} \qquad (5.6)$$

3）速度校准力：如图 5.1 所示，当 UAV_2 在 UAV_1 的速度校准范围内时，UAV_1 和 UAV_2 的速度开始调整，并逐渐接近。无人机的速度校准范围定义如下。

$$\Phi_i^b(t) = \sum_{j=1}^{j \in N_s^i(t)} \frac{v_j(t) - v_i(t)}{\| p_i(t) - p_j(t) \|} \qquad (5.7)$$

其中，无人机的校准范围定义如下：

$$N_s^i(t) = \{ j \in V : r_1^i \leqslant \| p_i(t) - p_j(t) \| \leqslant r_2^i \} \qquad (5.8)$$

4）因此，无人机在时刻 t 的输入力定义如下：

$$\Phi = \Phi_i^a + \Phi_i^b(t) + \Phi_i^r(t) + \Phi_o \qquad (5.9)$$

其中，Φ_o 表示外界输入力，保证无人机朝着集合区域中飞行。如图 5.1 所示，外界输入力保证了无人机之间可以到达一个彼此通信的区域。

5.2 基于圆环控制的移动算法

▶▶ 5.2.1 算法介绍

在无人机组成集群的过程中，需将护航无人机部署在无人机植绒集群的外围，并且围绕着无人机群尽可能均匀分布。将护航无人机部署在无人机群外围的队形对于集群遇到恶意无人机入侵的情况可以起到巡航保护的作用。另外，在集群的过程中需保证护航无人机尽可能地朝外飞行。

如图 5.2 所示，当等待的无人机之间均可以相互通信时，护航无人机须移动到运输无人机的外围。此时所有的无人机可以通信，因此所有运输无人机组成的虚拟中心定义如下：

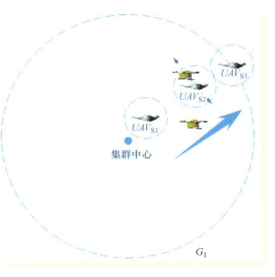

$$p_o = |V_o|^{-1} \sum_{i=1}^{|V_o|} p_i(t) \qquad (5.10)$$

图 5.2 中，外层的圆是由运输无人机组成的无人机集群群体安全半径。当正在集群的无人机之间均可以通信时，需要将护航无人机调整到运输无人机边界处，并且尽可能地在边界上分布均匀。从图中可以看出，护航无人机进入 UAV_{S2} 位置时，在其安全范围内存在其他运输无人机。由于无人机之间的排斥力，护航无人机与运输无人机之间需彼此远离。并且无人机依旧向集群边界移动，直到护航无人机移动到运

● 图 5.2　护航无人机移动规则

输无人机集群群体安全半径上。运输无人机集群群体安全半径如下：

$$R_{\text{group}}^{\text{safe}} = \max\{ \| p_j(t) - p_o(t) \| : j \in V_o \} + r_1^i \qquad (5.11)$$

护航无人机移动方程主要是将护航无人机从运输无人机群内部移动到运输无人机集群群体安全边缘。因此，在植绒集群过程中，需将所有不在运输无人机集群安全边缘的护航无人机转移到外部。护航无人机移动方程定义如下：

$$M_i(t) = \zeta \frac{p_i(t) - p_o(t)}{\| p_i(t) - p_o(t) \|} \qquad (5.12)$$

如图 5.2 所示，$M_i(t)$ 表示 UAV_1 从 UAV_{S1} 飞行运动到 UAV_{S2} 的距离，经过此迭代可保证将护航无人机移动到运输无人机群组的安全外围。然而无法保证护航无人机在其球面上是均匀分布的，通过引入球面均匀分布算法可以解决该问题。当护航无人机移动到运输无人机群的外层时，通过将护航无人机均匀部署在运输无人机外层的方式来保护运输无人机。因此护航无人机不能向一个方向聚集护航无人机，需考虑如何将护航无人机均匀部署的问题。

在图 5.3a 中，当所有护航无人机移动到运输无人机的边缘时，需考虑如何在球体上对护航无人机实现均匀化。可以假设护航无人机之间存在一种排斥力，该排斥力使护航无人机在球面上做切向圆周运动。在图 5.3b 中，UAV_1 分别受到来自 UAV_2 和 UAV_3 的两个斥力 F_{21} 和 F_{31}，这两

个力的合力为 F_1。然后计算出径向和切向的分力。而后，UAV_1 沿切线向上移动，直到球体上的所有无人机都均匀分布。因此，护航无人机在圆环表面的合力定义如下：

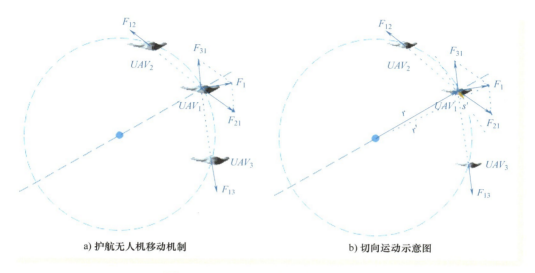

a) 护航无人机移动机制   b) 切向运动示意图

• 图 5.3 护航无人机球面均匀分布规则

$$F_i(t) = \sum_{i=1}^{V_d} \frac{p_i(t) - p_o(t)}{\| p_i(t) - p_o(t) \|} \tag{5.13}$$

其中，V_d 表示护航无人机邻居集合。此时所有的无人机均可相互通信，通过无人机之间的信息传递可获得空间中所有无人机的位置。

图 5.4 中，角度 θ 定义如下：

$$\theta = \arccos \frac{r(r-F_i)}{\| r \| \times \| r-F_i \|} \tag{5.14}$$

其中，r 表示无人机集群中心点 o 到边界的径向向量。因此，在球面上的切向向量就可以定义为式（5.15）。其中 λ 表示步长系数，这个值越小，在球面移动的精度就越高。

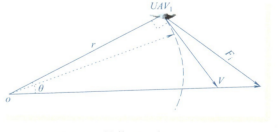

• 图 5.4 异构无人机切向分量图

$$s = \frac{\lambda r \sin\theta}{\| \lambda r \sin\theta \|} \times \| r \| \tag{5.15}$$

5.2.2 VRCHF 算法

上一小节分析了算法中的各项细节，本节给出 VRCHF 算法如表 5.1 所示。

表 5.1　VRCHF 算法

输入：r_1，r_2，r_3，$|V_{def}|$，$|V_{org}|$，$p_i(0)$，
输出：$p_i(T)$

1	将 $p_i(0)$ 代入式（4.17）中计算评估值 $J(t)$；
2	While 无人机群依然调整 do
3	While 存在游离无人机时 do
4	计算运输无人机 $t+1$ 时刻位置 $p_i(t+1)$，通过式（4.1）~式（4.9）；
5	End
6	While 护航无人机未在外围均匀分布 do
7	移动护航无人机 $t+1$ 时刻位置 $p_j(t+1)$，通过式（4.15）；
8	End
9	While 无人机群未形成稳定的集群 do
10	计算所有无人机 $t+1$ 时刻位置 $p_i(t+1)$；
11	End
12	End

5.3　无人机群体分离和群体聚合策略

▶▶ 5.3.1　无人机群体分离策略

当一组无人机执行任务时，有可能将两个不同地点相同难度的子任务分配给一组无人机。当无人机接收到这两个子任务时，无人机集群需分离为两个子无人机集群分别执行这两个任务。因此，需将母无人机组划分为两个与母无人机群组具有相同结构的子无人机组。

在图 5.5 中，左、右点表示无人机组的任务点。分离后形成两个子无人机组，两组无人机移动到不同的任务点执行任务。具体操作见表 5.2 所示，该表为无人机的群分离策略。此处采用一种基于距离和数量平衡的简单分离策略。第 2 行，两个分离的子无人机群使用表 5.1 中的算法进行聚合微调。

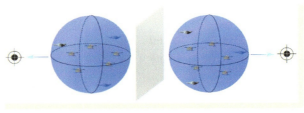

●图 5.5　集群无人机群分离示意图

表 5.2　无人机集群分离策略

输入：p_1, p_2
输出：$G_1(p_i(T))$, $G_2(p_i(T))$

1	根据无人机群体无人机距离任务点的距离和两类无人机进行配比；
2	对分离后的两个子无人机群通过表 5.1 中的算法进行微调聚合

▶▶ 5.3.2　无人机群体聚合策略

无人机组在执行飞行时具有信息共享和负载平衡分配的优势。如 5.6 所示，左图和右图分别表示无人机的两个子组。当两集群的无人机完成任务后，它们可以再次合并为一组母无人机，回到起点。

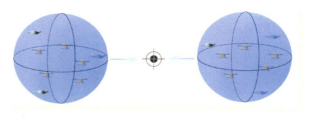

● 图 5.6　无人机群合并示意图

表 5.3 中，显示了无人机群体合并策略，第 1 行表示两个子·无人机组相遇并相互通信，第 2 行表示通过表 5.1 中的算法调整后的母无人机组与子·无人机群具有相同的结构特征。

表 5.3　无人机群体合并策略

输入：$G_1(p_i(T))$, $G_2(p_i(T))$
输出：p_i

1	当两个子无人机群相遇；
2	通过表 5.1 中的算法调整后形成母无人机群组

5.4　VRCHF 算法实验分析

▶▶ 5.4.1　VRCHF 算法中的实验参数配置

对本章提出的算法进行分析，通过植绒集群仿真可以直观地反映无人机的运动状态。下面列出了仿真中无人机性能系数的设置。仿真系数主要包括不同的两类无人机数量，以及无人机的安全距离、感知距离、缓冲半径、时间间隔和算法的一些参数的设置。具体设置见表 5.4。

表 5.4　无人机算法和参数配置

类别	配置
$[\,|V_{\text{def}}|,|V_{\text{org}}|\,]$	$[6,6];[6,10];[8,20];[12,26];[20,40];$
r_1	20m
r_2	60m
r_3	120m
t	0.05s

▶▶ 5.4.2　VRCHF 算法效果

在图 5.7 中，六边形、三角形和菱形分别代表护航无人机、运输无人机和初始集合点。当无人机之间无法通信时，所有的无人机都将向集合点移动。

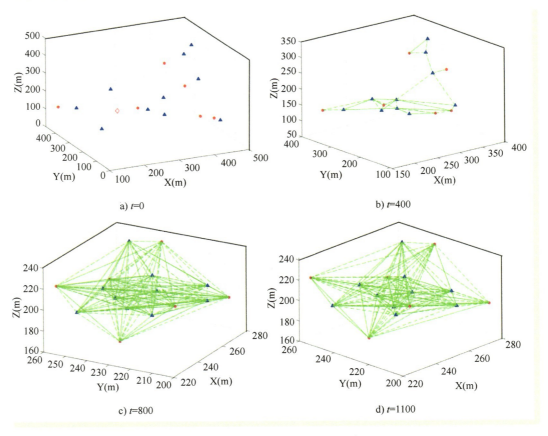

a) t=0　　　b) t=400

c) t=800　　　d) t=1100

● 图 5.7　异构无人机植绒集群效果图

在图 5.7a 中，我们使用了 10 架运输无人机和 6 架护航无人机。初始分布在 500m×500m×500m 空间。此时两类无人机距离太远，无法相互通信。空间中的无人机都向集合点移动。随着所有无人机向集合点飞行，无人机之间的距离逐渐减小，最终实现相互通信。在图 5.7b 中，虚线表示无人机之间的通信链路。此时，由于空间中的无人机都可以通信，集合点的作用就失效了。图 5.7c 为植绒群体的调整过程。护航无人机调整位置到运输无人机周围的外层。图 5.7d 显示了最终的植绒状态。在此过程中，护航无人机由于自身的吸引力和排斥力而与内部无人机保持紧密的距离，从而减小集群的通信半径，直至最终形成稳定状态。然后将护航无人机均匀移动到运输无人机群的外围，形成保护网。

如图 5.8 所示，当无人机数量不同时，改进的异构无人机植绒集群算法也可以达到很好的植绒集群效果。图 5.8a 为 6 架运输无人机（用三角形表示）和 6 架护航无人机（用六边形表示）。图 5.8b 为 20 架运输无人机和 8 架护航无人机。图 5.8c 为 26 架运输无人机和 12 架护航无人机。

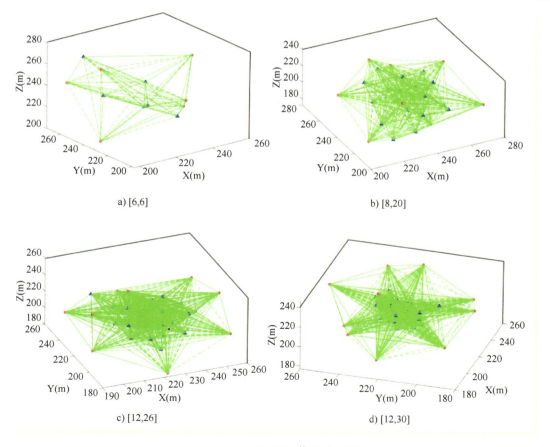

a) [6,6]

b) [8,20]

c) [12,26]

d) [12,30]

图 5.8　VRCHF 算法效果图

图 5.8d 由 30 架运输无人机和 12 架护航无人机组成。经过多次迭代，均达到了目标植绒效果。对于不同数量的各类无人机，其各稳定状态的具体情况如表 5.5 所示。

如表 5.5 所示，测试了由不同数量的护航无人机和运输无人机组成的 10 组无人机，初始状态分布在 300m×300m×300m 空间。记录了形成收敛的每个阶段所需的步长（步骤数）。表中的第一个阶段是指无人机从空间离散状态移动到彼此通信并形成一组无人机。第二阶段是调整护航无人机的位置。调整后，需要保证护航无人机均匀分布在运输无人机的外层。最后，缩小安全通信距离，使护航无人机达到稳定状态。从表 5.5 中的数据可以看出，在第一阶段，由于无人机是随机初始位置，所有无人机中任何一组的时间可能并不相同。然而，一般而言，无人机数量越多，花费的时间就越多。在第二阶段，表示护航无人机的位置调整时间。然而，由于收敛速度受无人机位置的影响，调整时间不规则。最后，总步数大致相同。总体而言，无人机数量越多，形成目标集群的时间越长。

表 5.5　不同数量的护航无人机和运输无人机收敛步长

[运输，护航]	第 一 阶 段	第 二 阶 段	第 三 阶 段	总　阶　段
[6, 4]	198	163	92	453
[6, 6]	308	66	22	396
[6, 8]	384	68	36	488
[8, 8]	370	82	20	472
[8, 10]	304	88	23	415
[8, 12]	569	111	27	707
[10, 12]	403	57	24	484
[20, 12]	566	56	67	689
[20, 20]	437	136	379	952
[30, 12]	547	71	153	771

▶▶ 5.4.3　VRCHF 算法数据分析

无人机群在植绒集群过程中，经历了离散状态到集群状态的过渡，然后调整护航无人机的位置，最终进入稳定状态。在这些过程中，无人机之间的距离是一个重要因素。当两无人机之间的距离太近时，将发生碰撞，导致损失，而若无人机在植绒过程之间的距离太远，无人机集群将永远处于不稳定的状态。

如图 5.9a 所示，实线和虚线分别表示无人机之间的最大距离和最小距离。从图中可以看出，在无人机植绒集群的迭代过程中，无人机的最小距离始终大于 10m，因此系统是安全的，不会出现无人机相撞的情况。最后，无人机组中无人机的最小距离为 20.77m，最大距离为 79.57m，均在无人机（20~80m）速度标准区域范围内。从而使最终的系统达到稳定。为了解释最终无人机群的稳定性，定义了如下无序参量来评估无人机群系统的稳定性。

$$\omega = \frac{1}{|V_o + V_d|} \sum_{i=1}^{|V_o + V_d|} (v_i(t) \times T) \qquad (5.16)$$

其中，v_i 和 T 分别表示无人机 i 的速度和采样周期。我们设置了一个 0.01s 的采样周期。如图 5.9b 所示，随着算法不断迭代，植绒集群的无序程度减小，最终趋于稳定。由于无人机内部的位置信息和参数是通过网络发送消息给集群中其他的无人机，随着算法迭代次数的增加，无人机有越来越多的聚集趋势，因此其通信链路应该越来越稳定。如图 5.10 所示，算法迭代至 646 步时，护航无人机的位置调整也结束。因此，通信链路趋于稳定。

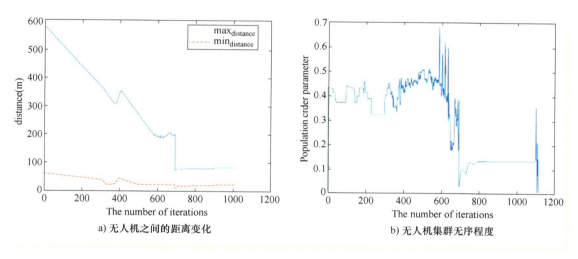

a) 无人机之间的距离变化   b) 无人机集群无序程度

● 图 5.9   VRCHF 算法过程分析

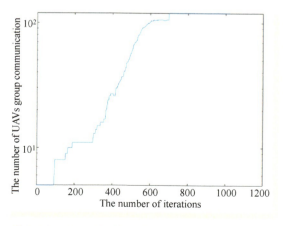

● 图 5.10   无人机集群植绒过程中的通信链路变化

本章提出了一种在运输无人机周围部署护航编队的方案，并提出了一种基于圆环控制的护航无人机在球体上均匀化的算法。为了评价护航无人机的均匀分布效果，提出了以下评价准则。

$$o = \| p_o - p_d \| \tag{5.17}$$

其中，p_o 和 p_d 分别代表运输无人机群的虚拟中心和护航无人机的虚拟中心，护航无人机绕着外围的运输无人机，当护航无人机是均匀分布时，护航无人机的虚拟中心和运输无人机的虚拟中心距离应该为零。如图 5.11a 所示，经过多次迭代，两个虚拟中心之差接近 0m。图 5.11b 为无人机的两个半径。从图中可以看出，最后一组半径趋于稳定，其差值为 20m，即无人机之间的碰撞安全距离。

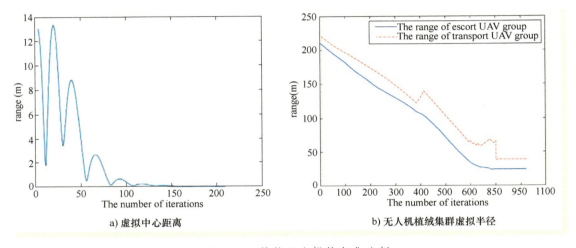

a) 虚拟中心距离　　　　　　b) 无人机植绒集群虚拟半径

● 图 5.11　护航无人机均匀化分析

▶▶ 5.4.4　无人机集群分离聚合结果分析

当一组母无人机在空中面临两项难度相同的任务时，需要将一组母无人机分成相等的两组子无人机。由于这两个子任务均为护航任务，有必要将两个无人机组保留到与原父无人机组相同的结构中。以 10 架运输无人机和 6 架护航无人机为例。表 5.6 为各无人机在母无人机组三维空间中的坐标位置。如表 5.6 所示，这 16 架无人机构成了一个大的无人机群。设定两个子任务分别位于虚拟中心正东 500m、正西 500m。根据无人机当前的位置信息，依据与目标任务点的位置远近，设计分离算法。16 架无人机分离结果如表 5.7 所示。第一组是序号为 1、5、7、8、10 的运输无人机和序号为 11、14、16 的护航无人机。第二组是序号为 2、3、4、6、9 的运输无人机和序号为 12、13、15 的护航无人机。然后将无人机分别移动到东、西任务点，形成两个新的子无人机群。

表 5.6　分离前母无人机坐标　　　　　　　　　　（单位：m）

序号	x	y	z	序号	x	y	z
1	207. 7313	205. 3716	126. 5678	9	173. 0902	158. 0870	142. 1313
2	181. 1458	189. 9878	143. 8983	10	205. 2355	163. 3187	170. 0232
3	193. 6637	175. 8967	150. 5003	11	203. 1941	202. 5273	182. 8623
4	189. 1649	208. 9048	141. 9981	12	164. 9949	175. 9559	160. 9208
5	210. 7697	187. 5734	168. 9959	13	180. 3721	220. 2066	125. 7682
6	202. 8800	193. 9198	142. 8907	14	232. 6015	200. 4416	138. 1684
7	211. 8934	176. 0586	140. 9335	15	194. 7195	168. 0468	116. 3282
8	219. 5310	204. 9649	162. 9545	16	218. 0895	158. 5984	154. 2939

表 5.7　分离后的两个无人机群分组及坐标　　　　　　　　（单位：m）

序号	x	y	z	序号	x	y	z
1	207. 7313	205. 3716	126. 5678	2	181. 1458	189. 9878	143. 8983
5	210. 7697	187. 5734	168. 9959	3	193. 6637	175. 8967	150. 5003
7	211. 8934	176. 0586	140. 9335	4	189. 1649	208. 9048	141. 9981
8	219. 5310	204. 9649	162. 9545	6	202. 8800	193. 9198	142. 8907
10	205. 2355	163. 3187	170. 0232	9	173. 0902	158. 0870	142. 1313
11	203. 1941	202. 5273	182. 8623	12	164. 9949	175. 9559	160. 9208
14	232. 6015	200. 4416	138. 1684	13	180. 3721	220. 2066	125. 7682
16	218. 0895	158. 5984	154. 2939	15	194. 7195	168. 0468	116. 3282

图 5.12a 所示为第一组护航无人机集群，图 5.12b 所示为第二组护航无人机集群。从图中可以看出，护航无人机均位于该组运输无人机的外围，在三维空间上可以均匀分布。

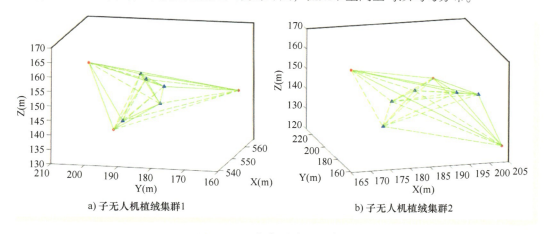

a) 子无人机植绒集群1　　　　　　　b) 子无人机植绒集群2

● 图 5.12　分离后的无人机子群

如表 5.8 所示，由于这两组是从母无人机组中分离出来的，因此无人机的第一和第三阶段所需时间较少。第二阶段为调整护航无人机的位置。此外，由于无人机在空间中的位置不同，其第二次下降的时间也不同。如图 5.13 所示，是由子无人机组组合而成的母无人机组。可以看出，护航无人机均匀分布在运输无人机的外围。

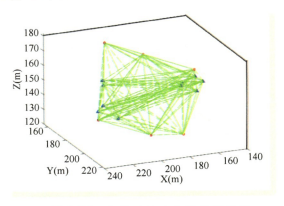

● 图 5.13　合并后母无人机植绒集群

表 5.8　两个子无人机植绒集群收敛步长

子无人机群	移动过程	第一阶段	第二阶段	第三阶段	总阶段
群 1	1188	9	271	23	1491
群 2	1188	10	189	29	1416

▶▶ 5.4.5　异构无人机植绒集群的必要性

目前，大部分的研究都是基于非异构信息的无人机植绒集群算法。接下来，我们将比较本章的异构植绒算法与目前已有的非异构的植绒算法。另外，为了反映工作的必要性，我们将通过比较当一架或多架本地无人机入侵无人机组时对此响应的时间来佐证。假设无人机植绒集群的通信半径为无人机的探测半径，并在无人机探测半径内随机生成恶意无人机；假设集群中的一架无人机比敌方的无人机更有效；假设当敌方无人机与护航无人机之间的距离小于 10m 时，护航无人机可以杀伤敌方无人机。以 10 架运输无人机和 6 架护航无人机组成的无人机群为例，在群检测范围内分别产生 1~6 架恶意无人机并重复测试 100 次。如图 5.14 所示，具有异构信息的无人机编队比不具有异构信息的无人机编队具有更多的能力。当无人机群探测范围内有无人机时，由于无人机群的异构性，护航无人机将被部署在运输无人机群的外围。能够迅速识别并摧毁敌无人机，而不具有异构信息的无人机植绒集群中的护航无人机则被部署在无人机群内部，对敌反应速度较慢。

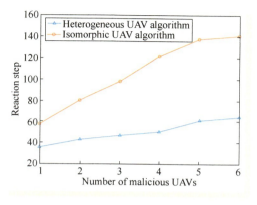

● 图 5.14　非异构和异构植绒集群对比

5.5　本章小结

　　本章讨论了具有两种不同功能的多无人机协同编队问题，提出了一种新型的三维无人机护航编队。此外，还提出了一种护送无人机在运输无人机边界上的均匀分布方法。最后，比较了具有异构信息的无人机编队与不具有异构信息的无人机编队形式，并发现在特定的任务背景下，具有异构信息的无人机编队形式能够更好地完成任务。

G-MADDPG 集群控制

无人机集群在应对多任务场景时有较大的优势，尤其是在面对多种不同任务时，对于拥有不同功能的无人机集群来说，可以针对特定的场景派出不同类型的无人机执行对应的任务。基于上述多任务场景的需求，本章设计了一种局部与整体自相似的编队集群结构，并提出了一种基于异构信息分组的 G-MADDPG 方法，重点研究具有不同类型信息的异构无人机编队集群的聚集和保持问题。本章所做的工作主要包括以下内容：

1）基于 Sierpinski 分形结构设计了一种无人机编队集群样式。通过在编队中引入异构信息，用于区分具有不同功能的无人机并令其相互靠拢形成具有相同功能特性的无人机子编队，最终多个具有不同功能的子编队相互靠拢形成一个异构集群。

2）针对集群中的无人机数量较多导致集群模型建立困难的问题，将无人机抽象为强化学习中的智能体，提出基于 MADRL 进行控制策略的学习。通过明确异构集群中的无人机状态以及给定相应的动作输入，即使不了解具体的异构集群动力学知识，也能完成编队集群的聚集任务。

3）对于 MADDPG 收敛较慢，随着智能体数量增多导致学习效果变差的问题。结合 Sierpinski 分形结构的自相似特性，并在编队训练中加入异构信息，设计了一种分组的 G-MADDPG 方法，减小了训练时网络计算的难度，加快了收敛速度，并提高聚集的成功率。

6.1 编队集群设计

本章结合 Sierpinski 分形结构进行无人机编队的队形设计，结合该分形结构的局部与整体的相似性来简化队形的构造。将整个无人机集群对应为 Sierpinski 三角形，集群中的子编队对应为该结构中的子三角形。以子编队为一个基本单元执行任务，子编队结构在执行任务时分离出整体，其他无人机则保持状态相对不变，以此实现子编队快速聚集和分离执行对应特定任务的效果。编队的具体设计如下所述。

▶▶ 6.1.1 子编队

子编队由四架无人机组成，分别包括一架处于中间位置的领导者无人机以及均匀分布于其周围的三架跟随者无人机，每架跟随者无人机之间的水平夹角为120°。在运动过程中领导者无人机根据任务自主规划航迹，此种队形可以将领导者无人机较好地保护在安全位置，防止外部恶意无人机的侵扰与袭击。子编队中的通信只在领导者和跟随者之间存在，属于一种集中式的控制方式。具体编队形状如图 6.1 所示。

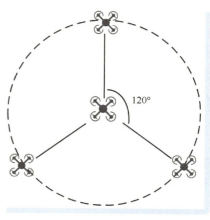

● 图 6.1　子编队示意图

此处借鉴虚拟结构法的思想，由四架无人机构成的子编队标准队形在整体上为一个正三角形的虚拟结构，跟随者无人机通过保持与领导者无人机的相对位置，即跟踪自己对应的虚拟结构点来保持编队形状。与传统虚拟结构法不同的是，该结构中有实际的领导者，该领导者为这个虚拟结构的中心，即三架跟随者无人机均匀分布在以领导者无人机为中心的圆上。设圆的半径为 R，则其为领导者无人机与跟随者无人机之间的期望距离。设跟随者无人机之间的相对距离为 L，由三角形位置关系可得 L 与 R 的关系为：

$$\frac{L/2}{R} = \sin\frac{\pi}{3} \tag{6.1}$$

$$L = \sqrt{3}\,R \tag{6.2}$$

领导者无人机可以向跟随者无人机发送信号，对应的子编队中的无向邻接矩阵 A 以及度矩阵 D 分别如下所示：

$$A = \begin{bmatrix} 0 & 1 & 1 & 1 \\ 1 & 0 & 0 & 0 \\ 1 & 0 & 0 & 0 \\ 1 & 0 & 0 & 0 \end{bmatrix}, D = \begin{bmatrix} 3 & 0 & 0 & 0 \\ 0 & 1 & 0 & 0 \\ 0 & 0 & 1 & 0 \\ 0 & 0 & 0 & 1 \end{bmatrix}$$

因此，有拉普拉斯矩阵 L：

$$L = D - A = \begin{bmatrix} 3 & -1 & -1 & -1 \\ -1 & 1 & 0 & 0 \\ -1 & 0 & 1 & 0 \\ -1 & 0 & 0 & 1 \end{bmatrix}$$

L 的秩为 3，则由拉普拉斯矩阵性质知，该编队构成的图为一个连通图，即在子编队内无人机之间是可以相互通信的。

同时考虑到在运动过程中跟随无人机与虚拟结构点之间的相对位置会发生偏差，而小范围的波动是可以接受的。所以将跟随者无人机跟踪的虚拟结构点设定为一个大于该无人半径的期望位置区域（Expected position area，记为 Epa），当跟随者无人机处于该区域内时，即视为已经到达它的预期位置，此时该无人机是属于相对稳定状态的。即当满足 $\{p_i \in Epa_i \mid i = 1, 2, \cdots, n\}$ 时，编队视作相对稳定。编队的运动过程如图 6.2 所示。

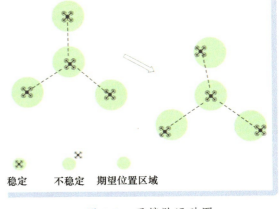

稳定　　不稳定　　期望位置区域

● 图 6.2　子编队运动图

因为无人机与预期位置的波动来源于无人机的运动，我们设定该区域的大小为无人机自身半径 r_{UAV_i} 加上无人机在一定时间 t 内的移动距离 $d(=vt)$，即该区域半径大小为

$$r_{\text{Exp}} = r_{UAV_i} + vt \tag{6.3}$$

当将无人机简化为质点后，该期望位置半径变为了 $r_{\text{Exp}} = vt$。

▶▶ 6.1.2　异构编队集群

基于子编队内的无人机都为同种功能的设定，将集群内的单个子编队视为最小执行单位，其可以执行聚合与分离操作。更具体地，在子编队聚集完成的基础上将其看作一个以领导者无人机为中心，半径为领导者与跟随者的距离 d_{ij} 大小的整体。其速度 v 及位置 p 由领导者无人机的速度 v_l 及位置 p_l 确定，安全范围以处于外围的跟随者无人机的安全范围 d_{safe} 为准。编队的整体结构表示如图 6.3 所示。

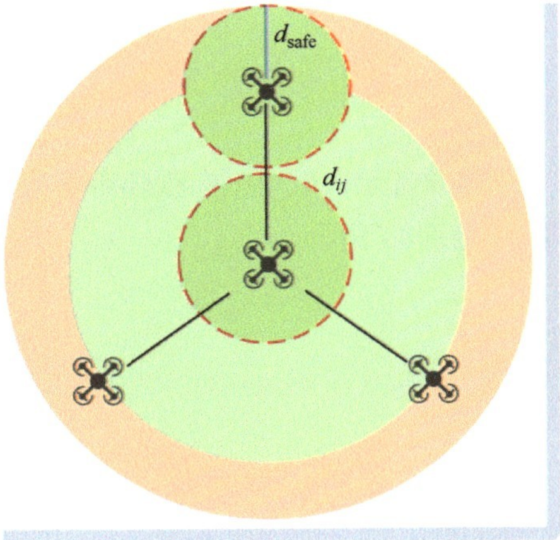

将子编队设为一个整体 ∂，则其可以表示如下：

$$\begin{cases} R_{\partial} = d_{ij} \\ v_{\partial} = v_l \\ p_{\partial} = p_l \end{cases} \tag{6.4}$$

● 图 6.3　子编队整体结构示意图

其中，R_{∂} 为这个整体结构的半径大小，v_{∂} 为其速度，p_{∂} 为其在空间中的位置坐标。

基于 Sierpinski 分形结构的自相似特性，我们可以在子编队的基础上使用相同的聚集策略形成集群。具体来说，因为子编队与整体集群是自相似的，所以跟随者无人机在向领导者无人机聚集时采用的策略同领导者无人机向聚集点聚集时的策略也是相似的。同样地，最终组成的编队集群也是局部与整体的自相似编队结构，以此类推，可以形成更高级的编队。对此，编队的聚集策略如图 6.4 所示。

子编队在保持原有通信链路的同时，每个子编队中的领导者相互通信，互相协作生成二级编队，各领导者之间无优先级之分。即形成一个在子编队范围内集中式控制，在集群整体上分布式

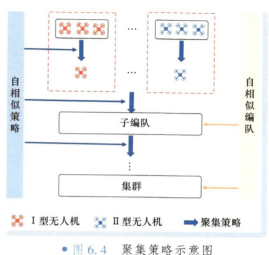

● 图 6.4　聚集策略示意图

控制的编队集群构型。同时，为了应对任务场景的多样性，在不同的无人机子编队中加入异构信息，将集群中的无人机按功能分为Ⅰ型、Ⅱ型和Ⅲ型。编队在聚集过程中应保证同类型的无人机相互靠拢形成子编队，在执行相应的任务时具有对应能力的编队分离集群完成任务。异构信息表示如下：

$$X_i^T = \begin{cases} 1 \\ 0 \end{cases} \quad (T=\text{Ⅰ},\text{Ⅱ},\text{Ⅲ}; i=1,2,\cdots,n) \tag{6.5}$$

当 $X_i^T=1$ 时，无人机 i 为 T 型无人机，与其为相同类型的无人机相互聚集形成一个子编队。反之，则无相互聚集要求。最终每个子编队通过其中的领导者相互连接在一起，编队构型如图 6.5 所示。

由图 6.5 可知，每个子编队中的中间无人机为领导者无人机，其功能类型及属性都与跟随者无人机相同，即将子编队内的无人机都视为同构。而不同编队中的无人机类型不同，整个集群为异构集群。子编队中的领导者无人机在集群的聚集中起到重要的作用，此处，以矩阵的形式对集群进行描述，设定三架领导者无人机分别为图 $G=(V,E)$ 中的顶

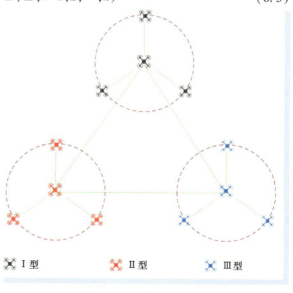

● 图 6.5　异构集群示意图

点 v_1、v_2 和 v_3，跟随者无人机以此类推。仅考虑集群中的领导者无人机，有如下邻接矩阵 $\boldsymbol{A}$：

$$\boldsymbol{A} = \begin{bmatrix} 0 & 1 & 1 \\ 1 & 0 & 1 \\ 1 & 1 & 0 \end{bmatrix}$$

由 $\boldsymbol{A} = \boldsymbol{A}^{\mathrm{T}}$ 及图 6.5 知，领导者无人机之间的通信为双向的，不同子编队中的领导者并无优先级关系，即在整个集群范围内是一种分布式的控制。

对整个集群有如下度矩阵：

$$\boldsymbol{D} = \mathrm{diag}(5,5,5,1,\cdots,1)$$

6.2 基于 G-MADDPG 的异构编队集群控制算法

本章基于 MADDPG 方法研究多无人机的编队集群控制问题，MADDPG 方法通过输入所有智能体的状态值和动作值到 Critic 网络中以解决环境中某个智能体变化引起的整体环境非平稳性问题，但同时也带来了学习和收敛上的问题。最突出的一点是随着智能体数量的增多，整个学习过程中的动作空间和状态空间也都大量增加，Critic 网络中的输入线性增长，最终的收敛变得愈发困难。对此，结合上节的队形设计，在进行编队聚集时将所有无人机分成若干个三角形结构的子编队，并通过各个编队中的领导者无人机相互交互，联系起每个子编队。不同子编队之间的聚合主要是通过每个领导者无人机之间相互共享 Critic 网络的输入，以实现对其他子编队相对位置、速度等变量的状态变化的感知。

图 6.6 为进行分组后的网络结构图。由该图和上述表述可知同一种类型的子编队内的 Critic 网络输入都进行了分组整合，其中跟随者无人机的 Critic 网络输入为在 t 时刻该子编队内所有无人机的联合动作值 $(a_1^t,a_2^t,\cdots,a_n^t)$ 和联合状态观察值 $(o_1^t,o_2^t,\cdots,o_n^t)$。通过这种输入方式，每个跟随者无人机都能够获知该子编队内其他无人机的状态和执行的动作，并据此进行下一时刻动作 $(a_1^{t+1},a_2^{t+1},\cdots,a_n^{t+1})$ 的选择，实现与其他无人机合作共同形成子编队的效果。

集群中的子编队共同形成一个大的三角形结构，该结构的中心即为三个子编队的虚拟聚集点。在聚集的过程中，领导者无人机应该尽快向聚集点靠拢，而跟随者无人机同时向各自的领导者靠拢。因此，在聚集时领导者无人机除了避免与其他无人机碰撞外可以不用考虑其跟随者无人机的状态，即无须等待跟随者无人机到位，而是径自向聚集点靠拢。所以，领导者无人机的 Critic 网络输入主要包括其他领导者的动作值 $(a_1^t,a_2^t,\cdots,a_n^t)_l$ 和状态值 $(o_1^t,o_2^t,\cdots,o_n^t)_l$。结合这种改进可以减少 Critic 网络的输入量，减小学习的难度。

引入式（6.5）中的异构信息，可以得到对应的分组之后的损失值函数，如下所示：

$$L(\theta_i) = \frac{1}{S} \sum_{i=1}^{s} \left[\left(Q_i^\mu(x_i, G_{X_i^t}(i)) - y \right)^2 \right] \tag{6.6}$$

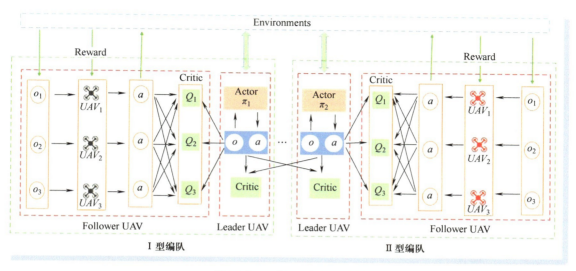

● 图 6.6　G-MADDPG 示意图

$$y = r_i + \gamma Q_i'(x_i, G_{X_i^T}(i)) \mid_{a_i' = \mu_i'(o_i)} \qquad (6.7)$$

其中，$Q_i^\mu(x_i, G_{X_i^T}(i))$ 为进行分组之后的评价函数，θ_i 为采用策略 μ 时对应的目标网络更新参数。

同样地，对 Actor 网络的梯度更新公式也变为

$$\nabla_{\theta_i} J(\mu_i) = \frac{1}{S} \sum_{i=1}^{s} \nabla_{\theta_i} \mu_i(a_i \mid o_i) \nabla_{a_i} Q_i^\mu(x_i, G_{X_i^T}(i)) \mid_{a_i = \mu_i(o_i)} \qquad (6.8)$$

其中，将智能体 i 的中心化的评价函数 $Q_i^\mu(x, a_1, a_2, \cdots, a_n)$ 改为由异构信息 X_i^T 分组的 $G_{X_i^T}(i)$ 方式进行连接。通过分组减小了随无人机数量增多引起的 Q 值输入线性增长的问题，该方法可以优化 Critic 网络并加快收敛速度。具体实现如表 6.1 中的 G-MADDPG 算法所示。

表 6.1　G-MADDPG 算法

算法：**G-MADDPG**
输入：n 架无人机，训练回合数 *num-episode*，每回合最大迭代次数 *max-episode-size*，异构信息 X_i^T 以及其他超参数（具体见表 6.2）；
输出：异构无人机集群模型
1　　**for** *episode* = 1 to *num-episode* **do**
2　　　　在初始位置随机生成领导者无人机和跟随者无人机，获得它们的初始状态 s_l 和 s_f
3　　　　引入 X_i^T 信息对无人机进行分组，每架领导者无人机对应三架同种类型的跟随者无人机
4　　　　**for** t = 1 to *max-episode-size* **do**
5　　　　　　**for** each UAV i，选择满足当前策略和状态的动作 $a_i = \pi_{\theta_i}(o_i)$
6　　　　　　　执行动作 $a = (a_1, \cdots, a_n)$
7　　　　　　　获得奖励 r 和新的状态 s'

（续）

8	将 (s, a, r, s') 存储到缓冲池 D 中
9	更新状态 $s \leftarrow s'$
10	**end for**
11	**for** UAV $i = 1$ to n **do**
12	根据异构信息 X_i^T 对当前 UAV 类型分组并进行下述操作
13	从经验池 D 中随机抽样 S 个样本 (s^j, a^j, r^j, s'^j)
14	计算 $y^j = r_i^j + \gamma Q_i^{\mu'}(s'^j, G_{X_i^T}(i)) \mid_{a_{k'} = u_{k'}(o_k^j)}$
15	通过计算损失函数值更新评价函数: $$L(\theta_i) = \frac{1}{S} \sum_{i=1}^{S} \left[\left(Q_i^{\mu}(x_i, G_{X_i^T}(i)) - y_i \right)^2 \right]$$
16	梯度更新动作函数: $$\nabla_{\theta_i} J(\mu_i) = \frac{1}{S} \sum_{i=1}^{S} \nabla_{\theta_i} \mu_i(a_i \mid o_i) \nabla_{a_i} Q_i^{\mu}(x_i, G_{X_i^T}(i)) \mid_{a_i = \mu_i(o_i)}$$
17	**end for**
18	更新每架无人机的目标网络参数: $$\theta_i' \leftarrow \tau \theta_i + (1 - \tau) \theta_i'$$
19	**end for**
20	**end for**

6.3 G-MADDPG 实现

本节对基于 G-MADDPG 方法的无人机编队集群训练进行实验，首先介绍了在该编队聚集问题中无人机的动作空间和状态空间，其次对无人机训练中的奖励设定进行详细的分析和设计。

▶▶ 6.3.1 状态空间和动作空间

（1）状态空间

本章研究二维空间下多无人机的聚集保持问题，这里对无人机模型进行了简化。首先对领导者与跟随者两种类型的无人机进行状态划分，分别有领导者无人机状态 s_l 和跟随者无人机状态 s_f。领导者无人机向目标点 p_{tar} 靠拢并保持期望位置，同时需要与其他类型的领导者无人机进行通信，共同构成大的集群。所以领导者无人机的状态空间为

$$s_l = (p_l(x_l, y_l), p_{tar}(x_{tar}, y_{tar}), v_l, X_i^T) \tag{6.9}$$

其中，v_l 为领导者无人机的速度。跟随者无人机主要通过跟随领导者无人机的位置实现聚集效果，并同时获取其他跟随者无人机的位置关系，共同合作形成编队，有对应的状态空间：

$$s_f = (p_f(x_f, y_f), p_l(x_l, y_l), v_f^T, v_l^T, X_i^T) \tag{6.10}$$

其中，p_l^T 和 p_f^T 分别为领导者无人机和跟随者无人机的位置信息；R 为无人机的速度无人机到目标点的距离，则二者观

$$s = (p_l, p_f, p_{tar}, v_l, v_f, X_i^T) \tag{6.11}$$

（2）动作空间

集群中的无人机主要通过速度和航向角度上的变化来控制的动作，对每个自主无人机当前状态给定对应的控制输入，设定动作空间为

$$a = (a_v, a_r) \tag{6.12}$$

其中，a_v 为无人机的速度控制输入，满足条件 $-1 < a_v < 1$；a_r 为无人机在角度的上控制输入，满足 $-\dfrac{\pi}{2} < a_r < \dfrac{\pi}{2}$。

▶▶ 6.3.2　奖励函数设计

使用强化学习训练时，最重要的就是关于奖励函数的设定，本节对该编队集群训练中的奖励函数的设计进行介绍。首先，从领导者和跟随者的角度出发，分别介绍领导者无人机和跟随者

（1）领导者无人机奖励

如图 6.7 所示，设定所有领导者无人机向虚拟聚集点靠拢，共同形成一个以聚集点为圆心的

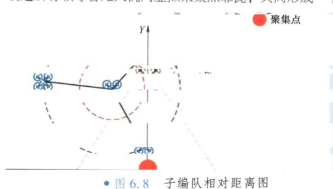

● 图 6.8　子编队相对距离图

此时两架领导者无人机之间的距离为 $d_{uv} = 6d_{safe}$，在该距离条件下，所有无人机之间都能保

$$d_{l\text{-}tar} = \dfrac{\sqrt{3}}{3} \times 6d_{safe} = 2\sqrt{3}\,d_{safe}$$

最终领导者无人机向聚集点靠拢的奖励函数设置为

$$r_l = \begin{cases} \alpha_l, & \| p_l^T - p_{\text{tar}}^T \|_2 < R_{\text{tar}}^T \\ -\| p_l^T - p_{\text{tar}}^T \|_2, & \text{其他} \end{cases} \tag{6.15}$$

其中，$\| p_l^T - p_{\text{tar}}^T \|_2$ 为 T 型领导者无人机与其期望位置 p_{tar}^T 的距离，当其小于期望位置的半径 R_{tar}^T 时，视为到达期望位置，此时给予一个正向的奖励 α。反之，则对其进行负奖励的惩罚，该惩罚与无人机和期望位置的距离变化成正比，即距离越远惩罚越大。

（2）跟随者无人机奖励

由前所述，每个子编队的聚集都通过跟随者无人机跟踪领导者无人机并保持相对位置来实现。其相对位置同样需满足无人机之间保持安全的距离的要求，这里同样以无人机之间的安全范围区域相切为期望距离，如图 6.3 所示，即跟随者无人机与领导者无人机的期望距离为 $2d_{\text{safe}}$。

跟随者无人机同样通过减少与领导者无人机的相对位置的距离实现跟随的效果，与领导者无人机向虚拟聚集点靠拢的任务不同，跟随者无人机跟随的是处于动态变化中的领导者。基于异构信息 T 的分组要求跟随者无人机向自己对应类型的无人机靠拢，其奖励函数设置如下：

$$r_f = \begin{cases} \alpha_f, & p_f^T \in Epa_f^T \\ -\| p_f^T - p_l^T \|_2, & \text{其他} \end{cases} \tag{6.16}$$

即如果该 T 型跟随者无人机处于对应的期望位置区域 Epa_f^T 内，则视为稳定状态，给予其正向奖励 α_f；反之，则根据其与对应领导者的相对位置距离进行负向的惩罚，距离越远，惩罚越大。

（3）避碰奖励

无人机之间需要避免碰撞，通过设定相应奖励函数实现。在未发生碰撞的情况下，对无人机 UAV_i 与 UAV_j 而言其距离满足 $d_{ij} > d_{\text{safe}}$ 关系，此时处于安全状态，不对无人机进行防止避碰的惩罚。当 $d_{ij} = d_{\text{safe}}$ 时，无人机处于危险状态的临界区。当 $d_{ij} < d_{\text{safe}}$ 时，无人机处于危险状态，通过反馈一个随距离减小而逐渐增大的惩罚项引导无人机向远离各自危险区域的方向飞行，从而减少碰撞的发生。当无人机发生碰撞时，通过给予其较大的负奖励作为惩罚，减少无人机之间的碰撞发生。

据此，可以设置如下避碰的奖励函数：

$$r_{\text{avoid}} = \begin{cases} 0, & d_{ij} \geq d_{\text{safe}} \\ -(d_{\text{safe}} - d_{ij}), & d_{ij} < d_{\text{safe}} \\ -\alpha_{\text{avoid}}, & \text{发生碰撞} \end{cases} \tag{6.17}$$

其中，α_{avoid} 为一个常数值，代表当发生碰撞时给予的惩罚项。图 6.9 展示了避碰过程中的几种情况。

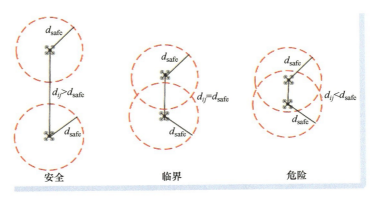

● 图 6.9　避碰示意图

（4）全局奖励

无人机通过学习形成编队，其整体上为一个合作场景，通过最大化全局的奖励来实现上述过程，最终达到预想的编队效果。综上所述，集群聚集任务的总体奖励如下：

$$R = \sum_{i=1}^{n-m} r_{l_i} + \sum_{j=1}^{m} r_{f_j} + r_{\text{avoid}} \tag{6.18}$$

集群中共 n 架无人机，跟随者无人机数量 m 架，领导者无人机为 $n-m$ 架，总体的奖励为所有无人机向各自期望位置聚集的奖励加上运动过程中避免碰撞的奖励。

6.4　实验结果与分析

本章基于 OpenAI 的 gym 开源库搭建训练场景平台，实验的硬件配置是 CPU：Xeno E5-2620 @ 2.10GHz，RAM：32GB，GPU：NVIDIA 2070 super。设定无人机在一个 100m×100m 的区域内运动，其中无障碍物的分布，初始时无人机在自己的出生区域随机生成，在出生区域无人机之间的距离满足感知距离要求，集群的聚集中心坐标为（50,50）。无人机的运动速度范围为 [0,10m/s]，无人机之间的安全距离为 5m，无人机的期望位置区域半径为 2m。首先，对子编队的聚集进行仿真实验，验证强化学习方法在无人机编队控制中的可行性。之后，在子编队聚集完成的基础上对异构编队集群的聚集进行实验，对本章的异构集群方法进行验证。该集群中包含 3 架领导者无人机和 9 架跟随者无人机，无人机按功能分为三种类型。为了更好地观察聚合效果，设置了一个虚拟聚合点，所有无人机向该集结点靠拢，最终形成预设编队集群结构。

本实验训练过程中的网络参数配置如表 6.2 所示：

表 6.2　训练参数表

参　数	描　述	参 数 值
γ	累计回报折扣值	0.95
lr_C	Critic 网络学习率	0.01
lr_A	Actor 网络学习率	0.001
$batch\text{-}size$	批样本数	1024
$num\text{-}units$	隐藏层神经元个数	128
$num\text{-}layer$	网络层数	4
$max\text{-}episode\text{-}size$	每回合最大迭代次数	80
$num\text{-}episodes$	回合数	15000
M	缓冲池大小	1e6

▶▶ 6.4.1　子编队实现与分析

本小节主要对单个子编队的聚集及编队保持进行实验。子编队是一种集中式的控制结构，通过输入领导者无人机的状态值和动作值到跟随者无人机的 Critic 网络中，令其了解领导者的运动状态，做出自己的评判并指导决策过程。如图 6.10 所示，初始时四架无人机在空间中随机生成，随后跟随者无人机向领导者（leader）靠拢，分别到达自己的期望位置。在形成期望编队后，四架无人机共同保持编队形状运动。

图 6.11 展示了在子编队聚集期间，跟随者无人机和领导者无人机之间距离的变化。在初始阶段，无人机在空间中随机生成。之

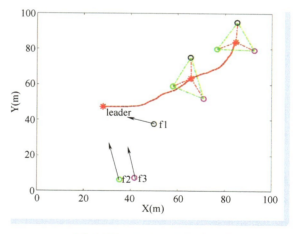

● 图 6.10　子编队运动示意图

后，跟随者无人机迅速向领导者无人机靠近。在大约 8s 时，三架跟随者无人机和领导者无人机之间的距离收敛到约 10m，形成子编队。在随后的过程中，跟随者无人机和领导者无人机之间的距离始终保持在 10m 左右，此时，编队达到稳定状态。

图 6.12 展示了三架跟随者无人机之间的距离变化。可以看到，在单个子编队之间，任意两架跟随者无人机之间的距离在整个过程中都会大于 5m 的安全距离，最终任意两架跟随者无人机之间的距离会保持在 18m 左右。结合式（6.2）知，跟随者无人机之间的期望距离为 $d_{ij} = \sqrt{3}\, d_{lf}$，

其中，d_{ij} 为两架跟随者无人机之间的距离，d_{lf} 为跟随者和领导者无人机之间的距离。由图 6.11 可知 $d_{lf} \approx 10\text{m}$，最终跟随者无人机之间距离为 $d_{ij} = \sqrt{3}\,d_{lf} \approx 17.3\text{m}$，同图 6.12 的结果是相同的，同时也是符合安全预期的。

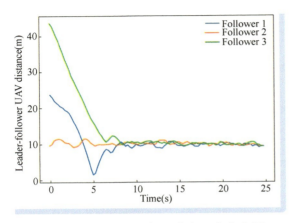

● 图 6.11　领导者与跟随者距离变化图

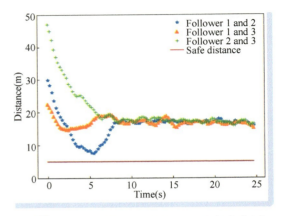

● 图 6.12　跟随者与跟随者的距离变化图

▶▶ 6.4.2　集群实现与分析

在子编队的基础上进行异构编队集群的实现，结合式（6.6）对编队中的无人机加入异构信息，使具有相同功能的无人机相互靠拢形成编队以此增强编队的功能性，使其更加适应现实环境的复杂性。

图 6.13 展示了由三个子编队组成一个异构编队集群的过程，其中以黑色小球代表 I 型无人机，蓝色代表 II 型无人机，红色代表 III 型无人机。初始时所有无人机在空间中随机生成；之后同种类型的无人机相互靠拢形成子编队，并在领导者无人机与跟随者无人机之间建立连接，在图中以红色虚线表示连接关系；随后三个子编队大致到达期望位置，并进行位置上的调整，不同编队中的领导者相互通信；最终形成一个具有不同功能的无人机集群，子编队和集群都为三角形形状，共同组成一种局部与整体自相似的编队集群结构。

图 6.14 展示了三架领导者无人机在聚集过程中距离目标点位置的变化。在聚集过程中，领导者无人机向聚集点聚集的同时，跟随者无人机也在向领导者无人机靠拢并形成预期子编队形状。在形成子编队后，每个子编队可以保持各自队形向虚拟聚集点靠拢。在 20s 左右，三条曲线达到稳定状态，此时领导者无人机到达各自的期望位置，每架领导者无人机距离目标点的距离保持在 35m 左右。由式（6.2）和式（6.14）知，该距离满足使得两个子编队中距离最近的跟随者无人机之间的距离大于安全距离的要求，因此整个集群在聚集完成之后也是安全的。

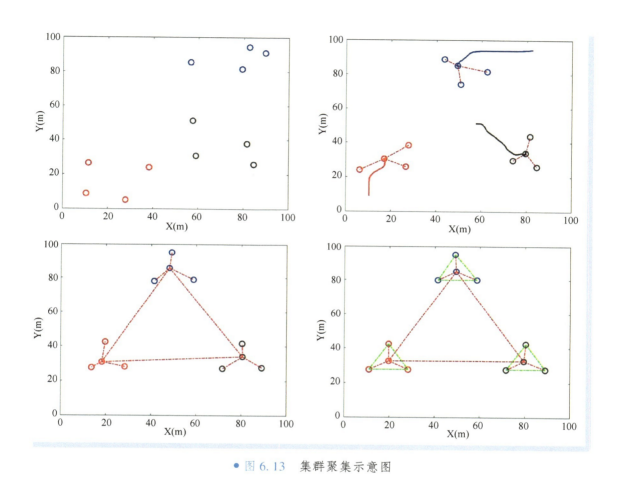

● 图 6.13　集群聚集示意图

　　图 6.15 展示了在异构集群聚集过程中，跟随者无人机向领导者无人机靠拢并达到期望位置的时间。结合图 6.14 可以看到，多数跟随者无人机都能在领导者无人机到达其相对聚集点的期望位置之前就能到达自己的指定位置。其中，子编队 3 中的二号跟随者无人机的运动时间要长于领导者无人机到达期望位置的时间，这与无人机的初始位置有关，该无人机初始时距离自身领导者较远。通过图 6.14 和图 6.15 的综合分析可以得出，在整个集群的聚集过程中，多数子编队都能在领导者无人机到达指定位置时就完成本编队的聚集。最终的异构编队集群所花费的聚集时间要以最后一个到达指定位置的无人机为准。

　　图 6.16 展示了在多无人机编队集群控制中，不同的控制方法的实验效果对比。具体的实验对比指标为无人机与自己期望位置的误差变化，此处选定了集群中的所有跟随者无人机的平均误差变化作为对比。该误差定义如下：

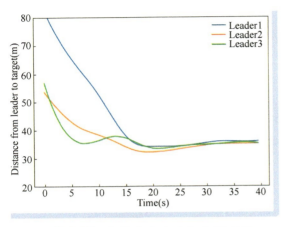

● 图 6.14 领导者距离目标点距离图

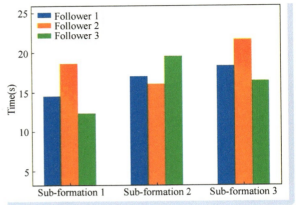

● 图 6.15 跟随者无人机到达期望位置时间

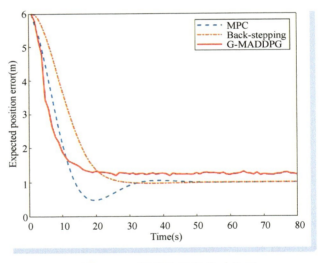

● 图 6.16 期望位置误差对比图

$$AveEr = \frac{Er_1 + Er_2 + \cdots + Er_m}{m} \tag{6.19}$$

比较方法有基于反步法（Back-stepping）的控制引导律，以及模型预测控制方法（Model Prediction Control，MPC）方法。该文献中同样基于领航跟随法并在图论的基础上建立虚拟刚体，以反步法设计控制律，最终形成一个与本章子编队同样结构的正三角形队形。选定二级编队的形成作为聚集目标，共 12 架无人机，包括 3 架领导者无人机与 9 架跟随者无人机。其中 Back-stepping 方法同样基于中间领导者与周围的三架跟随者无人机组成编队，不同的是该方法中的领导者为虚拟领导者。为方便对比，将领导者设定为实际的领导者。

可以看到，本章提出的方法能够以更快的速度达到稳定状态，误差值保持在 1.4m 左右。其次是 Back-stepping 方法在 30s 左右达到稳定状态，误差值保持在 1m 左右。最后是 MPC 方法，它能够在 45s 左右达到误差值的稳定，说明编队也已经完成聚集。因为本章采用了 "局部范围内集中式控制，整体上分布式控制" 的设计，领导者无人机能够在聚集过程中作为不同编队的连接中介，起到沟通作用。同时，跟随者无人机也能基于异构信息快速向同型领导者靠拢，因此最终可以更快地收敛到稳定状态。观察到本章所提方法的误差值要稍大于其他两种方法，这是因为强化学习的学习过程本质上是一种试错机制，智能体通过不断探索新的环境争取获得更大的奖励，因此在无人机到达期望位置后会有一定的概率发生新的探索行为。最终的误差小于本节所设定的期望位置区域的半径大小，因此在该误差范围内也可看作是稳定的。

▶▶ 6.4.3　G-MADDPG 与 MADDPG 和 DDPG 的比较

由前文所述可知，当无人机数量增多到 4 架以上时，应用 MADDPG 方法时，集群的收敛效果并不理想。通过使用本章所提出的基于 Sierpinski 三角形的 G-MADDPG 训练方法，能够实现二级异构集群的聚集。本小节将对 G-MADDPG 的训练效率进行分析。

（1）奖励值

图 6.17 展示了 G-MADDPG 与 MADDPG 和 DDPG 的奖励值的对比图，由该图可知使用三种方法最终都能达到收敛状态，但收敛后的奖励值不同。首先，在具有多个智能体的环境下，因为单个智能体运动而引起整个环境的不平稳变化的原因，单智能体的强化学习方法效果要更差。而 MADDPG 在多智能体环境中要比单智能体的强化学习方法具有更好的效果，最终的奖励值更大。其次，对比分组的多智能体强化学习方法 G-MADDPG 和未进行分组的 MADDPG，可以看到分组后的方法最终收敛时的奖励值会更大，说明 G-MADDPG 的效果更好。这是因为分组后的方法在进行训练时，并非是考虑所有智能体的状态进行学习，而是只收集自己编队内的无人机的状态。这样能够减少 Critic 网络的输入，所以学习效率要更高，能够更快收敛，并得到较大的奖励值。

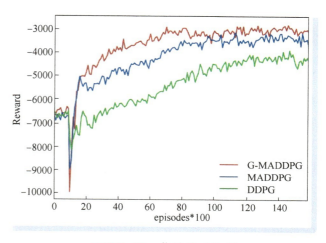

● 图 6.17　奖励值对比图

（2）编队完成率

为比较 G-MADDPG 方法的实验效果，设定当无人机到达各自期望位置时为其对应任务的完成，当所有无人机都满足上述条件时为集群任务的整体实现。特别地，因为设定虚拟聚集点后，整个编队在向聚集点靠拢时，其期望位置相对于该聚集点都为相对固定点，因此可由聚集点确定所有无人机的期望位置。综上所述，设定编队完成率（Completion Rate，记为 CR）为

$$CR = \frac{n_{\mathrm{Exp}}}{n} \tag{6.20}$$

其中，n_{Exp} 为到达期望位置的无人机架数，n 为集群中总的无人机架数。使用经三种方法训练所得到的集群聚集模型进行测试，对比了在 100 轮的测试中的完成率，并取平均值，结果如表 6.3 所示。

表 6.3　编队完成率比较

算　　法	DDPG	MADDPG	G-MADDPG
CR	32.0%	73.50%	90.17%

首先，基于单智能体强化学习的 DDPG 的表现效果最差，这与实际的情况是相符的。因为在多智能体环境下，DDPG 方法中的智能体只以自己的状态为主要的观察值，当其他智能体状态发生变化时，该智能体的应对能力会较差，因而不能很好地达到预设的训练目标。其次，G-MADDPG 方法会好于 MADDPG 最终的完成率。这也能体现出分组方法的必要性。对同一编队内的无人机而言，其不需要像 MADDPG 方法一样获得所有无人机的信息，而只需要得到本子编队内的信息即可。这样无人机能够更加准确地针对自己的目标位置进行聚集，获得更好的收敛效果。

（3）收敛时间

表 6.4 主要对比三种方法进行相同训练轮数后所花费的时间。可以看到 MADDPG 方法耗时最长，其次是 DDPG 方法，这是因为前者通过将所有智能体的观察值输入到 Critic 网络中进行计算，解决单智能体发生变化时引起的整个环境非平稳性的问题，同时也增加了计算量，所以训练时间变慢。DDPG 方法中的 Critic 网络只获取本身智能体的状态信息，因而计算复杂度要低于MADDPG，所以训练时间要稍快于 MADDPG。耗时最少的是 G-MADDPG 方法，其通过不同编队的分组信息进行 Critic 网络的训练，优化了网络的输入，减少了训练时间，总体上优于以上两种方法。我们注意到，G-MADDPG 方法中的每个智能体的 Critic 网络输入虽然要少于 MADDPG，但是要多于 DDPG，可是最终训练时间还是要快于 DDPG。这是因为 DDPG 方法中的每个智能体的Critic 网络输入虽然要少于 G-MADDPG，但是最终的训练目标是相同的。因为分组信息的加入，所以 G-MADDPG 会更快地达到预设编队的目标。而 DDPG 方法中的 agent 则显得更加盲目，在每

轮训练中若达不到目标则会一直训练到本轮的所有迭代次数结束。这样在单独一轮的训练中 G-MADDPG 可能会快于 DDPG 达到预设目标而结束该轮训练，所以最终的整体时间要少于 DDPG。

表 6.4　收敛时间比较

算　　法	DDPG	MADDPG	G-MADDPG
时间/h	4.17	4.63	3.27

6.5　本章小结

　　本章基于 Sierpinski 分形结构设计无人机编队集群，重点研究了无人机聚集、形成编队以及运动过程中的编队保持问题。基于 MADDPG 方法引入异构信息并结合集群结构提出一种分组的 G-MADDPG 方法，实现多无人机的自主集群，最终形成设定的编队结构。最后的实验表明，在形成同样队形的基础上，本章所提出的局部集中式控制和全局分布式控制的自相似编队集群设计，在聚集速度上要比基于反步法和 MPC 的方法更快。同时，改进后的 G-MADDPG 方法相比 MADDPG 和 DDPG 两种基准算法具有更快的收敛速度和更好的训练效果，可以控制无人机形成预定的编队集群结构。

A-MADDPG 集群控制

通过第 6 章的实验和分析，证明了使用 MADRL 方法进行编队控制的可行性。不同于在二维平面的聚集，本章针对三维空间中的集群编队控制展开研究。相比于二维平面，三维空间中多出一个垂直于水平面的纵向维度。同时仍旧以 Sierpinski 分形为基础进行集群的设计，将每个子编队设计为在三维空间中的四面体结构，具体工作如下所述：

1）本章在三维空间中进行集群聚集的研究，不同于第 6 章中子编队内同构，编队间异构的集群结构。本章设计了一种编队内无人机功能异构，编队间同构的异构编队集群结构。基于 Sierpinski 塔结构，形成一个子编队和整体都为四面体结构的自相似集群。这样在仍旧将子编队作为最小执行单元时，可以扩大其执行任务的能力，在子编队分离出集群后独自应对不同的任务。

2）随着空间维度增加以及子编队内的无人机数量的增多，仍采用原有的方法训练整个集群较为困难。在本章中对每个子编队进行单独训练，由于编队内的无人机对彼此的关注程度不同，其异构特性也导致所学习到的策略不同。基于此种情况，提出一种 A-MADDPG 方法，对原有的中心化评价函数的输入部分进行了改进，加入了一个注意力模块。

3）为使每个已经训练好的子编队共同聚集成为集群，提出采用不同编队坐标系表示子编队，通过与全局坐标系之间的转换，将所有分隔的子编队联系到一起，最终形成一个局部异构，全局同构的异构编队集群。

7.1 编队集群设计

本章基于 Sierpinski 塔结构进行编队集群的构造，在形成的集群中，包含若干个相同形状的子编队。最终的集群为一个整体和局部都为四面体结构形状的自相似结构。下面分别介绍子编队和集群的设计。

▶▶ 7.1.1　子编队

　　不同于第 6 章中每个子编队内的无人机功能都是相同的设定，本章中子编队内部的无人机是异构的，即其功能是不同，这种设计能够增加单个编队执行任务的能力。四架跟随者无人机均匀分布在领导者周围，形成一个正四面体结构，能够更好地提升领导者无人机的生存能力。子编队的形状如图 7.1 所示。

　　领导者无人机处于该虚拟四面体结构的中心，可以将子编队看作以领导者无人机为球心，跟随者和领导者之间距离为半径的球体。跟随者无人机均匀分布在球面上，该球体实际上为由子编队构成的四面体的外接球。设领导者无人机在空间中的位置为 $p_l = (x_l, y_l, z_l)$，球体半径为 R，则可得其余跟随者无人机的期望对应位置为

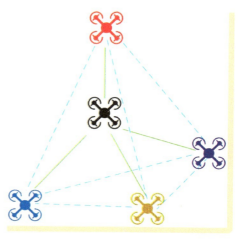

● 图 7.1　子编队示意图

$$\begin{cases} p_{f1} = (x_l, y_l, z_l + R) \\ p_{f2} = \left(x_l - \dfrac{2\sqrt{2}}{3}R, y_l, z_l - \dfrac{1}{3}R \right) \\ p_{f3} = \left(x_l + \dfrac{\sqrt{2}}{3}R, y_l + \dfrac{\sqrt{6}}{3}R, z_l - \dfrac{1}{3}R \right) \\ p_{f4} = \left(x_l + \dfrac{\sqrt{2}}{3}R, y_l - \dfrac{\sqrt{6}}{3}R, z_l - \dfrac{1}{3}R \right) \end{cases} \tag{7.1}$$

　　由正四面体和外接球的几何关系以及球体半径 R，可得跟随者无人机之间的距离 L 为

$$L = \frac{2\sqrt{6}}{3}R \tag{7.2}$$

▶▶ 7.1.2　异构编队集群

　　基于 Sierpinski 塔结构，参照第 6 章的异构编队集群构造思路，进行集群的设计。集群由四个相同结构的子编队构成，而子编队内的无人机功能不同，最终的异构集群如图 7.2 所示。

　　由上述图 7.1 和图 7.2 可以看出，子编队中包含四架跟随者无人机和一架领导者无人机，其中的跟随者无人机的功能各不相同，所以最终构成的整个集群是一种异构的集群。每架领导者无人机除与跟随者无人机保持通信关系外，还和集群中的其他领导者无人机进行通信，通过此种方式联系起不同的编队，形成一个整体。设定领导者无人机分别为图 $G = (V, E)$ 中的顶点 v_1、

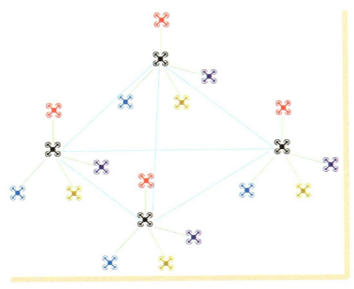

● 图 7.2 异构集群示意图

v_2、v_3 和 v_4，对整个集群有对应的度矩阵：

$$\boldsymbol{D}_{\text{All}} = \text{diag}(7,7,7,7,1,\cdots,1)$$

仅考虑集群中的领导者无人机，对应的有邻接矩阵 $\boldsymbol{A}$ 和度矩阵 $\boldsymbol{D}$：

$$\boldsymbol{A} = \begin{bmatrix} 0 & 1 & 1 & 1 \\ 1 & 0 & 1 & 1 \\ 1 & 1 & 0 & 1 \\ 1 & 1 & 1 & 0 \end{bmatrix}, \boldsymbol{D} = \begin{bmatrix} 3 & 0 & 0 & 0 \\ 0 & 3 & 0 & 0 \\ 0 & 0 & 3 & 0 \\ 0 & 0 & 0 & 3 \end{bmatrix}$$

由矩阵 $\boldsymbol{A}$ 和 $\boldsymbol{D}$ 可得对应的拉普拉斯矩阵 $\boldsymbol{L}$：

$$\boldsymbol{L} = \boldsymbol{D} - \boldsymbol{A} = \begin{bmatrix} 3 & -1 & -1 & -1 \\ -1 & 3 & -1 & -1 \\ -1 & -1 & 3 & -1 \\ -1 & -1 & -1 & 3 \end{bmatrix}$$

$\boldsymbol{L}$ 的秩为 3，满足拉普拉斯矩阵关于连通图的性质，说明在集群范围内不同的领导者无人机之间能够相互通信。集群中的领导者无人机没有特定的领导者，因此整个集群结构是一个"局部范围内集中式控制，整体上分布式控制"的架构，而且也是一种符合局部与整体自相似的分形结构。

7.2 基于 A-MADDPG 的子编队聚集控制算法

▶▶ 7.2.1 A-MADDPG 算法描述

本章基于 MADRL 研究三维空间中子编队的聚集问题。随着子编队中无人机数量以及空间维度的增加，如仍使用将原有的全局观测信息输入到 Critic 网络中的方法，则可能会造成维度灾难的问题，计算将会变得极为困难，训练效果也会变得很差。考虑在子编队的聚集问题，每架无人机之间都存在相应的依赖关系，如所有的跟随者无人机都最关心自己与领导者无人机的位置关系，说明它们更加注意领导者的状态信息。基于上述分析对中心化评价函数的输入部分做出相应的改进，依据不同无人机之间的注意关系对输入做出相应调整。在此，提出一种基于注意力机制的 A-MADDPG 方法，通过将注意力机制引入到中心化评价函数中，优化无人机对其他无人机的状态和动作信息的获取，提升算法的训练效率。A-MADDPG 算法示意图如图 7.3 所示。

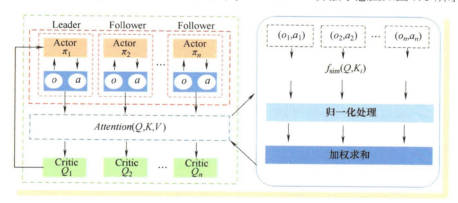

• 图 7.3　A-MADDPG 算法示意图

整个改进过程可以简单描述为在评价值函数部分中加入了一个注意力模块。更具体地，我们利用新加入的注意力模块来聚合评价函数部分的输入信息 $(x, a_1, \cdots, a_n)$，其中 $x = (o_1, \cdots, o_n)$ 为所有无人机的观察信息的集合。加入注意力机制后的值函数可以表示为

$$Q_i^\mu (x, a_1, \ldots, a_n)_{\text{Att}} = f_i(g_i(o_i, a_i), c_i) \tag{7.3}$$

其中，f_i 为一个两层的 MLP 网络，用于估计衡量该无人机的动作状态值函数。g_i 为一个一层的 MLP 网络，用来对无人机本身的状态观察值和动作值进行编码。c_i 为衡量其他无人机对无人机 i 的影响程度，则可得

$$c_i = \sum_{j \neq i} \alpha_j h(g_j) \tag{7.4}$$

其中，h 是一个非线性的 ReLU 函数，同时用注意力权重 α_j 表示无人机 j 对无人机 i 的影响。由 c_i 可以看出，无人机 j 所占的权重越大，则其对无人机 i 的影响也越大，对注意力权重 α_j 进行 Soft-Max 归一化，有：

$$\alpha_j = \frac{e^{f_j}}{\sum\limits_{k \neq i} e^{f_k}} \tag{7.5}$$

由此，不同无人机利用彼此之间的相似度确定对应的注意力，并依据注意权重的大小获取关键的信息。通过改变无人机的中心化评价函数的输入方式，获得不同的奖励反馈，最终引导无人机采取能够获得更多奖励的行为。

对应的第 i 架无人机的评价函数更新变为

$$L(\theta_i) = E_{(s,a,r,s') \sim D}\left[\left(Q_i^\mu(x,a_1,\cdots,a_n)_{\text{Att}} - y \right)^2 \right] \tag{7.6}$$

$$y = r + \gamma Q_i'(x^i,a_1',\cdots,a_n')_{\text{Att}} \big|_{a_j' = \mu_j'(o_j)} \tag{7.7}$$

同时，第 i 架无人机的动作值函数更新公式为

$$\nabla_{\theta_i} J(\mu_i) = E_{s,a \sim D}\left[\nabla_\theta \mu_i(a_i|o_i) Q_i^\mu(x,a_1,\ldots,a_n)_{\text{Att}} \big|_{a_i = \mu_i(o_i)} \right] \tag{7.8}$$

最终整个算法的过程如表 7.1 中的 A-MADDPG 算法所示。

表 7.1　A-MADDPG 算法

算法：**A-MADDPG**
输入：n 架无人机，训练回合数 $num\text{-}episode$，每回合最大迭代次数 $max\text{-}episode\text{-}size$ 等超参数； 输出：子编队聚集模型

1	**for** $episode = 1$ to $num\text{-}episode$ **do**
2	在初始位置区域随机生成无人机，获得初始状态 s
3	**for** $t = 1$ to $max\text{-}episode$ **do**
4	**for** each UAVi，选择满足当前策略和状态的动作 $a_i = \pi_{\theta_i}(o_i)$
5	执行动作 $a = (a_1,\cdots,a_n)$
6	观察奖励 r 和下一个状态 s'
7	将 (s,a,r,s') 存储到缓冲池 D 中
8	更新状态 $s \leftarrow s'$
9	**end for**
10	**for** UAV $i = 1$ to n **do**
11	从经验池 D 中随机抽样 S 个样本 (s^j,a^j,r^j,s'^j)
12	基于注意力机制计算 $Q_i^\mu(x,a_1,\cdots,a_n)_{\text{Att}}$
13	设置目标网络值函数 y，通过式 (7.7)
14	通过计算损失函数值更新评价函数，通过式 (7.6)
15	梯度更新当前无人机的策略网络参数，通过式 (7.8)
16	**end for**
17	更新每架无人机的目标网络参数：$\theta_i' \leftarrow \tau\theta_i + (1-\tau)\theta_i'$
18	**end for**
19	**end for**

▶▶ 7.2.2 状态空间和动作空间

有关该算法中的状态空间和动作空间的设定主要基于对无人机的运动模型的描述，本章研究三维空间下的编队集群聚集的问题，具体设计如下。

（1）状态空间

从领导者与跟随者的角度对状态空间进行分类，对应的有领导者无人机状态 s_l 和跟随者无人机的状态 s_f。定义领导者无人机的状态空间为

$$s_l = (p_l, p_{\text{tar}}, v_l) \tag{7.9}$$

跟随者无人机的状态空间为

$$s_f = (p_f, p_l, v_l, v_f, X_i^T) \tag{7.10}$$

一般情况下，领导者无人机向自己的既定目标位置 $p_{\text{tar}} = (x_{\text{tar}}, y_{\text{tar}}, z_{\text{tar}})$ 运动，跟随者无人机通过获取领导者无人机的位置信息，得到自己与其相对位置关系并保持队形。$p_l = (x_l, y_l, z_l)$ 为领导者无人机在笛卡儿坐标系中的坐标，$p_f = (x_f, y_f, z_f)$ 为跟随者无人机的位置坐标，v_l 为领导者无人机的速度，v_f 为跟随者无人机的速度。特别地，子编队中的无人机为异构的，则跟随者无人机应该确定自己的异构信息并学习对应的策略，所以在跟随者的状态空间中也应包含关于无人机的异构信息。最终有联合状态空间：

$$s = (p_l, p_f, p_{\text{tar}}, v_l, v_f, X_i^T) \tag{7.11}$$

（2）动作空间

对无人机的控制主要通过速度和角度的改变实现。故此处将动作空间设定为

$$a = (u_v, u_r, u_p) \tag{7.12}$$

其中，u_v 为对无人机速度的控制输入，对速度的控制变化量满足如下条件：

$$v = \begin{cases} v_{\min}, & v+u_v < v_{\min} \\ v_{\max}, & v+u_v > v_{\max} \\ v+u_v, & \text{其他} \end{cases} \tag{7.13}$$

角度的控制量包含 u_r 和 u_p，分别为对航向角和俯仰角度的变化控制，对航向角有：

$$\phi = \begin{cases} -r_\phi, & \phi+u_r < -r_\phi \\ r_\phi, & \phi+u_r > r_\phi \\ \phi+u_r, & \text{其他} \end{cases} \tag{7.14}$$

其中，$[-r_\phi, r_\phi]$ 为航向角的允许转向范围，对俯仰角同样有 $[-p_\theta, p_\theta]$。因为子编队中的跟随者无人机是异构的，所以不同无人机的动作空间 $a = (u_v, u_r, u_p)$ 在具体上的输入是不同的。在此给出各跟随者无人机的控制输入量的限制条件，如表 7.2 所示。

表 7.2　跟随者无人机控制输入量范围

输 入 量	follower 1	follower 2	follower 3	follower 4
u_v	$(-1,1)$	$(-1,1)$	$(-1/2,1/2)$	$(-1/2,1/2)$
u_r, u_p	$(-\pi/2, \pi/2)$	$(-\pi/4, \pi/4)$	$(-\pi/2, \pi/2)$	$(-\pi/4, \pi/4)$

▶▶ 7.2.3　奖励函数设计

同第 6 章中的奖励设定，此处仍将奖励函数分为三部分，分别是领导者无人机的奖励、跟随者无人机的奖励以及无人机之间避免碰撞的奖励。具体的设置也类似上一章，所不同的是，本章并不将整个集群中的无人机都放到一起训练，而只是同时训练单个子编队内的无人机。所以在奖励函数设定时，不需要考虑用异构的信息进行编队间的分组。值得注意的是，子编队中的跟随者无人机为异构的，但是其目标都是跟踪领导者无人机，所以对奖励值的设定也是相同。据此，分别有如下奖励函数设定：

（1）领导者无人机的奖励

$$r_l = \begin{cases} \alpha_l, & \| p_l - p_{\text{tar}} \|_2 < R_{\text{tar}} \\ -\| p_l - p_{\text{tar}} \|_2, & \text{其他} \end{cases} \qquad (7.15)$$

其中，$R_{\text{tar}} > 0$ 为目标区域半径，当领导者无人机与目标点距离小于该半径时，即视为到达目标点，给予一个正向奖励 α_l。反之，对其进行惩罚，惩罚程度与目标点的距离成正比，即距离越远，惩罚越大。

（2）跟随者无人机的奖励

$$r_f = \begin{cases} \alpha_f, & p_f \in Epa_f \\ -\| p_f - p_l \|_2, & \text{其他} \end{cases} \qquad (7.16)$$

对跟随者的奖励设定类似领导者无人机，当跟随者无人机处于期望位置区域时给予正向奖励 α_f。反之，给予负奖励进行惩罚。

（3）无人机之间避免碰撞的奖励

$$r_{\text{avoid}} = \begin{cases} 0, & d_{ij} \geqslant d_{\text{safe}} \\ -(d_{\text{safe}} - d_{ij}), & d_{ij} < d_{\text{safe}} \\ -\alpha, & \text{发生碰撞} \end{cases} \qquad (7.17)$$

避免碰撞的奖励设定同式（7.17）的描述，则最终整个编队的总奖励函数为：

$$R = r_l + \sum_{j=1}^{4} r_{f_j} + r_{\text{avoid}} \qquad (7.18)$$

7.3 多子编队聚集

初始时无人机在各自的出生位置随机生成，并相互聚集形成子编队。所有的子编队向一个虚拟聚集点靠拢，共同组成一个高级的编队集群。该集群的聚集基于子编队中的领导者无人机，由每个子编队中处于中心位置的领导者引导共同构成更高级的集群。结合上一节的内容，设定子编队已经聚集完成，最终形成一个正四面体的结构。其中的每架无人机在理想情况下都处于该结构的固定位置上，借鉴虚拟结构法的编队控制思想，将每架无人机都看作该结构上的一个质点。由此，所有的无人机共同构成一个虚拟刚体，可以将子编队看作一个整体，并在此基础上进行不同子编队之间的聚集。

以领导者为原点 O_f 建立编队坐标系 $O_f X_f Y_f Z_f$，则由式（7.1）可知，已知编队中的任意无人机的地面坐标位置都可推得该编队中的其他无人机的相对位置并获取对应坐标。对于最终的集群来说，其中不同子编队分别对应不同的编队坐标系，但是都可以进行相应的变换统一到地面坐标系下。通过将所有的子编队坐标系转换到地面坐标系中，得到子编队之间的相对关系，最终共同形成集群。

图 7.4 展示了单个子编队在地面坐标系下发生运动时其对应的编队坐标系相对于地面坐标系的位置关系。由图可知子编队在地面坐标系下的运动包括旋转和平移，通过对两种坐标系的转换将所有子编队统一到一个坐标系下完成集群的聚集，具体的转换过程如下所述。

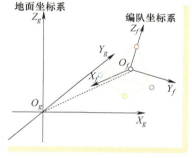

● 图 7.4　地面坐标系与
编队坐标系示意图

由图 7.4 可知，两种坐标系之间在对应轴上有关于角度的旋转关系。这里考虑编队在水平航向角和纵向俯仰角上的角度变化，首先将编队坐标系 $O_f X_f Y_f Z_f$ 绕地面坐标系的 $O_g Z_g$ 轴旋转得到一个水平方向的 $-\phi$ 角，可以得到一个过渡旋转矩阵：

$$\boldsymbol{R}_\phi = \begin{bmatrix} \cos\phi & -\sin\phi & 0 \\ \sin\phi & \cos\phi & 0 \\ 0 & 0 & 1 \end{bmatrix} \tag{7.19}$$

其次，绕地面坐标系的 $O_g Y_g$ 轴旋转得到关于垂直于水平面的纵向方向上的俯仰角度 $\boldsymbol{\theta}$，同样可得到一个过渡旋转矩阵：

$$\boldsymbol{R}_\theta = \begin{bmatrix} \cos\theta & 0 & -\sin\theta \\ 0 & 1 & 0 \\ \sin\theta & 0 & \cos\theta \end{bmatrix} \tag{7.20}$$

由此可得到编队坐标系相对于地面坐标系的旋转矩阵:

$$\boldsymbol{R} = \boldsymbol{R}_\theta \boldsymbol{R}_\phi = \begin{bmatrix} \cos\theta\cos\phi & -\cos\theta\sin\phi & -\sin\theta \\ \sin\phi & \cos\phi & 0 \\ \sin\theta\cos\phi & -\sin\theta\sin\phi & \cos\theta \end{bmatrix} \tag{7.21}$$

子编队在空间中相对于地面坐标系除可能发生旋转外还会有平移运动,假设某编队在 X、Y 和 Z 轴三个方向上分别移动了 dx、dy 和 dz。对其中的任意一架无人机都有 $\boldsymbol{p}_t = \boldsymbol{p} + \boldsymbol{t} = [x + dx, y + dy, z + dz]$,其中 $\boldsymbol{t} = [dx, dy, dz]$,同样可以矩阵的形式表示平移运动的过程。为方便计算,引入一个齐次坐标 w,取 $w = 1$。对该无人机有 $\boldsymbol{p}_w = [x, y, z, w]$,因此进行平移后的齐次坐标可表示为:

$$\boldsymbol{p}_t^w = \boldsymbol{p}_w \boldsymbol{T} = [x, y, z, 1] \begin{bmatrix} 1 & 0 & 0 & 0 \\ 0 & 1 & 0 & 0 \\ 0 & 0 & 1 & 0 \\ dx & dy & dz & 1 \end{bmatrix} = [x + dx, y + dy, z + dz, 1] \tag{7.22}$$

其中,$\boldsymbol{T} = \begin{bmatrix} 1 & 0 & 0 & 0 \\ 0 & 1 & 0 & 0 \\ 0 & 0 & 1 & 0 \\ dx & dy & dz & 1 \end{bmatrix}$ 为进行齐次化处理后的平移矩阵。结合可能发生的旋转 $\boldsymbol{R}$,最终可得编队中任一无人机在地面坐标系下发生的坐标变换:

$$\begin{bmatrix} \boldsymbol{p}' \\ 1 \end{bmatrix} = \begin{bmatrix} \boldsymbol{R} & \boldsymbol{t} \\ 0^T & 1 \end{bmatrix} \begin{bmatrix} \boldsymbol{p} \\ 1 \end{bmatrix} \tag{7.23}$$

其中,$\boldsymbol{p}'$ 为无人机在地面坐标系下发生旋转和平移运动后对应的在编队坐标系中的位置。同样地,其他子编队也以这种方式统一到地面坐标系中。因为最终的集群也为三维空间中的四面体结构,所以不同编队的领导者之间也满足式(7.1)中的关系,集群的中心即为虚拟聚集点。也可以改聚集点为原点建立集群坐标系,所有领导者无人机到达该坐标系中的对应位置即可达成最终的集群结构。

7.4 实验结果与分析

本章实验的硬件环境同第 6 章。设定无人机在一个 100m×100m×100m 的空间中运动,其中无障碍物的分布,初始时无人机在对应的出生区域随机生成,在出生区域无人机之间的距离满足感知距离要求,集群的聚集中心目标点为(50,50,50),无人机间的安全距离为 5m,领导者与跟随者的期望距离为 10m。训练过程中的网络配置参数同第 6 章,训练回合为 20000 个。

▶▶ 7.4.1　子编队实现与分析

　　图 7.5 展示了子编队相互聚集，形成编队以及保持编队共同运动的过程，其中星型为领导者无人机。初始时五架无人机在出生位置区域随机生成，设定一个目标点，领导者无人机向其运动，跟随者无人机向领导者无人机靠拢并形成编队。形成的编队为一个四面体结构，领导者无人机处于编队中心，跟随者无人机分布在四个顶点上。在编队聚集完成后，处于顶点的四架无人机跟随领导者无人机保持固定的编队形状运动。

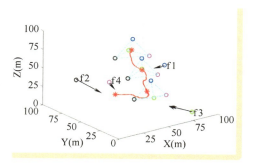

● 图 7.5　子编队运动示意图

　　由虚拟结构法的思想，最终的编队聚集成功体现在跟随者无人机都到达自己期望于领导者无人机的相对位置。图 7.6 展示了在 X、Y、Z 三个方向上无人机与自身期望位置的误差的变化。

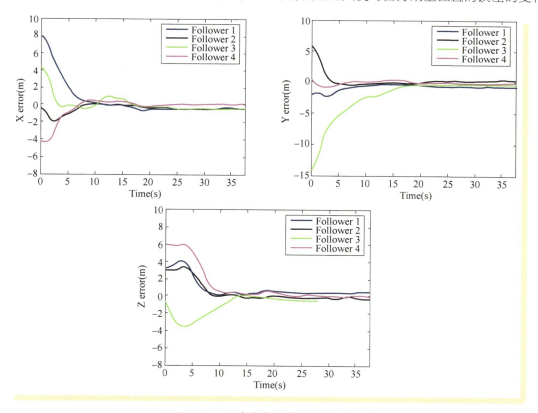

● 图 7.6　跟随者期望位置误差示意图

可以看到，因为初始时刻无人机在一定区域内随机生成，所有的跟随者无人机和领导者无人机之间都有一定的位置偏差。之后，无人机开始运动，并逐渐缩小与领导者的距离。在这一过程中，每架跟随者无人机在三个方向的期望位置偏差都在缩小，大部分在 10s 左右达到平衡。最终在 15s 左右时，随着 3 号跟随者无人机在 Y 轴方向上的误差达到平衡，说明子编队已经到达基本的稳定状态，误差值在 1m 左右，在随后时间内保持相对位置关系共同运动。

图 7.7 展示了在子编队运动过程中各跟随者无人机在三个方向上速度的变化图。由于不同无人机的出生位置不同，与领导者无人机的距离也各不相同，距离较远时则以较快的速度向领导者无人机靠拢。随着最终领导者无人机到达目标点后不再运动，其他跟随者无人机也分布在领导者周围达到静止。

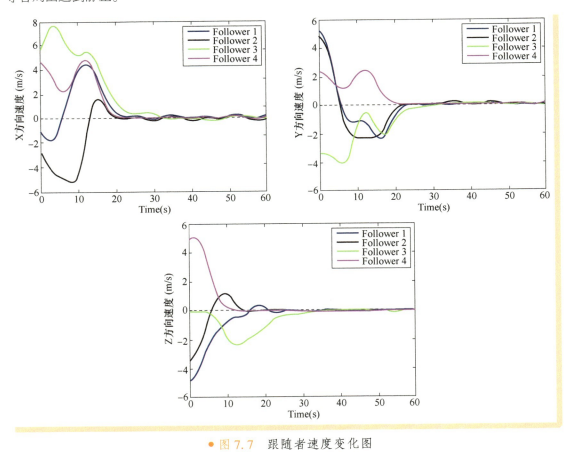

● 图 7.7　跟随者速度变化图

图 7.8 展示了在编队聚集运动过程中所有无人机之间的最小距离的变化，定义编队中所有无人机之间的最小距离为

$$d_{min} = \min\{\parallel p_i - p_j \parallel_2; i \neq j = 1, \cdots, n\} \tag{7.24}$$

其中，p_i 和 p_j 为编队中任意两架不同无人机在空间中的位置，可以看到在 0~5s 时无人机之间的最小距离有增大趋势。这是因为在编队聚集过程中，领导者无人机向目标点运动，而跟随者无人机则向领导者无人机靠拢，所有无人机之间都是相对运动的，因此不同无人机运动状态的改变导致了最小距离的增大或者缩小。随着编队的聚集，最小间距减小并在 10m 左右达到平衡，此时编队已经稳定。

图 7.9 展示了 A-MADDPG 和 MADDPG 在训练过程中的全局奖励曲线的变化图。编队聚集是一种合作场景，因此在全局奖励中包含领导者和跟随者在内的所有无人机。可以看到在训练初期两种算法都经历了一个探索过程，奖励值的波动较大，后续随着训练经验的增多，奖励值开始慢慢增大。加入了注意力模块后的 A-MADDPG 方法的收敛速度更快，在大约 4000 个 episode 时就已经达到收敛状态，而 MADDPG 则在大约 6000 个 episode 时才收敛到稳定状态。最后奖励值达到平衡状态时，基于注意力机制的 A-MADDPG 方法的奖励值要更大，说明其训练效果更好，因此才能获得更大的奖励，更高的奖励值也意味着编队的聚集效果更好。

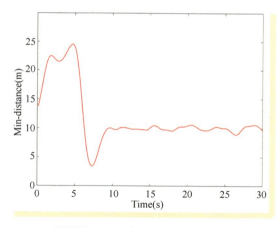

● 图 7.8　无人机间最小距离变化图

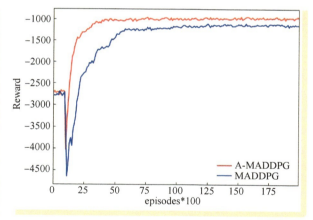

● 图 7.9　全局奖励对比图

图 7.10 展示了在训练时子编队中所有跟随者无人机的奖励值的变化情况。可以看到基于 A-MADDPG 方法训练后的跟随者无人机的奖励值收敛更快，在大约 3500 个 episode 时收敛到稳定状态，而 MADDPG 则在约 6000 个 episode 时才达到稳定状态，达到稳定状态时同样是基于 A-MADDPG 方法的奖励值要更高。其次可以看到基于 A-MADDPG 方法的奖励值的变化范围要小于 MADDPG，其奖励值区域的下界隐藏在基于 MADDPG 的奖励值区域内，说明加入注意力机制后的方法的训练效果更好。因为 A-MADDPG 方法中的跟随者无人机在学习过程中能够更加关注领导者无人机的状态信息，因此无效探索的行为更少，反映在奖励值的变化上就是波动

范围更小。

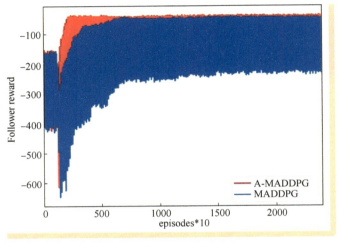

● 图 7.10　跟随者无人机奖励对比图

▶▶ 7.4.2　集群实现与分析

图 7.11 展示了由四个子编队共同组成一个集群的过程。具体来说，图 7.11a 是聚集的初始阶段，此时集群中的所有无人机在各自的出生区域内随机生成。之后，如图 7.11b 所示显示了每个子编队的聚集过程，此时跟随者无人机向自己的领导者靠拢并与其建立连接，以星号表示领导者无人机，虚线表示领导者与跟随者无人机之间的连接关系。在图 7.11c 中，所有的子编队都到达了自己的期望位置，领导者无人机之间也建立了连接，以虚线表示，此时进入微调阶段，聚集过程大致完成。最后，如图 7.11d 所示，集群聚集完成，所有的无人机都到达了自己的期望位置，此时子编队中的无人机构成一个虚拟的四面体结构，在整体上，领导者之间相互连接，也形成了一个四面体结构。最终形成的集群为一个局部与整体自相似的结构，其中的子编队内无人机异构，子编队间同构，整体上是一个异构的编队集群。

在编队集群的聚集过程中，领导者无人机起到决定性的作用，接下来主要针对领导者无人机进行分析，进而得出整个集群的聚集情况。

如图 7.12 所示，显示的是在聚集过程中的领导者无人机与目标点的距离的变化过程。首先可以看到其中不同的领导者无人机到达平衡的时间不同，主要是因为它们的出生位置是随机的，距离自己的目标点距离不同，导致达到稳定所花费的时间不同。其中以 1 号领导者花费时间最长，其在距离上的波动更多的是因为在聚集过程做出躲避其他无人机所造成的。最后，可以看到不同编队内的领导者无人机与目标点之间的距离在经过一段时间的变化后，都在 30m 左右到达

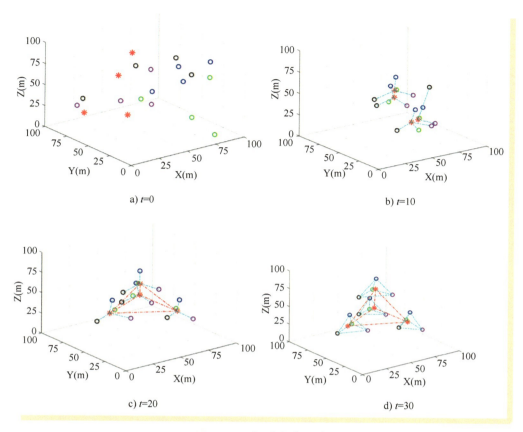

a) $t=0$

b) $t=10$

c) $t=20$

d) $t=30$

● 图 7.11　集群聚集示意图

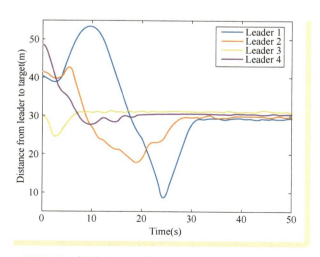

● 图 7.12　领导者无人机与目标点之间的距离变化图

平衡，即此时编队到达稳定，领导者无人机均匀分布在目标点周围，组成一个大的四面体结构。

图 7.13 显示了在编队集群聚集过程中，不同领导者无人机之间的距离发生的变化。同样因为无人机随机出生的原因，不同领导者无人机之间的距离也各不相同。随着编队的不断聚集，领导者无人机之间发生了相对运动。因此，它们的相对距离也因为无人机运动状态的不同或者增大或者减小。但是随着编队聚集过程逐渐结束，最终所有的领导者无人机之间的距离都稳定在 50m 左右。由式（7.2）以及领导者距离目标点之间的距离 30m，可知子编队之间达到相对稳定时，领导者无人机之间的距离为 $\frac{2\sqrt{6}}{3} \times 30m \approx 49m$，满足图 7.13 中的结果，说明此时四架领导者无人机已经聚集成为一个大的四面体结构。结合 7.4.1 节中子编队已经聚集成功，可以说最终整个编队集群聚集完成。

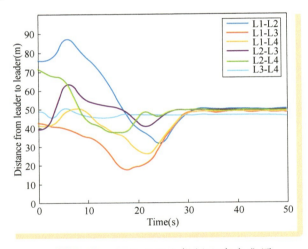

● 图 7.13　领导者无人机间距离变化图

图 7.14 展示了在集群聚集过程中无人机与期望队形结构的契合程度的变化曲线，定义一个目标函数 $f(x)$[63]，$f(x)$ 的值越小，契合程度越高。有

$$f(x) = \sum_{i=1}^{n} d(r_i^W, I_R^W(x) \cdot p_i^R) \tag{7.25}$$

其中，n 为无人机的架数，$d(\cdot)$ 为距离，用来度量第 i 架无人机距其虚拟结构中对应点的成本，r_i^W 为该无人机在地面坐标下的位置，p_i^R 为其在虚拟结构中对应的期望位置，I_R^W 则为对应的无人机在编队坐标系和地面坐标系下的转换关系。可以看到在聚集的初始阶段，由于无人机的初始位置是随机的，所以两种方法的初始契合度并不相同，但是基于注意力机制的 A-MADDPG 的收敛速度更快，因此契合度的提升也更快，在图中体现为函数值减小的速率更大，在最终达到收敛时与设定队形的契合度也要更高。

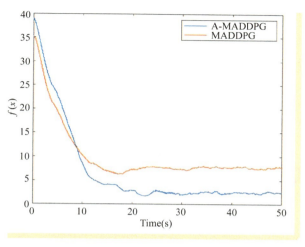

● 图 7.14　集群契合度变化图

7.5　本章小结

  本章基于 Sierpinski 塔结构设计了一种自相似的异构编队集群，在局部子编队内采用集中式控制，全局范围内采用分布式控制。基于 MADRL 方法简化异构无人机集群系统的动力学模型的建立，通过无人机的自主学习进行异构编队的控制。提出了一种 A-MADDPG 方法，在该方法中引入注意力机制，加快无人机对控制策略的学习速度。最后在子编队聚集完成的基础上，通过将所有子编队转换到一个集群坐标系下，完成集群的聚集。实验结果表明，引入注意力机制后的 A-MADDPG 方法能够更好地学习无人机的行为策略，与 MADDPG 方法相比得到的奖励值更大、效果更好，能够满足子编队的聚集要求，最终通过坐标转换也能完成不同子编队的聚集并形成集群。

第8章

风流对集群控制的影响

在目前已知的植绒集群算法中较少考虑风流对算法的影响。主要原因是无法获取某一小范围的实验场地的风流数据。另外，当下的无人机集群的实验多在室内或者气候条件允许的环境下进行。因此本章模拟了一些单一方向的风流数据和多方向时序风流数据来研究有风流环境下，无人机植绒算法存在的问题，以及提出一个可行的解决方法。并且用单无人机测试了该方法，分别展示了其在单一风向的风流环境下和多方向时序风流环境下的效果。并且在本章的 8.4 小节，将该纠偏方法加入 ACHF 算法测试该方法在植绒集群中的纠偏效果。

8.1 风流数据

▶▶ 8.1.1 单一方向的风流数据

如图 8.1 所示，此时在空间中存在一个单一方向的风流场。在该图中可以看到在每个位置点都会有一个带有箭头的矢量，箭头的朝向表示风向，而箭头的长短表示风力大小。

▶▶ 8.1.2 多方向时序风流数据

在 8.1.1 节中模拟了单一方向的风流数据，多无人机从起始位置移动到目标位置需要飞行一段时间，无法在一个时刻就可完成飞行任务。所以在此提出了方向改变并且带有时序信息的风流数据仿真。

如图 8.2 所示，在 4 个不同的时刻下，空间中的风流方向不同，图 8.2a 的风流方向为垂直上方，图 8.2b 的方向为右下方，图 8.2c 的方向为左下方，图 8.2d 的方向为左上方。另外，图中的风流大小也是不同的。该组数据是通过式（8.1）仿真获取的。

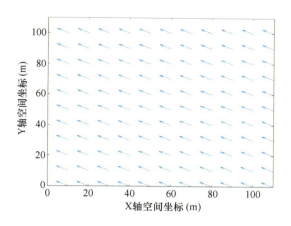

● 图 8.1 单一方向风流数据

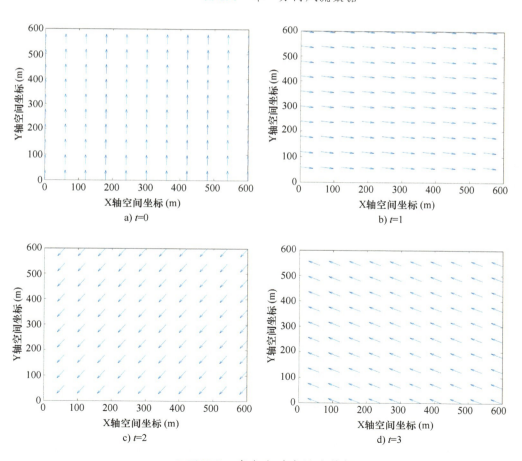

● 图 8.2 多方向时序风流数据

$$
\begin{cases}
v_x = 3\sin\left(t + \dfrac{\pi t}{4}\right) \\[2mm]
v_y = 2\cos\left(t + \dfrac{\pi t}{4}\right)
\end{cases}
\tag{8.1}
$$

从式（8.1）中可以发现数据呈周期性变化，并且振幅为 3.61m/s，而自然界的微风定义为三级风（3.4~5.4m/s），符合微风的范围。通过这种随时间改变的风流来模拟实验中的无人机飞行环境，具有一定的代表性。

8.2 风流对无人机飞行的轨迹影响

▶▶ 8.2.1 风流对无人机飞行轨迹影响

由于风流的不确定性和随机性会导致飞行中的无人机出现航路偏移的现象，从而导致了无人机无法形成一个稳定的无人机植绒集群。

图 8.3 所示为单一方向风流对无人机轨迹的影响。图中蓝色的线表示无人机在无风条件下从出发点飞行到目标点的轨迹。黑色的曲线，表示在单一方向风流环境下，无人机由于风流的作用，导致了其飞行轨迹出现偏差，无法飞行到目标点。图 8.4 为多方向时序风流对无人机轨迹的影响，由于这里的风流是周期性的，可发现无人机的轨迹受到了风流影响导致轨迹发生了偏移。尽管此时无人机可到达最终的目标点，然而这种偏移在无人机植绒集群中需要避免，毕竟当无人机的数量较多时，若无人机轨迹发生偏移，会导致发生相撞的概率增大。

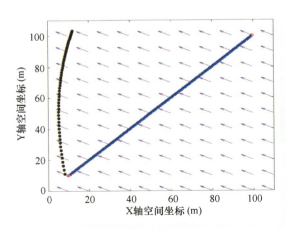

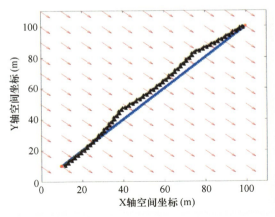

● 图 8.3 单一方向风流对无人机轨迹影响　● 图 8.4 多方向时序风流对无人机轨迹的影响

▶▶ 8.2.2 基于无人机位置纠偏的风流纠偏方法

$$F(t) = \frac{\left(\dfrac{p_{\mathrm{aim}}(t) - p_i(t)}{\| p_{\mathrm{aim}}(t) - p_i(t) \|} \times v_i + v_{\mathrm{wind}} \right)}{\left\| \left(\dfrac{p_{\mathrm{aim}}(t) - p_i(t)}{\| p_{\mathrm{aim}}(t) - p_i(t) \|} \times v_i + v_{\mathrm{wind}} \right) \right\|_2} \qquad (8.2)$$

其中，$p_{\mathrm{aim}}(t)$ 表示无人机需要移动的目标位置，v_i 表示无人机的速度，此项决定了无人机是否可以减小偏差，v_{wind} 表示风流矢量。

室外环境中存在的风流会导致无人机飞行轨迹出现偏移，可以通过位置校准来解决这一问题。下面提出一个位置校准算法，通过该算法可以保证无人机偏差减小，从而保障多无人机植绒算法的安全性。

如图 8.5 所示为无人机飞行纠偏过程，无人机受到风流作用，导致其偏离原来的航线，为了保障无人机在飞行中始终偏离减小，引入了位置纠偏算法。其在时序风流环境下的效果如图 8.6 所示。

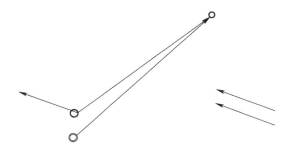

● 图 8.5　无人机飞行纠偏

在图 8.6a 中，蓝色为风流条件下无人机的运动轨迹，黑色曲线为无人机速度是 2m/s 时的效果，而红色为无人机最大速度下的效果，所以可以看出，当无人机有风流时，采用最大速度向目标飞行，偏差最小，这也符合实际情况。而当风力速度大于无人机的最大速度时，此时不管无人机如何飞行都无法达到目标点，这也是目前无人机多在室内环境下进行实验的原因。接下来在时序风流下测试该位置校准方法的效果。图 8.6b 为时序风下无人机轨迹纠偏效果，图中蓝色为无风条件下的无人机从起始点到目标点轨迹，即为存在时序风流环境下，无人机从起始位置到目标位置的轨迹。黑色表示没有纠偏算法时，无人机飞行轨迹，发现偏离较大，并且随机性很大。图中红色为加入纠偏算法后的结果，无人机的偏差减小了很多，并且较为稳定。由于植绒无人机集群的无人机的安全范围设置为 40m，因此小范围的偏差并不会导致无人机发生相撞。

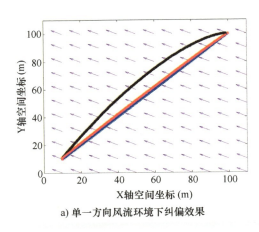
a) 单一方向风流环境下纠偏效果

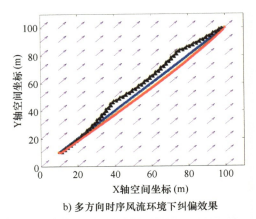
b) 多方向时序风流环境下纠偏效果

● 图 8.6　基于位置纠偏的纠偏算法

8.3　风流环境下纠偏轨迹的异构无人机植绒算法

异构多无人机自主集群算法中的风流计算公式如下：

$$\Phi(t) = \Phi_i^a(t) + \Phi_i^b(t) + \Phi_i^r(t) + \Phi_o + \Phi_{\mathrm{wind}} \tag{8.3}$$

其中，Φ_{wind} 表示自然风流大小，即由于风流缘故造成的无人机轨迹偏差大小。以此求出输入大小，用于每次迭代计算。

8.4　实验分析

8.4.1　单一方向风流环境下异构无人机植绒算法实验分析

将上节提出的纠偏风流的无人机植绒算法在单一方向风流中测试，这里为了使效果明显，将护航无人机和运输无人机之间的距离设置较远，实验结果如图 8.7 所示。

在图 8.7 中，运输无人机为 20 架，护航无人机为 10 架。为了减小算法迭代次数，将无人机的初始位置设定为 600m×600m 的空间中。图 8.7a 为算法在 0 时刻无人机在空间中的位置。此时部分无人机之间可以通信而整体无法通信。图 8.7b 为算法在迭代 150 步时无人机的位置，此时无人机相互靠近，形成了一个彼此间通信的整体。图 8.7c 为运输无人机移动到集群内层，护航无人机开始调整其在无人机植绒集群中的位置。最后如图 8.7d 所示，随着算法的进行，最后形成了一个稳定的异构无人机集群状态。

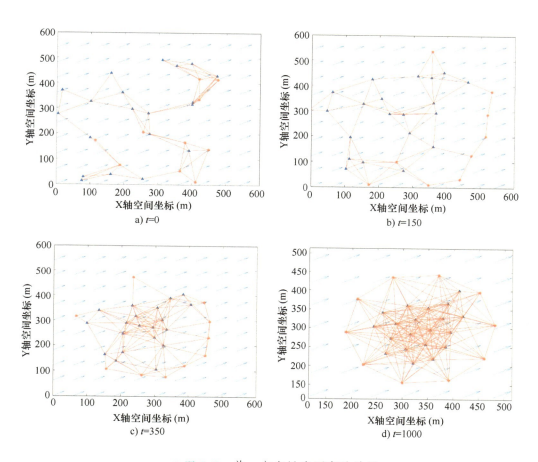

● 图 8.7　单一方向风流下实验效果

图 8.8 为异构植绒算法在形成异构集群时，系统的评估代价值，最后系统迭代 1200 次左右的代价值趋于稳定，系统形成了一个稳定集群状态。图 8.9 测试了不同运输无人机和护航无人机配比情况下的结果。其中，图 8.9a 为运输无人机 15 架，护航无人机 5 架；图 8.9b 为运输无人机 20 架，护航无人机 5 架；图 8.9c 为运输无人机 25 架，护航无人机 10 架；图 8.9d 为运输无人机 30 架，护航无人机 15 架。可以发现最终均可以形成一个稳定的异构无人机植绒集群。

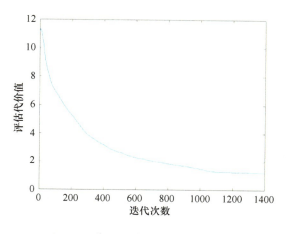

● 图 8.8　单一风向下系统的评估代价值

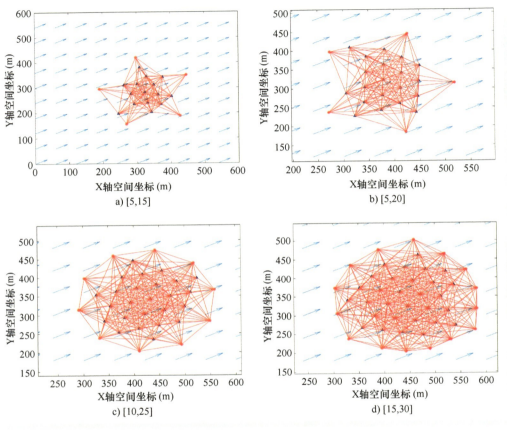

▶▶ 8.4.2　多方向时序风流环境下异构无人机植绒算法实验分析

　　本小节将添加纠偏后的异构无人机植绒算法运用到风流方向随时间改变的时序风流环境中。采用 20 架运输无人机和 10 架护航无人机进行实验，实验结果如图 8.10 所示，图中三角形表示运输无人机，星形表示护航无人机。其中，8.10a 为初始状态无人机在空间中分布情况，可以看到此时风力朝右下。图 8.10b 为算法迭代 300 次时无人机在空间中分布情况，此时风流方向朝右。图 8.10c 为算法迭代 500 次时无人机在空间中分布情况，此时风流方向朝右上方向，护航无人机开始调整自己的位置。图 8.10d 为算法迭代 1000 次时无人机在空间中分布情况，此时风流方向也是朝右上，空间中的多无人机最终形成了一个异构植绒群体，护航无人机可部署在运输无人机的边界外围，并且均匀分布。

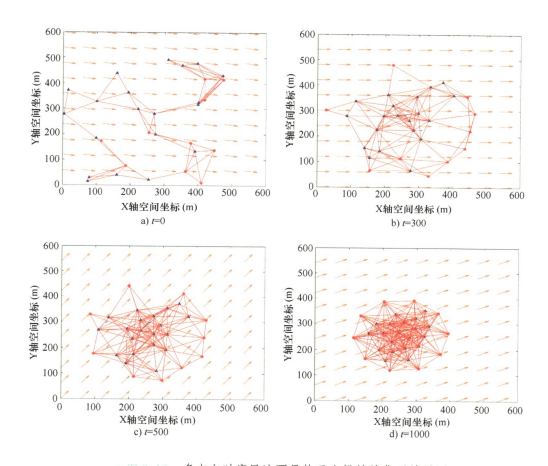

a) $t=0$

b) $t=300$

c) $t=500$

d) $t=1000$

● 图 8.10　多方向时序风流下异构无人机植绒集群效果图

　　图 8.11 为在多方向时序风流环境下无人机植绒集群过程中系统评估代价值变化曲线。从曲线可以看出，在 850 步时，系统形成稳定的无人机植绒集群。在有周期的风流中，算法的收敛速度比单一方向风流环境中要快。这个与 8.2.2 节中图 8.5 一致，由于周期风流的方向不同，容易出现将无人机吹回到目标位置的情况，故偏离距离反而较小。

　　为了获得更精确的收敛时间，时间间隔取 0.03s。如图 8.12 所示，总体而言，在无风条件下，ACHF 算法的收敛速度要比存在风流时快，这是由于需要调整风流带来的偏差。而单一风流环境下需要的时间比多方向时序风流需要的时间要短。不过也不完全这样，算法收敛速度主要与风流大小和无人机的初始位置有关。

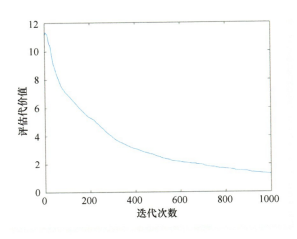

● 图 8.11　多方向时序风流下评估代价变化

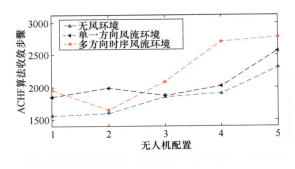

● 图 8.12　不同环境下 ACHF 算法收敛速度

8.5　本章小结

　　本章主要模拟了单一风向的风流和方向与大小随时间变化的时序风流，通过引入这两种风流数据，对单无人机轨迹的影响进行分析，提出了一种基于无人机位置的纠偏方法。并且将该方法应用到第 4 章提出的 ACHF 算法中。通过实验可以得出结论，在微风条件下，结合该无人机纠偏方法可以保证多无人机形成植绒集群的稳定性。

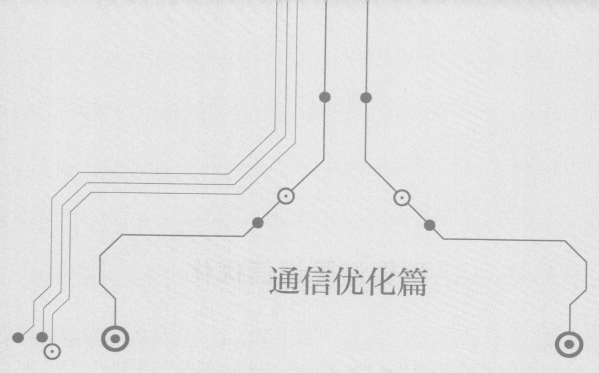

通信优化篇

无人系统的安全通信研究始于多智能体自主集群中的通信需求，本书不仅考虑了集群阶段通信链路的变化、信息传输时加密算法的选择，还包含研究集群时边缘节点的通信质量及安全、如何减小不安全通信范围，以及减小通信范围时如何快速收敛的方法。

本篇包括第 9~12 章，涉及建立多无人机安全通信机制，引入飞行控制因子增加通信链路、引入虚拟洋流及自适应步长改进人工鱼群算法、给出层式虚拟通信圆环及移动算法提高通信安全、不安全通信范围减小及无人机通信链路增加可同时保障等技术内容。建立的多智能体安全通信机制在保证快速集群的同时，增加了无人机群体信息传输的安全性。

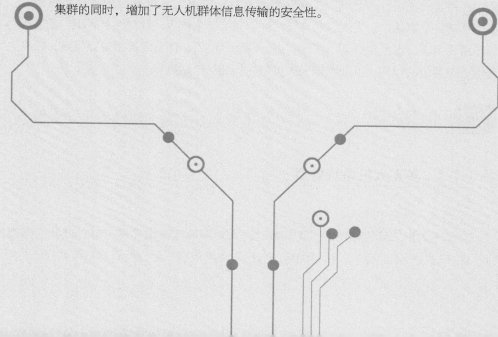

第9章

群聚避障通信优化

>>>>>>

在战场作战过程中，多无人机需要保持一定的队形协同飞行，同时保证无人机群组间能够进行有效通信。本章引用学者 Olfati-Saber 提出的第二个算法，我们称之为蜂拥算法，该算法由势能函数构造，能使多无人机从无序状态达到聚集状态，在聚集的过程中如果两个节点的距离小于一定值，则在节点间会存在通信链路。蜂拥算法运行结束后所有无人机间距离几乎相等，从而达到通信的目的，在本章中称这种状态为蜂拥。但是在蜂拥算法运行过程中，部分节点初始与群体距离较远、迭代较慢，本书针对这些节点，提出群聚算法。根据无人机节点飞行过程中距离群组其他节点的距离对其进行分段控制，使无人机节点在不同阶段有不同的加速度，从而使其快速收敛。

在无人机飞行的过程中，避障是一个永恒的话题。对于多无人机来说，需要在协同飞行的过程中保持实时通信，与此同时，当遇到障碍时，要求无人机群组能够躲避障碍。在 Olfati-Saber 提出的第三个算法中，无人机在飞行过程中通信链路较少，针对这个问题，通过找出与群组无通信链路的节点，根据领导者当前的状态，调整其位置，使其向群组中心靠拢，最终达到与群组中其他节点通信的目的，从而增加无人机整体的通信链路数目。

9.1 相关技术

▶▶ 9.1.1 多无人机系统模型

1. 多无人机的几何拓扑模型

在多无人机飞行的过程中，我们希望无人机集群能够像鸟群一样，彼此之间遵循一定的规则。在鸟群飞行的过程中，相邻的鸟群会自主地聚集在一起，所有的鸟彼此靠近，但彼此之间保持一定的距离，并且群体会以相同的速度朝相同的方向前进。在前行的过程中，孤立的鸟或者小的鸟群会加入更大的鸟群。当遇见障碍时，大的群体分裂成小的群体，以便能更加灵活地躲避障碍。鸟群飞行过程遵循的规则由 Reynolds 提出，描述如下：

1）试图与邻近的群体保持接近。

2）避免与邻近的群体发生碰撞。

3）试图与邻近的群体速度匹配。

多无人机飞行的过程中也应该遵循上述三个规则。因此，如果某个个体处于群集中心位置，它附近的个体密度大致是均匀的。在这种情况下，群集的质心大约在该个体的邻域内，因此该个体在飞行过程中自身方位改变较小。但是，如果一个个体处于群集边缘的区域，那么该个体的邻域处于群集的边缘，它自身离群集质心相对较远，在飞行的过程中该个体就会向群集中心方向飞行。上述两种情况最后群集都达到了某种状态，这种状态为某种几何结构，为了更好地描述这种几何结构，这里引入了 α 点阵。在 α 点阵中，每个节点与它邻域内的节点都有相同的距离。无人机群组中每个个体通过遵循上述三个规则，最终能够形成 α 点阵。因此可以将 α 点阵描述为：

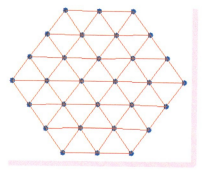

$$\| q_j - q_i \| = d, \forall j \in N_i(q) \tag{9.1}$$

其中，$N_i(q)$ 为节点 i 的邻域集合。为了判断节点 q' 是否近似符合 α 点阵的要求，给出不等式描述如下：

$$-\delta \leqslant \| q_j - q_i \| - d \leqslant \delta, \forall (i,j) \in \varepsilon(q) \tag{9.2}$$

图 9.1 为二维空间中 α 点阵的样例图，可以看出，α 点阵是由无数个晶体多边形组成的，所有相邻节点之间的距离近似相等，并且节点间存在彼此的交互。

● 图 9.1　α 点阵样例图

2. 多无人机的邻接结构

本章中多无人机的初始状态为无序状态，最终状态为 α 点阵，在由无序状态收敛到 α 点阵的过程中，两个节点如果在彼此的邻域集合中，则这两个节点可以进行信息交互。在本章中，定义邻接矩阵来描述群集中个体之间的邻接关系。为了定义邻接矩阵，同时为了群集行为能够光滑地进行，首先需要定义标准函数如下：

$$\sigma_\varepsilon(z) = \frac{z}{\sqrt{1 + \varepsilon \| z \|^2}} = \frac{z}{1 + \varepsilon \| z \|_\sigma} \tag{9.3}$$

其中，$\| \cdot \|$ 代表欧几里得范数，定义如下：

$$\| z \| = \sqrt{z_1^2 + z_2^2 + \cdots + z_n^2} = \sqrt{Z \cdot Z} \tag{9.4}$$

定义 $\| z \|_\sigma$ 如下：

$$\| z \|_\sigma = \frac{1}{\varepsilon} \left[\sqrt{1+\varepsilon \| z \|^2} - 1 \right] \tag{9.5}$$

其中，$\| z \|_\sigma$ 在任意位置可微。

在群集过程中，为了构造光滑的邻接矩阵以及光滑的势能函数，文中定义了碰撞函数 $\rho_h(z)$。函数的值域为 $[0,1]$，能在 $[0,1]$ 之间光滑地变化，定义如下：

$$\rho_h(z) = \begin{cases} 1, & z \in [0,h) \\ \dfrac{1}{2}\left[1+\cos\left(\pi\,\dfrac{(z-h)}{1-h}\right)\right], & z \in [h,1) \\ 0, & \text{其他} \end{cases} \tag{9.6}$$

其中，$h \in (0,1)$。用碰撞函数定义邻接矩阵的计算公式如下：

$$a_{ij}(q) = \rho_h\left(\| q_j - q_i \|_\sigma / r_\alpha \right) \in [0,1], j \neq i \tag{9.7}$$

其中，$r_\alpha = \| r \|_\sigma$，对所有的 i 和 q 有 $a_{ii}(q) = 0$。由于无人机之间个体交互是双向的，因此，邻接矩阵为一个对称矩阵。在邻接矩阵中，如果 $a_{ij} \neq 0$，则节点 i 能与节点 j 进行通信，反之亦然。

▶▶ 9.1.2　多无人机协同控制算法

1. 势能函数

在多无人机群集过程中，为了使多无人机有收敛和发散的行为，从而模拟鸟群的飞行过程，文中构造了两种虚拟的力：一种是斥力，另一种是引力。在群集初始时，由于节点间距离较远，节点间的引力大于斥力，从而使节点向群集质心靠拢。如果节点间距离小于一定值 r，则斥力大于引力，节点发散。在这里定值 r 定义如下：

$$r = k \cdot d \tag{9.8}$$

其中，k 是一个比例系数，为常量。

为了模拟上述虚拟力的作用，在群集过程中定义势能函数。群集的势能函数是一个非负的函数 $V : R^{mn} \to R \geq 0$，该函数定义如下：

$$V(q) = \frac{1}{2} \sum_i \sum_{j \neq i} \psi_\alpha\left(\| q_j - q_i \|_\sigma \right) \tag{9.9}$$

其中，$\psi_\alpha(z)$ 是一个成对出现的势，在 $z = d_\alpha$ 时，达到局部最小。当节点间的距离越近，则节点间的斥力越大。定义如下：

$$\psi_\alpha(z) = \int_{d_\alpha}^z \phi_\alpha(s)\,\mathrm{d}s \tag{9.10}$$

图 9.2 为势能函数变化曲线图。

由图可知，当 z 在 10~15 之间时，势能函数达到局部最小值。为了构造一个光滑的成对的势，这里整合了一个活动函数 $\phi_\alpha(z)$。

$$\phi_\alpha(z) = \rho_h(z/r_\alpha)\phi(z-d_\alpha) \qquad (9.11)$$

$$\phi(z) = \frac{1}{2}\big[\,(a+b)\sigma_1(z+c)+(a-b)\,\big]$$

$$(9.12)$$

其中，$z \le r_\alpha$，$\sigma_1(z)=z/\sqrt{1+z^2}$ 且 $0<a\le b, c = |a-b|/\sqrt{4ab}$，$\phi(0)=0$。

2. Olfati-Saber 算法之蜂拥算法

在 Olfati-Saber 的第二个算法中描述了多智能体在无障碍情况下的群集行为，我们称之为蜂拥算法。多无人机飞行过程中，要保证无人机间相对位置稳定，同时使无人机间能够保持有效通信的距离。文中采用蜂拥算法对无人机

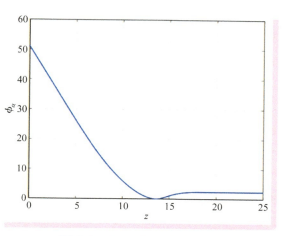

● 图 9.2　势能函数变化曲线图

进行协同控制，该策略来源于自然界中鸟群群集行为。在鸟群飞行过程中呈现出一定的层级网络，高等级个体起到引领作用，低等级个体的行为会受到高等级个体的影响。在蜂拥算法中，为了清晰地描述鸟群这种等级关系，引入 α-agent、γ-agent。其中 α-agent 代表群集状态下的一个低等级个体，γ-agent 代表高等级个体，它作为整个群集的领导者。γ-agent 代表群组的目标，可以被看成是一个移动的聚合点。

蜂拥算法为自由空间的集群算法，在算法中每个个体代表鸟群中的一只鸟。蜂拥算法描述了鸟群中低级个体受高级个体影响的行为。算法描述如下：

$$u_i = f_i^g + f_i^d + f_i^\gamma \qquad (9.13)$$

其中，$f_i^g = -\nabla_{q_i}V(q)$ 是基于梯度的部分；f_i^d 是速度一致部分，充当阻尼力；f_i^γ 是一个群组的导航，具体公式展开如下：

$$u_i = \sum_{j \in N_i}\phi_\alpha(\,\|q_j-q_i\|_\sigma)n_{ij} + \sum_{j \in N_i}a_{ij}(q)(p_j-p_i) + f_i^\gamma(q_i,p_i,q_r,p_r) \qquad (9.14)$$

其中，$n_{ij}=\sigma_\varepsilon(q_j-q_i)=\dfrac{q_j-q_i}{\sqrt{1+\varepsilon\,\|q_j-q_i\|^2}}$，其中航行反馈 f_i^γ 定义如下：

$$f_i^\gamma = f_i^\gamma(q_i,p_i,q_r,p_r) = -c_1(q_i-q_r)-c_2(p_i-p_r), c_1,c_2>0 \qquad (9.15)$$

其中，f_i^γ 代表 γ-agent，将它作为整个群集的目标或者可以称之为领导者，是整个群组在移动过程中的聚合点，所有的节点跟随它进行移动。$(q_r,p_r)\in\mathbb{R}^m\times\mathbb{R}^m$ 代表领导者的状态，包括位置和速度。假设 (q_d,p_d) 这一对向量代表 γ-agent 初始的位置和速度，由此得出 γ-agent 的动态模型如下：

$$\begin{cases} \dot{q}_r = p_r, \\ \dot{p}_r = f_r(q_r,p_r) \end{cases} \qquad (9.16)$$

其中，$(q_r(0), p_r(0)) = (q_d, p_d)$。如果 γ-agent 是静态的，那么它的状态始终是 (q_d, p_d)。$f_r(q_r, p_r)$ 是为动态的 γ-agent 设计的。在蜂拥算法中，γ-agent 是静态的。在下面的章节中会介绍动态的 γ-agent。

3. Olfati-Saber 算法之避障算法

下面介绍多智能体在有障碍情况下的群集行为，我们称之为避障算法。在上一节中介绍的蜂拥算法中提到了两种智能体：α-agent 和 γ-agent，这里也用到了这两种 agent（智能体），同时增加了另一种智能体：β-agent。避障算法的主要思想是，当群集中的某个点（α-agent）接近障碍物时，在障碍物的边缘会产生一个 β-agent。这个 β-agent 是一个动力学上的智能体，它是由 α-agent 在接近障碍物时引导出来的。

（1）β-agent 定义

下面给出 β-agent 的定义，并且规定 α-agent 和 β-agent 之间的相互作用。具体步骤如下：

1）对接近障碍物 O_k 的 α-agent i 进行编号。

2）在障碍物 O_k 的边界 $\hat{q}_{i,k}$ 上创造一个 β-agent，它是一个虚拟的智能体，$\hat{q}_{i,k}$ 满足：

$$\hat{q}_{i,k} = \arg\min_{x \in O_k} \| x - q_i \| \tag{9.17}$$

其中，O_k 可以是一个球，也可以是一个封闭的空间，用来表示障碍物。α-agent 在障碍物的一侧。

3）为了使在边界 $\hat{q}_{i,k}$ 上的每一个 α-agent 与每一个 β-agent 保持一致，添加一个函数 $\psi_\beta(\| \hat{q}_{i,k} - q_i \|_\sigma)$。

这个方法是由学者 Khatib 和学者 Helbing 等人提出的。不难想象，邻接网络、邻接结构和 α-点阵可以推广到有障碍物的情形。两个相邻的智能体之间会有一定的作用力，也就是吸引、排斥的力，而智能体与障碍物之间没有这种力，因此，当一个智能体接近障碍物时，在离这个智能体最近的障碍物的边缘上会出现一个 β-agent 与之作用，防止这个智能体与障碍物发生碰撞。

通过图 9.3 可以看出，当图中虚线的圆与 O_k 重叠的时候，则认为 α-agent 接近障碍物，换个说法，α-agent 与障碍物或者 β-agent 才是邻居。特殊情况，当一个 α-agent 两边都存在障碍时，则它会穿过一个狭窄的路，这时 α-agent 的邻居集合会存在多个 β-agent。

（2）邻接结构定义

在这里，定义 α-agent 和 β-agent 的邻居集合如下：

$$N_i^\alpha = \{ j \in V_\alpha : \| q_j - q_i \| < r \} \tag{9.18}$$

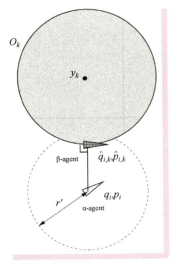

● 图 9.3 智能体接近障碍物示例图

$$N_i^\beta = \{ k \in V_\beta : \| \hat{q}_{i,k} - q_i \| < r' \} \tag{9.19}$$

其中，r、$r'>0$ 分别代表 α-agent 和 β-agent 的通信范围。这里，理论上来说，r 和 r' 的选择是独立的，但是我们设定 $r'<r$，因为在 α-agent 接近障碍物的时候，我们可以使其距离障碍物的距离小于 α-agent 的通信距离，只要保证 α-agent 不与障碍物发生碰撞，也就是 r' 大于 0 即可。

当然，当 α-agent 接近障碍物时，计算邻接矩阵方法如下：

$$b_{i,k}(q) = \rho_h(\| \hat{q}_{i,k} - q_i \|_\sigma / d_\beta) \tag{9.20}$$

其中，$d_\beta < r_\beta$，$d_\beta = \| d' \|_\sigma$，$r_\beta = \| r' \|_\sigma$。

（3）避障算法

在 α-agent 接近障碍物的时候，产生排斥力，定义的排斥力的函数如下：

$$\phi_\beta(z) = \rho_h(z/d_\beta)(\sigma_1(z - d_\beta) - 1) \tag{9.21}$$

其中，$\sigma_1(z) = z/\sqrt{1+z^2}$。当 $z = d_\beta$ 时，$\rho_h(z/d_\beta) = 0$，因此，$\phi_\beta(z) = 0$。下面，给出排斥势的定义：

$$\phi_\beta(z) = \int_{d_\beta}^z \phi_\beta(s) \mathrm{d}s \geq 0 \tag{9.22}$$

综上所述，避障算法可以用三个公式描述如下：

$$u_i = u_i^\alpha + u_i^\beta + u_i^\gamma \tag{9.23}$$

其中，u_i^α 表示两个 α-agent 之间的相互作用，u_i^β 代表 α-agent 与障碍物之间的相互作用，而 u_i^γ 和蜂拥算法中的 f_i^γ 一样，代表 γ-agent，只不过这里 γ-agent 是动态的。这三部分的定义如下：

$$u_i^\alpha = c_1^\alpha \sum_{j \in N_i^\alpha} \phi_\alpha(\| q_j - q_i \|_\sigma) n_{ij} + c_2^\alpha \sum_{j \in N_i^\alpha} a_{ij}(q)(p_j - p_i)$$

$$u_i^\beta = c_1^\beta \sum_{k \in N_i^\beta} \phi_\beta(\| \hat{q}_{i,k} - q_i \|_\sigma) \hat{n}_{i,k} + c_2^\beta \sum_{j \in N_i^\beta} b_{i,k}(q)(\hat{p}_{i,k} - p_i) \tag{9.24}$$

$$u_i^\gamma = - c_1^\gamma \sigma_1(q_i - q_r) - c_2^\gamma(p_i - p_r)$$

其中，$\sigma_1(z) = z/\sqrt{1 + \| z \|^2}$，$c_x^y$ 是一个正数常量，其中 $x = 1, 2$ 且 $y = \alpha, \beta, \gamma$。向量 $n_{i,j}$ 和 $\hat{n}_{i,k}$ 给出如下：

$$n_{i,j} = \frac{q_j - q_i}{\sqrt{1 + \varepsilon \| q_j - q_i \|^2}},$$

$$\hat{n}_{i,k} = \frac{\hat{q}_{i,k} - q_i}{\sqrt{1 + \varepsilon \| \hat{q}_{i,k} - q_i \|^2}} \tag{9.25}$$

在上述避障算法中，我们可以在无人机上安装传感器来感知无人机的通信范围，从而获取无人机间的相对位置以及无人机与障碍物的相对位置。雷达和激光雷达都可以被用来作为无人机的传感器。

接下来给出 β-agent 位置和速度的计算方法，如下：

$$\hat{q}_{i,k} = \mu q_i + (1-\mu)\, y_k, \quad \hat{p}_{i,k} = \mu P p_i \tag{9.26}$$

其中，$\mu = R_k / \|q_i - y_k\|$，$P = I - a_k a_k^{\mathrm{T}}$，$a_k = (q_i - y_k) / \|q_i - y_k\|$。这里，$R_k$ 代表球形障碍物的半径，y_k 为球心，I 为单位矩阵。

▶▶ 9.1.3 多无人机运动模型的构建

在无人机飞行的过程中，路径是一条连续的线。在对位置、速度等信息计算的过程中，需要将其离散化成点。这里采用动力学模型：$q''_i = p'_i = u_i$，其中 q_i、p_i、$u_i \in \mathbb{R}^m (m = 2, 3)$，分别代表无人机的位置、速度、加速度。无人机在平面中的运动模型可定义为：

$$\begin{cases} x' = v_x \\ y' = v_y \end{cases} \tag{9.27}$$

其中，状态变量 $u = [x, y]^{\mathrm{T}} \in \mathbb{R}^2$。

采用龙格-库塔方法对模型（9.27）进行离散化，设采样周期为 τ，可得

$$u_{i+1} = u_i + \alpha_1 k_1 + \alpha_2 k_2 + \cdots + \alpha_n k_n \tag{9.28}$$

其中，

$$\begin{cases} k_1 = f(t_i, u_i) \\ k_j = f\left(t_i + e_j \tau, u_i + \sum_{p=1}^{j-1} a_{jp} k_p\right) \end{cases} \tag{9.29}$$

在式中，α_j、e_j、a_{jp} 为系数，其中 $\alpha_j = \tau e_j$。上述龙格-库塔方法为 n 阶模型，在我们的方法中，n 取值 2。经过变形后二阶龙格-库塔方法形式如下：

$$u_{i+1} = u_i + \tau(e_1 k_1 + e_2 k_2) \tag{9.30}$$

$$\begin{cases} k_1 = f(t_k, u_k) \\ k_2 = f(t_i + \tau \lambda_2, u_i + \tau \mu_{21} k_1) \end{cases} \tag{9.31}$$

9.2 基于飞行控制因子的群聚算法

▶▶ 9.2.1 无人机飞行速度优化方法

前面已经提到，在蜂拥算法中，多无人机收敛过程中部分节点收敛速度慢，不能与群组快速地产生通信链路。针对这个问题，本章将多无人机的收敛过程进行分段控制，对不同阶段的无人机规定不同的速度。初始时无人机间相距较远，通过加入飞行控制因子，使多无人机收敛速度快。当无人机与群组节点距离小于一定值时，减小收敛速度、增加收敛精度。群聚算法描述

如下：

$$
\begin{cases}
u_i = f_i^d + f_i^\gamma + f_i^c, & \| q_j - q_i \| > d_1 \\
u_i = f_i^g + f_i^d + f_i^\gamma, & \| q_j - q_i \| < d_2 \\
u_i = f_i^\gamma, & 其他
\end{cases}
\tag{9.32}
$$

其中，f_i^c 为飞行控制因子，定义为 $f_i^c = \sum_{j \in N_i} \dfrac{\kappa}{\| q_j - q_i \|}$，$d_1 > d_2$；$d_1$、$d_2$、$\kappa$ 为常数。

  飞行控制因子对集群过程中的排斥势能做了新的定义，这里规定排斥力与节点间的距离成反比关系，当节点间距离越远，排斥力越小，使得节点收敛速度变快。因此，在无人机群组聚集过程中，当发现某节点与群组其他节点距离大于 d_1 时，飞行控制因子对其作用，使其收敛速度快。这里 d_1 远远大于节点间通信距离，因此不用考虑在飞行过程中的碰撞问题。当该节点与群组其他节点距离在 d_1 和 d_2 之间时，导航反馈作用于该节点，使其向虚拟领导者移动。而当该距离小于 d_2 时，减小节点移动速度，利用蜂拥算法对其精准作用，使所有节点在无碰撞的情况下最终达到蜂拥状态。

▶▶9.2.2 实验分析

（1）实验设置

  改进算法的模拟实验在 MATLAB 下进行，在三维空间中展示无人机节点的运动位置，展示多无人机的运动速度变化曲线，将飞行控制因子控制下的蜂拥算法与原蜂拥算法进行对比，并对其进行分析。表 9.1 所示为优化蜂拥算法实验参数表。

表 9.1 优化蜂拥算法实验参数表

参 数	所在公式	设 置 值
无人机的数量 N		50、100、200
初始无人机的位置 q_i		正态分布 $N(5, 25)$
初始无人机的速度 p_i		$\mathrm{rand}(0, 1) \times 2$
α-点阵节点间期望距离 d	(9.1)	7
标准函数中参数 ε	(9.3)	0.1
碰撞函数中参数 h	(9.6)	0.2
节点间通信距离 r，比例系数 k	(9.8)	$r = 8.4$、$k = 1.2$
活动函数中参数 a, b	(9.12)	$a = b = 5$
蜂拥算法航行反馈中参数 c_1、c_2	(9.15)	$c_1 = 0.2$、$c_2 = 0.15$
龙格-库塔方法中参数 e_1、e_2	(9.30)	$e_1 = 0$、$e_2 = 1$
龙格-库塔方法中参数 λ_2、μ_{21}	(9.31)	$\lambda_2 = \mu_{21} = 0.5$
基于飞行控制因子优化的蜂拥算法参数 d_1、d_2	(9.32)	$d_1 = 21$、$d_2 = 8.4$

（2）集群效果分析

在三维空间中对群聚算法进行模拟实验，图 9.4 所示为群聚算法实验效果图，这里分别对 50 个点、100 个点和 200 个点进行实验。结果显示，通过不同的节点数进行的实验，群聚算法能够达到集群效果，都能使多无人机节点由无序状态收敛达到蜂拥状态，保证节点间相互无碰撞。并且在算法运行结束后，相邻节点间存在通信链路，在空间中均匀分布，形成 α-点阵。

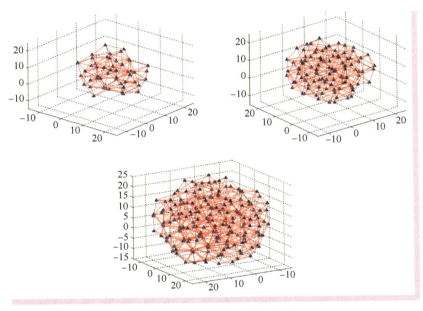

● 图 9.4　群聚算法实验效果图

（3）多无人机飞行状态分析

在群组聚集的过程中，所有的无人机由开始的无序状态经过收敛、发散、再收敛等一系列过程，最后达到了聚集的状态。这个过程我们可以通过图 9.5 所示的群聚算法速度变化曲线图进行分析。开始时，由于所有点服从正态分布，节点间距离较远，所受的引力较大，在物理学中，力与加速度成正比，因此，无人机的加速度较大。当无人机间运动到了平衡的位置，引力与斥力相等，加速度为 0，此时速度最大，所有的无人机节点保持当前运动方向继续收敛。之后，无人机所受斥力大于引力，加速度方向与速度方向相反，速度减小。当无人机速度达到 0 的时刻，此时无人机间斥力达到最大，同时反向加速度最大，无人机开始发散。如此循环，最后所有无人机达到聚集的状态。

由无人机的运动模型可计算得出多无人机的速度，图 9.5 为 50 个点、100 个点和 200 个点的速度变化图。图中将速度设成标量，开始速度快速变化，随着迭代次数增加，最终速度达到一致。

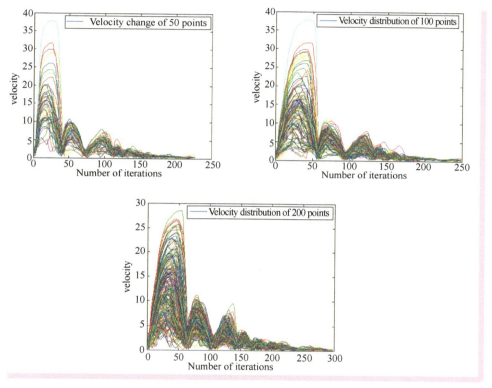

● 图 9.5　群聚算法速度变化曲线图

（4）群集通信链路变化对比分析

图 9.6 为在 50 个点的情况下，群聚算法与蜂拥算法通信链路对比实验图。通过图 9.6 可以看出，相对比蜂拥算法，初始时，群聚算法能使节点快速收敛，从而形成更多的通信链路。随着迭代次数的增加，群聚算法能更快地形成蜂拥状态，并且在算法运行过程中，蜂拥过程更加平稳，需要的迭代次数更少。

从多无人机的速度变化角度对图 9.6 进行分析，在两条曲线第一次达到极大值时，也就是第一个波峰的位置，无人机间通信链路最多，多无人机第一次达到聚集状态，此时多无人机的速度为 0。接着多无人机群组发散，反方向速度变大，通信链路减少。到达第一个波谷的位置，发散结束，速度为 0，然后多无人机继续收敛。最后多无人机通信链路保持平稳，速度为 0。

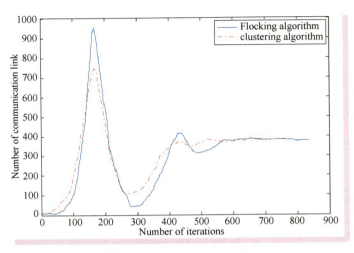

● 图 9.6 通信链路变化对比图

9.3 群聚避障算法

▶▶ 9.3.1 常见避障算法介绍

（1）自由空间法

自由空间法是由一系列形状不同的区域构成的自由空间，在这个空间中分为自由飞行区和禁飞区，其中禁飞区代表障碍物。将这个空间表示为连通图，通过对连通图的搜索，最终达到路径规划以及躲避障碍的目的。在避障的过程中，因为无人机绕过障碍物的方式不同，可将不同的路径划分为不同的航迹类型，每一种类型代表一个解的集合。如图 9.7 所示，灰色区域代表禁飞区，白色区域代表自由飞行区。S 为路径起点，G 为路径终点。因此，从 S 到 G 可分为不同的解空间。学者 Lacevic 等人提出了一种新方法，该方法利用自由 c 空间结构实现了 c 空间探索和路径规划[45]。

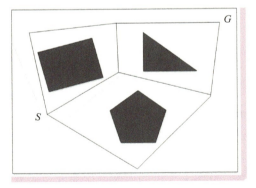

● 图 9.7 自由空间法示意图

自由空间法能够实现路径的规划，连通图建立之后且改变起点和终点后，不会重新建立连通图。但是自由空间法的搜索效率与障碍物的多少成正比，并且在这里需要构造想象边界，由于边界的不确定性使得路径的不确定性。

（2）可视图法

可视图法是将初始点、终点和障碍物的边界线相连，从而进行路径搜索的一种算法。在可视图法中，如果相连接的线与障碍物是不相交的，我们认为是"可视的"。具体做法是找出障碍物的所有顶点，在连线不与障碍物相交的前提下连接所有顶点，同时连接初始点和终点，从而构成了图，在图中进行路径搜索。如图 9.8 所示，利用激光雷达获取信息，基于可视图法和无人机器点表示法，提出了一种从飞行状态到着陆点的路径规划方法。

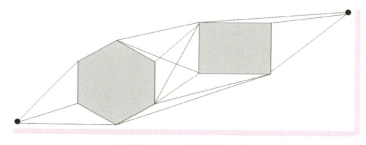

● 图 9.8　可视图法示意图

可视图法实现比较简单，可以找到最短路径。但是有一定的局限性，即如果改变初始点和终点的位置，就要重新构造可视图，缺乏灵活性，而且在障碍物较多的时候需要的算法复杂度大。该方法局部规划的能力较差，适用于全局规划的情形。

（3）拓扑法

拓扑法是采用降维的基本理论，将高维度的复杂问题转化为低维度的简单问题。根据环境以及运动物体的几何特点，将运动空间划分成多个拓扑结构一致的子空间，并根据连通性建立拓扑网络，在这个网络中进行路径搜索，从而找到最短路径。中国科学院地理科学与资源研究所学者以拓扑结构指标表达道路的层次性特征，规划驾车出行的路径，通过与出租车行驶路径的匹配度及距离最短路径耗时比评价路径规划结果的合理性。

拓扑法能将复杂的问题转化为简单的问题，极大程度地减小了搜索空间，在拓扑网中能够找到一条拓扑路径。算法的复杂度与障碍物的数目成正比，具有较为完备的理论基础。但是建立拓扑网络的过程比较复杂，难以实现，如果环境改变，则需要重新建立复杂的拓扑网络，适应性低。

（4）人工神经网络法

神经网络是目前非常流行的一门机器学习技术。在图像识别、深度学习以及其他领域中有广泛的应用。它是模拟人类大脑中神经网络的结构抽象出的一种计算机模型。在大多数情况下，人工神经网络能在已有的外界信息的基础上改变内部系统的结构，自适应性高。

人工神经网络也可用于路径规划，传统的路径规划方法是建立从初始点到终点的行走路径的网络模型，模型的输入为传感器的信息和机器人上一时刻的运动状态，通过对模型的训练从而输出机器人在下一时刻的运动状态。在动态的神经网络机器人避障算法中，神经网络可以根据机器人所处的环境状态自动调整网络的结构，实时改变机器人的状态信息与避障动作之间的映射关系，可以有效地减少运算的频度。图 9.9 为人工神经网络避障算法模块图。在人工神经网络方面，学者 Kadayif 等人利用神经网络提出了一种基于编译器的面向数据空间的平铺方法（DST），将数据空间在逻辑上划分为数据块，并且依次处理每个数据块。

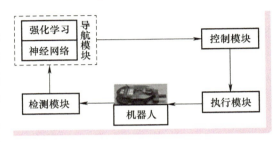

● 图 9.9　人工神经网络避障算法模块图

人工神经网络法是近些年较为流行的一种方法，该方法在特征提取到输出为一个黑盒子，缺乏一定的解释性。人工神经网络需要大量的数据支撑，作为训练样本，才能达到一定的效果。在挑选训练样本时，带有一定的人为色彩，不能保证随机性。

▶▶9.3.2　无人机飞行位置优化方法

通过对常见的避障算法进行分析后，发现每种方法都有自身的优点以及不足。但是在战场环境中，对于多无人机系统来说，在飞行过程中需要考虑路径规划的同时需要兼顾通信的要求，因此在本章中采用 Olfati-Saber 的避障算法作为多无人机的协同避障算法。针对该算法存在的不足，进行改进，提出群聚避障算法。

（1）算法描述

为了使研究更具有实际意义，这里将避障算法扩展到三维空间。在避障算法运行过程中，由于最初的所有点都是服从高斯分布的，多无人机间通信链路较少，而良好的通信是多无人机协同飞行的关键。因此，本章提出群聚避障算法，使多无人机在路径规划的过程中通信链路增多，达到无人机群实时通信的目的。算法主要思想如下：

在避障算法中，群集的所有点都是跟随领导者进行移动的。如果群集中的某个点与其他的点之间没有通信链路，根据领导者当前的状态，改变该点的位置，让其向虚拟领导者靠拢，因此，这个点与群集中的其他点的距离就会减小，直到它能与群组中其他的点进行通信。图 9.10 为群聚避障算法图示。

如图 9.10 所示，图中的点代表无人机，S 代表搜索起点，T 代表搜索终点，S 到 T 的连线表示虚拟领导者的路径，方框代表虚拟领导者的位置。在多无人机飞行的过程中，所有的无人机都

是围绕这条路径进行飞行的，其中 A 点和 B 点
与图中其他的点之间没有通信链路，所以在群
聚避障算法运行时，A 点与 B 点将会沿着箭头方
向快速移动，当 A 和 B 能够与群组有效通信后，
使其满足速度一致性与群组协同飞行。

在群组执行任务中，为了找出与群组没有
通信链路的节点，使其向群组中心移动，我们
提出了群聚避障算法，表9.2 为群聚避障算法伪
代码。

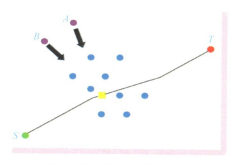

● 图 9.10　群聚避障算法图示

表 9.2　群聚避障算法伪代码（Alg. 1）

Input：P_leader，P_i，r
Output：P_i

```
k = 0;
For i = 1：50
    For j = 1：50
        If   i != j
            If P_i − P_j > r
                k = k + 1;
            End if
        End if
    End for
    If k >= 49
        P_i → P_leader
    End if
End for
```

在算法中，P_leader 代表虚拟领导者的位置、P_i 代表无人机的位置、r 为无人机的通信半径。
当无人机 i 与其他所有无人机之间没有通信链路时，无人机 i 就会执行群聚避障算法，向虚拟领
导者靠拢，使其与其他无人机间的距离变小，从而达到通信的目的。

（2）实验设置及效果展示

表9.3 中给出了本节中的参数设置，在表中未给出的参数均与表9.1 中的相同。

表 9.3　群聚避障算法参数设置表

参　　数	所 在 公 式	设　置　值
无人机的数量 N		50
领导者起点位置 S		[1.5，1.5，1.5]

（续）

参　　数	所在公式	设　置　值
领导者终点位置 T		$[250, 55, 60]$
障碍物一圆心位置 C_1、半径 R_1		$[100, 40, 50]$、10
障碍物二圆心位置 C_2、半径 R_2		$[150, 80, 60]$、8
障碍物三圆心位置 C_3、半径 R_3		$[200, 60, 80]$、9
碰撞函数中参数 h	(9.6)	0.8
避障算法中参数 c_1^α、c_2^α	(9.24)	$c_1^\alpha = c_2^\alpha = 1$
避障算法中参数 c_1^β、c_2^β	(9.24)	$c_1^\beta = 7$、$c_2^\beta = 8$
避障算法中参数 c_1^γ、c_2^γ	(9.24)	$c_1^\gamma = 0.8$、$c_2^\gamma = 0.3$

实验中采用 50 个点进行模拟，设置了三个球形障碍物，参数设置见表 9.3。图 9.11 为群聚避障算法效果图，其中前两张图为避障过程中的图示，最后一张为算法运行结束后，所有无人机节点的最终位置图示。避障的起点是 $[1.5, 1.5, 1.5]$，终点是 $[215, 30, 35]$。这里 x 轴区域设置为 $[0, 250]$，y 轴与 z 轴区域均为 $[25, 100]$。由效果图可见，群聚避障算法和蜂拥算法最后的聚集结果相同，所有的无人机节点构成了 α-点阵。

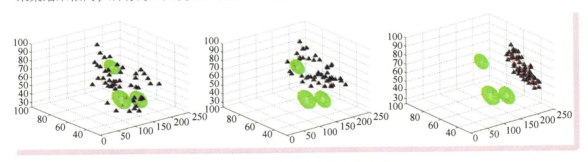

● 图 9.11　群聚避障算法效果图

通过图 9.11 可以看出，本算法在三维空间中实现避障的效果明显，达到了预期的目的。图中的红线代表无人机间的通信链路，可见在多无人机避障的同时通信链路逐渐增多，在避障的同时实现通信优化。最后所有无人机达到了一个相对稳定的状态，能够达到预期的效果。

▶▶ 9.3.3　实验分析

图 9.12 为原算法与群聚避障算法通信链路对比图，通过图 9.12 可以看出，随着时间的增加，通信链路的数目也在逐渐增加。最开始的无人机群组是服从高斯分布的，群组间通信链路较少，一定的时间以后，大多数无人机才能够有效地进行通信。与学者 Olfati-Saber 提出的算法进

行对比，通信链路数目明显增加，能够在更短的时间内达到最佳的通信状态。并且与原算法呈相同的发展趋势。因此，群聚避障算法能够在避障的同时增加无人机间的通信链路数目，并在一定时间后趋于稳定，达到了实验预期的效果。

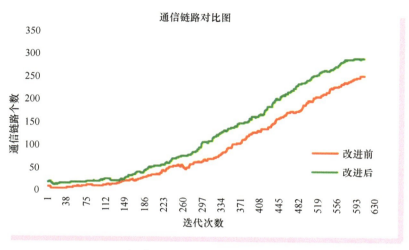

● 图 9.12　原算法与群聚避障算法通信链路对比图

表 9.4 为避障算法（原算法）与群聚避障算法的部分通信链路数据对比。表中为部分通信链路的数据，为了体现取出数据的随机性，从迭代次数 300 开始，每隔 20 次迭代取出一组数据，共取出 10 组数据。通过比较，群聚避障算法的通信链路平均比避障算法（原算法）的通信链路增加 40 条。

表 9.4　避障算法与群聚避障算法部分通信链路数据表

分　　组	1	2	3	4	5	6	7	8	9	10
避障算法	66	72	86	104	114	130	138	156	170	176
群聚避障算法	102	116	132	140	150	164	178	200	214	232

9.4　本章小结

在本章中，通过对蜂拥算法进行深入的分析，针对无人机群组收敛速度慢的问题，将蜂拥算法分段表示，加入飞行控制因子，使多无人机收敛速度加快。通过将无人机群组映射为鸟群，来分析领导者和群集个体之间的关系。并设置不同的节点进行模拟实验，通过速度分布曲线图进一步分析无人机群组在集群过程中的收敛行为。实验结果表明，在多无人机飞行过程中，蜂拥算法能使多无人机形成蜂拥状态，从而实现协同飞行。

在多无人机的飞行过程中，针对避障的问题，对常见的避障算法进行了简单的介绍，并对其优缺点进行分析，通过分析多无人机的结构特点，选择将避障算法应用于多无人机的路径规划中。在避障算法中，由于最开始所有无人机服从高斯分布，群组中部分节点初始时不能与群组有效通信，于是对避障算法进行改进提出了群聚避障算法。通过找出与群组无通信链路节点，改变节点的位置，使其向群组靠拢，从而达到通信的目的。最后通过实验分析，本书提出的群聚避障算法能够有效增加多无人机在飞行过程中的通信链路，大约 40 条。

改进人工鱼群通信优化

无人机已被广泛应用在军事、搜救、勘察等诸多领域。随着技术的发展，多无人机的协同应用越来越受到人们的重视。多无人机在协同目标搜索、目标打击等方面具有单个无人机无可比拟的高效性和实时性。多无人机网络是一个动态性强、拓扑结构变化快、不断会有节点离开或加入的网络，因此，**Mobile Ad Hoc** 网络是比较适合建立多无人机通信的网络，基于 **Mobile Ad Hoc** 环境研究多无人机网络通信已经成为当前的趋势。

在多无人机协同领域，当前研究主要集中在多无人机的编队、航路规划、任务分配等。例如，Hong 等提出的领导者和跟随者、Ren 等提出的虚拟领导者、Song 等提出的人工势能函数，都是用来解决多无人机编队问题的。无人机航路规划方面，Szczerba 等提出用 A * 算法解决多无人机协同路径规划、Andina 等用蚁群算法解决路径优化问题。相关研究人员采用网络最优模型、多智能体方法、群体智能算法等较好地解决了多无人机的任务分配问题。综上，结合无人机动力学进行多无人机安全通信策略的研究还不多见，急需进行相关的理论研究。

10.1 问题描述

在多无人机网络环境中，无人机数量的增加，会导致无人机间通信信号强度的减弱，信号的平均信噪比会降低。因而为了提高通信性能，需要提高信号强度，但是较高的信号强度会造成无人机网络无线覆盖范围扩大，即多无人机通信范围的扩大，这样使得整个网络容易遭到窃听，可能会导致数据传输过程中信息的泄露。因此如何在信号强度增大的同时，尽量缩小多无人机间的通信范围就成为急需解决的多无人机安全通信问题。

在多无人机安全通信问题中，Phillips 等依据组密钥管理协议从数据加密方面来解决多无人机安全通信。本书不考虑数据的加密问题，从无人机通信功率、通信半径、无人机动力学方面进行安全通信问题的研究，主要研究相同通信功率的无人机间通过组内拓扑结构的调整来保证通信范围达到最小，并达到安全通信目的。

10.2 多无人机系统模型

▶▶ 10.2.1 无人机拓扑结构模型

根据图论原理，图由顶点和边两部分组成，表示为 $G=<V,E>$。其中 V 为顶点集合，$V=\{v_1,v_2,v_3,\cdots,v_n\}$，且 $V \neq \varnothing$；E 为 V 中各节点之间连接边的集合，边集 $E=\{e_1,e_2,e_3,\cdots,e_m\}$。边分为两种：无向边和有向边，无向边两个顶点之间没有方向，而有向边是从一个顶点到另外一个顶点，具有方向性。一般用 $e_k=\langle v_i,v_j \rangle$ 表示有向边，v_i 为始点、v_j 为终点；无向边表示为 $e_k=(v_i,v_j)$。由无向边连接的图称为无向图，而由有向边组成的图称为有向图。在有向图中，以 v_i 为始点的边的个数称作节点 v_i 的出度，以 v_i 为终点的边的个数称作节点 v_i 的入度。而无向图节点 v_i 的度的定义为与 v_i 相关联边的数目。

在无向图 G 中，如果任一对节点 v_i 和 v_j 之间存在最少一条路径，那么称此无向图是连通的，反之是非连通的。而在有向图 G 中，如果从节点 v_i 到 v_j 存在一条路径，则称节点 v_i 到 v_j 是可达的。在有向图 G 中，如存在任一对节点 v_i 和 v_j 之间最少一条路径是互相可达的，那么称此有向图是强连通的；若只有 v_i 到 v_j 是可达的，则称该有向图是单向连通的。

一般采用邻接矩阵表示图中节点之间的连接关系。设图 $G=<V,E>$ 有 n 个节点，邻接矩阵 A 为 $n \times n$ 的矩阵，矩阵 A 的元素定义为：

$$a_{ij}=\begin{cases} 1, & (v_i,v_j) \in E \\ 0, & (v_i,v_j) \notin E \end{cases} \qquad (10.1)$$

当矩阵 A 为对称矩阵时，图 G 可能为无向图或者有向图中的对称图，对称图的出度和入度相等。

在多无人机网络中，无人机相当于网络中的节点，可以通过无线信号进行信息的传送和接收。无人机的通信模型中，可以通过图论的概念，将各无人机看作是图中的一个顶点，各无人机之间直接进行通信的节点之间存在边，这样可以把多无人机网络看作是一个图。由于假设无人机网络通信均为双向通信，因此用无向图表示，如图 10.1 所示。无人机集合 $V=\{1,2,\cdots,n\}$，假设无人机移动在二维平面上，通信为双向通信，其中无人机通

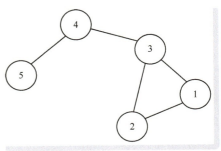

● 图 10.1　无人机拓扑结构示意图

信链路 $E \subseteq \{(i,j) \; i,j \in V, i \neq j\}$。如果 $(i,j) \in E$，那么邻接矩阵 $A = [a_{ij}]$ 中 $a_{ij} = 1$，否则 $a_{ij} = 0$。无人机 i 的相邻节点集合可以通过与满足通信条件的无人机节点的距离来确定，无人机 i 的邻接无人机集合 N_i 表示如下：

$$N_i = \{j \in V : a_{ij} = 1\} \tag{10.2}$$

▶▶ 10.2.2　无线通信模型

由于无线信号传播的复杂性，我们不能通过单一的模型描述信道传输或者路径衰落，本章拟采用能够反映信号传播主要特性的简化路径衰落模型，即在距离为 d 的自由空间中，信号在传播路径没有遮挡物的条件下衰减。假设天线采用全向天线，自由空间路径衰落模型如下：

$$\frac{P_r}{P_t} = \left(\frac{\lambda}{4\pi d}\right)^2 \tag{10.3}$$

其中，P_t 是无人机的发射功率、P_r 是接收功率、$\lambda = c/f_c$ 表示信号波长、$c = 3 \times 10^8 \mathrm{m/s}$ 为光速。这里假设所有无人机的发射功率一致，接收功率 P_r 为无人机节点接收器可以保证正常通信的功率下界，可以通过经验模型获取。因此，假定其他因素固定，为了保证达到通信功率的下界，无人机之间需要达到一定距离。

无线通信功率与通信范围的关系如下：

$$P_t = \mu r^{-\gamma} \tag{10.4}$$

其中，$\mu = J^{-1}(d_0 P_r)^{\gamma}$，$J$ 为自由空间的路径增益，r 为通信范围，d_0 为天线远场的参考距离，γ 为路径损耗参数，P_r、d_0 和 γ 通过经验模型获取。

无线通信的性能取决于调制方法、带宽和信噪比[38]。其他因素固定，那么信噪比是影响无人机通信性能的关键因素。无人机 i 的信噪比公式如下：

$$s_i = \frac{g_{ii} P_i^t}{n_i + \rho \sum_{j \in N_i} g_{ij} P_j^t} \tag{10.5}$$

其中，n_i 为无人机的噪声功率（这里假设为近似高斯噪声）、ρ 为信号处理引入的干扰减小因子、g_{ij} 是节点 j 的发送器到节点 i 的接收器之间的信道功率增益。

从式（10.2）～式（10.4）可以看出，为了保证多无人机组之间有较好的通信性能，在发射功率一定的情况下，无人机节点之间通过移动，保持合适的距离是必要的。

▶▶ 10.2.3　无人机动力学模型

假设所有无人机都有 GPS 设备，能够得到自身的位置。无人机的动力学取决于邻近节点之间的关系。无人机之间保持尽可能近的一定距离并且避免碰撞。下面给出已提出的无人机的动力学：

1）引力：引力表示为：

$$u_i^a = \alpha \parallel o-p_i \parallel (o-p_i) \tag{10.6}$$

其中，o 为无人机组的中心位置、p_i 为无人机 i 的位置、α 为一个非负系数。

2）斥力：为了避免碰撞，斥力表示如下：

$$u_i^b = \sum_{j \in N_i} \beta \parallel p_i - p_j \parallel \left(\frac{p_i - p_j}{\parallel p_i - p_j \parallel} \right) \tag{10.7}$$

其中，β 为有效运动的最小范围。

3）聚合力：聚合控制输入的公式如下：

$$u_i = u_i^a + u_i^b + u_\gamma \tag{10.8}$$

其中，u_γ 为引导力，为了引导无人机到目的地，引力和斥力可以用来解释每架无人机试图接近邻近节点，尽可能与其他无人机保持一定的距离。

10.3 改进人工鱼群算法

▶▶ 10.3.1 多无人机通信范围

多无人机网络中，无人机整体会形成一个通信区域，称为通信范围。根据所有无人机的位置可以得到最外层的三个无人机节点，根据三点可以确定一个圆，该圆的圆心即多无人机网络的中心。用公式表示如下：

$$\parallel o-p_1 \parallel = \parallel o-p_2 \parallel = \parallel o-p_3 \parallel \tag{10.9}$$

其中，p_1、p_2、p_3 为最外层三个无人机节点的位置，o 为无人机组的中心位置。

通信范围由最远节点与组中心确定，公式如下：

$$S = \pi (\parallel o-p_f \parallel + r)^2 \tag{10.10}$$

其中，S 为多无人机的通信范围、p_f 为最远节点位置。确定多无人机组中心如图 10.2 所示。

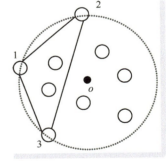

● 图 10.2　确定多无人机组中心

▶▶ 10.3.2 自适应步长和视野

由于人工鱼群算法在寻优过程中，步长和视野参数保持不变，后期算法收敛速度慢，计算量比较大，容易陷入局部最优，降低算法效率，甚至难以取得最优解。如果设置的视野参数较大，那么算法的全局寻优能力增强并且收敛速度较快；相反如果设置的视野参数太小，算法的局部寻优能力增强，但收敛速度降低，算法的寻优性能提高。

根据对算法的分析，改进算法考虑到此问题，在算法初始过程中在执行域内随机分布人工鱼，无人机之间距离比较远，为算法设置较大的步长和视野，能够使鱼群较快地聚集在极值附近。后期随着人工鱼群的聚集，人工鱼之间距离较近，设置较小的步长和视野，能够避免陷入局部最优。改进算法将无人机通信范围大小作为系数，将步长和视野设置为自适应。这样降低了人工鱼群算法的计算量，同时收敛速度提高。

在算法迭代过程中，根据公告板（10.3.3 节有说明）上通信范围 S 的大小，将 $\dfrac{\lambda S}{n}$ 用作参数作为人工鱼群下一步行为的移动位置的参考。

▶▶ 10.3.3　虚拟洋流概念

在仿真学中，信鸽沿地球磁场飞行、海中鱼类沿洋流方向游动，受此启发，将洋流引入人工鱼群算法使之更加接近真实水域环境。

在人工鱼群算法中，鱼群能够通过觅食、追尾、聚群等行为找到食物密度较高的地方，因此鱼群总能聚集在区域内食物密度最多的地方，但是在人工鱼群算法中只考虑了鱼群的几种行为，其中人工鱼群算法中的整个水域是静止的，没有考虑自然环境中洋流的作用。在海洋中，鱼群能够随着洋流游动，更快地到达食物密度高的地方，同时食物的密度也会受到洋流的影响。因此，洋流对鱼群的游动和食物密度具有导向性作用，可以将洋流引入人工鱼群算法使之具备真实水域环境的考虑，更好地模拟真实环境，提高算法性能，以便更好地优化问题。

改进的人工鱼群算法引入虚拟洋流，将无人机朝着目标运动的导向力作为人工鱼觅食、追尾和聚群等行为受到虚拟洋流的作用。由无人机动力学和人工鱼群算法的定义，对几种行为重新定义如下。

（1）随流行为

设人工鱼当前状态为 X_i，人工鱼的默认行为为随流行为。表达式为：

$$X_{i\,|\,next} = X_i + visual \times \frac{\lambda S}{n} \times rand(\ ) + u_\gamma \times step \tag{10.11}$$

（2）觅食行为

设人工鱼当前状态为 X_i，人工鱼在其视野内随机选择一个状态 X_j，若发现比当前状态 X_i 好，即该方向的食物浓度更高，则人工鱼向着状态 X_j 方向前进一步使得 X_i 到达一个新的更好的状态，具有更高的食物浓度；否则，人工鱼在其视野内继续随机选择状态 X_j，再判断是否满足人工鱼前进的条件；经过几次反复尝试后，若还是没有比当前找到更优的状态，那么就随机移动一步使得人工鱼到达一个新的状态。表达式为：

$$X_{i|next} = \begin{cases} X_i + \dfrac{X_j - X_i}{\| X_j - X_i \|} \times step \times \dfrac{\lambda S}{n} \times rand(\,) + u_\gamma \times step, & Y_i < Y_j \\[4mm] X_i + visual \times \dfrac{\lambda S}{n} \times rand(\,) + u_\gamma \times step, & Y_i > Y_j \end{cases} \tag{10.12}$$

（3）聚群行为

人工鱼 X_i 探测其视野 $visual$ 内的所有所处位置具有最大食物浓度 Y_{max} 的伙伴，同时该伙伴周围人工鱼满足动力学条件（周围无人机满足一定条件），则 X_i 朝食物浓度最小的伙伴方向前进一步，否则就执行觅食行为。表达式为：

$$X_{i|next} = \begin{cases} X_i + \dfrac{X_c - X_i}{\| X_c - X_i \|} \times step \times \dfrac{\lambda S}{n} \times rand(\,) + u_\gamma \times step, & Y_c / nf > \delta Y_i \\[4mm] 觅食行为, & Y_c / nf < \delta Y_i \end{cases} \tag{10.13}$$

（4）追尾行为

人工鱼 X_i 探测其视野 $visual$ 内的所有所处位置具有最大食物浓度 Y_{max} 的伙伴，同时该伙伴周围人工鱼不太拥挤即 $Y_{max} / nf > \delta Y_i$ 则 X_i 朝食物密度最小伙伴的方向前进一步，否则执行觅食行为。表达式为：

$$X_{i|next} = \begin{cases} X_i + \dfrac{X_c - X_i}{\| X_c - X_i \|} \times step \times \dfrac{\lambda S}{n} \times rand(\,) + u_\gamma \times step, & Y_{max} / nf > \delta Y_i \\[4mm] 觅食行为, & Y_{max} / nf < \delta Y_i \end{cases} \tag{10.14}$$

（5）公告板

公告板用于记录当前多无人机网络整体的通信范围，每条人工鱼完成一次行动后都要将当前网络整体的通信范围与公告板上的通信范围进行比较，若优于公告板上的通信范围则将公告板进行更新替换。

▶▶ 10.3.4 改进人工鱼群算法

人工鱼群算法是一种模仿鱼类行为特点的群体智能优化策略。算法模仿鱼群的觅食、聚群、追尾等行为聚集在水域中食物丰富的地方，通过公告板共享最优状态。在人工鱼群算法中，人工鱼在寻优过程中，由于视野参数不变，算法在后期人工鱼聚集在最优状态时收敛速度慢，计算量比较大，容易陷入局部最优，降低算法效率和准确率。

改进算法将无人机动力学聚合力作为参数控制人工鱼群视野，使之视野自适应。同时，受信鸽沿地球磁场飞行、海中鱼类沿洋流方向游动的启发，这里引入虚拟洋流概念尽快地引导人工鱼更高效地达到最优状态。改进人工鱼群算法流程如下：

1）设置参数。设定无人机数量 n、发射功率 P_t、安全距离 d、无人机通信频率带宽 W、最多

试探次数 *Trynumber*、最大迭代次数 *Iter_times* 等参数。

2）初始化无人机。在区域内生成满足安全距离的 n 架无人机，保存它们各自的位置于 X 中，迭代次数设置为 *p_times*=0，计算无人机通信范围 S 保存于公告板。

3）全局聚群。寻找最外层三个节点，确定无人机组中心，找到距离组中心最近的节点，除中心节点外其他节点向着中心节点移动，移动过程根据聚合力自动调整步长，移动节点的邻近节点执行追尾行为，移动过程满足安全距离，同时保证满足通信性能。

4）无人机通信性能的寻优。计算无人机群通信范围大小，若优于公告板，则取代公告板状态，将执行后的结果存入 $X_{i\,|\,next}$。

5）判断结果。如果连续三次公告板最优值不变或者 *p_times* 达到最大迭代次数 *Iter_times*，输出结果，算法终止；否则 *p_times* 自加，转到 3）。

10.4 仿真实验

实验采用 MATLAB 仿真工具进行仿真。初始时，设置初始的参数，然后运行算法，根据运行后得到的状态图进行分析，通过对比基本的人工鱼群算法和改进的人工鱼群算法得到仿真的结果判断。

▶▶ 10.4.1 仿真工具 MATLAB 简介

MATLAB 是 MATrix LABoratory（矩阵实验室）的缩写，是由美国公司 Mathworks 公司研发的软件，主要用于科学计算和仿真研究。MATLAB 环境下，用户集成了程序设计、图形绘制、数值计算、输入输出、文件管理、人工神经网络、工业控制、网络仿真等诸多领域的研究功能。MATLAB 具备完整的人机交互系统运算环境，MATLAB 系统的基本数据结构为矩阵，系统在生成矩阵对象时，不要求给出确定的维数说明。与其他常用的 Java、C、C++语言相比，利用 MATLAB 可以极大地节省编程时间。MTALAB 系统由五个部分组成，大体如下：

1）MATALB 语言体系：MATLAB 是高层次的矩阵/数组语言。与其他编程语言类似，具有函数调用、条件语句控制、数据结构、面向对象、输入输出等特性。它既可以进行比较简单的编程，完成算法设计和实验的基本任务，也可以进行复杂大规模的编程，开发具体的应用程序。

2）MATLAB 工作环境：主要包括工作平台的变量数据输入输出的方式和开发、调试工具。

3）图形图像系统：图形图像系统不仅包括数据图示、动画生成、图形显示等功能的 MATLAB 高层命令，而且也包括用户对图形图像等对象进行特征控制的 MATLAB 底层命令和 GUI 应用程序的各种开发工具。

4）MATLAB 数学函数库：这里包含所有对 MATLAB 使用的数学算法。它不仅包括各种简单的初等函数算法，也有矩阵运算、矩阵分析这样的高等数学运算。

5）MATLAB 应用程序接口：应用程序接口是 MATLAB 为用户提供的一个函数库，使用户能够在 MATLAB 环境中使用其他编程语言程序，包括从 MATLAB 中调用程序，对 MAT 文件读写等功能。

MATLAB 是一个功能强大的科学研究系统，具有十分强大的功能扩展能力，它可以配备各种工具箱，完成不同领域的各种特定环境下的任务，在学术研究仿真方面应用非常广泛。

▶▶ 10.4.2　仿真场景与结果分析

本章采用 MATLAB 实现人工鱼算法和改进算法，模拟无人机移动优化过程，对两个算法进行分析。其中参数设置如下：在 $50 \times 50 \text{m}^2$ 的区域内，无人机的通信范围为 $visual = 5\text{m}$，无人机的安全距离为 $d = 4\text{m}$，满足无人机通信性能频率带宽为 100Mb/s，一架无人机通信范围内无人机数目为 5。仿真实验参数设置如表 10.1 所示。

表 10.1　多无人机通信参数设置

参　　数	值
节点数目	5、10、15、20、25、30
区域/m²	50×50
发射功率 P_t/W	15
最小接收功率 P_r/μW	100
工作频率/GHz	1
频率带宽/Mb/s	100
α	20
β	0.8
最多试探次数 $Trynumber$	5
最大迭代次数 $Iter\_times$	30

图 10.3 和图 10.4 表示无人机数目为 20 时，用人工鱼群算法和改进人工鱼群算法解决问题的初始状态和最终状态。

可以看出，人工鱼群算法在无人机组整体的通信范围比较大，内部有较大空隙。通过改进的人工鱼算法的无人机移动策略整体通信范围较小，而且有较快的收敛速度。为了比较准确地进行对比，图 10.5 和图 10.6 对两种算法解决问题时不同节点数量的迭代次数和通信范围进行对比。

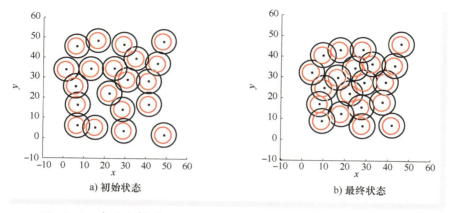

a) 初始状态　　　　　　　　　b) 最终状态

● 图 10.3　多无人机采用 AFSA（人工鱼群算法）前后的通信状态图

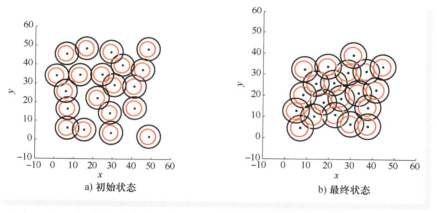

a) 初始状态　　　　　　　　　b) 最终状态

● 图 10.4　多无人机采用 IAFSA（改进人工鱼群算法）前后的通信状态图

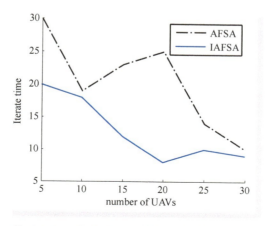

● 图 10.5　基于 AFSA 和 IAFSA 不同节点数量的无人机迭代次数图

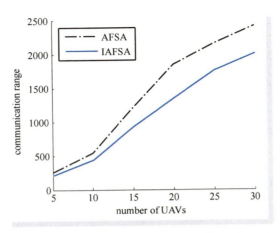

● 图 10.6 基于 AFSA 和 IAFSA 不同节点数量的无人机通信范围图

通过图 10.5 和图 10.6 可以看出，IAFSA 的在相同节点情况下，节点的迭代次数和通信范围都比 AFSA 求解时小。改进的人工鱼群算法收敛速度快、迭代次数少，在解决相同功率的多无人机安全通信问题上高效，优势显著。

10.5 本章小结

本章提出相同功率的多无人机移动安全通信问题，建立无线通信模型和无人机动力学模型，改进人工鱼群算法。结合动力学中聚合力应用于自适应视野，并引入虚拟洋流于人工鱼群算法（AFSA）中，解决了人工鱼群算法后期收敛速度慢、迭代次数多等缺陷。由仿真结果可以看到，改进人工鱼群算法的无人机安全通信策略使得算法收敛速度快、迭代次数少、多无人机的整体通信范围最小。第 11 章，将通过改进 OLSR 路由协议提升多无人机网络的通信性能。

改进 OLSR 协议的通信优化

无人机在近几次局部战争中备受瞩目，在未来，无人机无疑会被非常广泛地使用。无人机执行任务和功能的扩展需要无人机具有编组和协同的能力，这就需要组成多无人机网络。在多无人机网络中，网络的动态性很强、拓扑结构变化迅速，并且会有节点随时离开或加入网络，因此，在现有网络中 Mobile Ad Hoc 网络是最适合建立多无人机网络的组网技术。在多无人机网络环境中，各节点地位平等，都可以进行路由选择和数据的传输。由于节点功率有限，数据难以直接传输，网络中一般需要中继节点进行路由的转发。

目前移动自组织网络研究的主要问题表现为网络中节点移动速度较慢，不能适应移动速度较快的无人机。在无人机网络中随着节点飞行速度的增大，网络的拓扑结构变化也越来越频繁，通过常用的 Ad Hoc 路由选择算法计算得到的路由信息可能变得不可用，又需要再次进行路由选择，极大地影响了通信性能。因此，为了使移动自组织网络路由协议能够应用于多无人机网络，需要对路由选择策略有针对性地开展相关研究。

移动自组织网络路由协议按路由发现策略可以分为按需驱动路由协议、表驱动路由协议以及混合路由协议。按需驱动路由在节点要发送数据时才建立路由，只有在通信过程中维护路由，通信结束后路由会被删除。数据传输的实时性不高，多无人网络由于其特殊性要求通信具备较高的实时性，这里讨论表驱动路由协议。表驱动路由协议（Proactive Routing Protocol，PRP）保证一种连续通信、及时更新拓扑结构、从任何一个节点都可以得到网络中其他任意节点的路径信息，无论此路径是否正在被使用。表驱动路由协议需要每个节点保持一张路由表来存放路由信息，这样能够保证网络视图及时反映网络拓扑的动态变化，并及时更新网络中所有节点在全网发布的最新信息。这类路由协议的主要代表有 STAR（Source Tree Adaptive Routing）、DSDV（Destination Sequenced Distance Vector）、OLSR（Optimized Link State Routing Protocol）等协议。OLSR 是专门针对移动 Ad Hoc 网络设计的一种表驱动路由协议，网络中的节点依靠周期性地发送数据量较小的 HELLO 消息交换信息，从而及时更新相关链路状态和拓扑信息。OLSR 采用了多点中继 MPR（Multiple Point Relay）技术为每个选择其相邻节点中的部分节点作为中继节点的节点转发控制消息，减少了网络中控制消息的洪泛，降低控制消息交互过程中对带宽长时间的占用。因此，OLSR 路由协议比较适合多无人机网络。

11.1 网络模型

本章假设把多无人机网络中每个无人机看作 Ad Hoc 网络中的一个节点，初始状态时，在一个 $M \times M$ 的二维区域内随机分布 N 个节点，R 为 N 个节点的通信半径。此外，假设该网络具有如下性质：

1）所有节点的运动模型为 Random Waypoint 模型。

2）所有节点在仿真时均明确本节点的目的点。

3）运动的整个过程所有节点均拥有足够维持其运动的能量以及维持其运行通信的计算资源。

4）所有节点的发射功率保持固定不变。

5）各节点在任何地点都不做停顿。

6）所有节点都装配有 GPS 设备。

7）所有节点都能够为其他节点转发信息。

模型如图 11.1 所示。

无人机网络环境下的路由协议需要具有以下几个特点：

1）能够保证一种连续通信、及时更新拓扑结构、从任何一个节点都可以得到网络中其他任意节点的路径信息，能够及时反映网络拓扑结构的动态变化，并能够根据变化情况进行预测或者及时做出反应。

2）维持一定数量的链路控制信息，以便在路由性能良好的情况下，控制链路控制信息的发送，减少网络中冗余无效信息的发送。

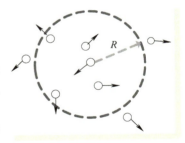

● 图 11.1　无人机网络模型图

目前对于 OLSR 的研究，不能很好地满足上述要求。如在 Fast OLSR 协议中，协议根据速度的不同分别发送 fast-HELLO 与 HELLO 两种不同的消息，在速度一直过快时，急速增加了网络负载，影响网络性能。在 HOLSR 中，根据网络中节点与源节点的跳数不同，将网络分成不同的域，根据不同域范围内的节点 TC 消息设置不同发送周期，距离源节点越近的节点发送频率越高、周期越短。虽然可以通过 Fisheye 技术控制发送 TC 消息的频率，但是需要维护的成本比较高。同时为了增加路由的可达性，采用错误路由补偿算法，但是无法对拓扑变化情况进行动态的预测。在

CAOLSR 中提出用位置信息访问时间等参数来考虑 MPR 的选择，对各参数分别对通信的影响考虑不足。

本书讨论基于运动信息感知的优化链路状态协议 CAOSLR 并对参数进行分析，较好地解决了上述问题。下一节将对 MPR 节点的选择和搜索算法进行具体描述。

11.2 MPR 选择优先度以及搜索流程

运用无人机运动感知信息作为 MPR 选择时的衡量参数，对 MPR 搜索算法进行改进，从而改进路由协议。

▶▶ 11.2.1 MPR 选择优先度

MPR 节点的选择需要考虑多个运动信息。因此本书从运动位置通信概率 P_i、最近访问时间 T_i 和节点连接度 N_i 3 个参数考虑：

1）运动位置通信概率 P_i：代表无人机节点与其他节点之间的距离得到传输消息的可能性，P_i 由本节点与其他节点的直线距离和下一步相对其他节点运动趋势决定。节点之间距离越近，运动位置通信概率就越大。通信范围内的节点相向运动，运动位置通信概率增大，反之，概率下降。

2）最近访问时间 T_i：表示该节点与其他节点最近一次通信的时间戳信息。即最近一次通信的时间距离现在越近，T_i 值越大，与之通信的可能性越大。

3）节点连接度 N_i：代表与该节点通信的邻居节点数目。节点连接度越大，表示与该节点可能发生交互的节点数目越多，成为 MPR 节点的可能性就越大。

首先分析节点的运动位置通信概率 P_i。由 11.1 节网络模型定义可知，所有节点都装配有 GPS 设备，都可以知道自身所处位置的当前坐标信息。节点在第一次发送消息时，会发送携带节点位置信息的 HELLO 消息，某节点在运动过程中的某一时刻，有可能先后收到来自多个节点的 HELLO 消息。如图 11.2 所示，假设有 n_1、n_2、n_3 三个序号不同的节点，节点 n_2 和节点 n_3 在一定区域内分别相对节点 n_1 运动。在某一时刻，n_1 收到多个来自 n_2 与 n_3 的 HELLO 消息，每收到一个 HELLO 消息，n_1 记录位置信息并与上次收到的该节点的位置信息进行比较从而计算出与 n_2、n_3 之间的相对运动趋势。从图 11.2 中可以看出，n_2 远离 n_1，而 n_3 则向 n_1 靠近。若两节点远离，那么运动位置通信概率降低，反之概率增大。

假设节点 M 在 t_0 时刻进入节点 O 的通信半径 R 内，在 t_1、t_2 时刻距离分别为 d_1、d_2。t_1 时刻为节点 O 上次收到节点 M 时间戳信息，t_2 时刻为当前节点 O 收到节点 M 时间戳信息。比较 d_1 和 d_2 可以研究节点 M 的运动位置通信概率变化情况，如图 11.3 所示。

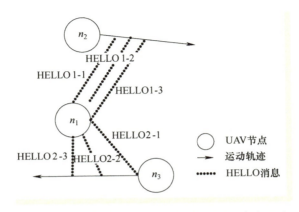

● 图 11.2　无人机节点之间发送 HELLO 消息示意图

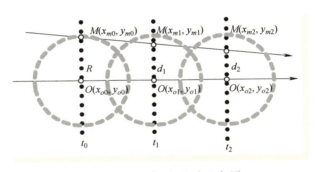

● 图 11.3　位置预测示意图

　　假设节点 O 在 t_1 时刻的坐标为 (x_{o1}, y_{o1})、节点 M 坐标为 (x_{m1}, y_{m1})；t_2 时刻，节点 O 坐标为 (x_{o2}, y_{o2})、节点 M 坐标为 (x_{m2}, y_{m2})。由定义知，节点 M 与 O 在时刻 t_2 距离 d_2 和上次交互时刻 t_1 的距离 d_1 与运动位置通信概率相关。若 $d_2 - d_1 < 0$，说明节点间相对逼近。反之，若 $d_2 - d_1 > 0$，节点间相对远离。因此，若节点无穷接近原点，则运动位置通信概率为 1。

　　与原点距离超过节点通信半径 R，则运动位置通信概率趋近 0。设节点的基本运动位置通信概率 P_i 表示为：

$$P_i = \begin{cases} 0, & d \geqslant R \\ 1 - (\Delta d / R), & 0 < d < R \\ 1, & d = 0 \end{cases} \tag{11.1}$$

其中，$\Delta d = \sqrt{(x_{o1} - x_{m1})^2 + (y_{o1} - y_{m1})^2} - \sqrt{(x_{o2} - x_{m2})^2 + (y_{o2} - y_{m2})^2}$。

　　其次，分析节点的最近访问时间。在 HELLO 消息中加入时间戳信息，节点收到 HELLO 消息时，会记录下 HELLO 消息的时间戳，在下次收到 HELLO 消息时，将时间戳与上次相减，同时记录时间戳信息。最近访问时间表示为：

$$T_i = T_l - T_m \quad (t_l > t_m) \tag{11.2}$$

其中，T_m 表示上次收到的 HELLO 消息的时间戳，T_l 表示本次收到 HELLO 消息的时间戳。T_i 值越大，与之通信的可能性越大，越有可能成为 MPR 节点。

最后分析的是节点连接度。通过收到的 HELLO 消息中的位置信息，判断通信范围内通信节点个数。参考 CAR（Context aware Routing，运动感知路由协议）和 SCAR（Sensor Context-Aware Routing，上下文感知路由协议），MPR 节点选择优先度 A 表示如下：

$$A_i = \alpha P_i + \beta e^{t_i} + \gamma N_i \quad (\alpha \geq 0, \beta \geq 0, \gamma \geq 0) \tag{11.3}$$

其中，α、β、γ 为权重，后面仿真会对其进行分析比较，研究三个因素对多无人机网络通信性能的影响。

▶▶ 11.2.2 MPR 搜索流程

通过引入多无人机网络节点运动信息三个参数改进后的 MPR 搜索流程如下：

1）首先将集合 N（N 代表一个节点的相邻节点的子集）的节点添加到 MPR 集合中。

2）计算 N_2（N_2 表示从节点可达的两跳邻居节点的集合）中节点相对于本节点的运动位置通信概率，按照传输概率 P_i 从大到小排序。

3）将集合 N 中可以到达集合 N_2 的节点集合中的唯一节点加入 MPR 集合，同时删除集合 N_2 中包含 MPR 集合节点的节点。

4）判断在集合 N_2 中是否存在还未被 MPR 集合任意节点包含的节点，如存在，则计算集合 N 中各节点的可达性（即 N_2 中仍未被 MPR 集合中任何节点所包含并且通过该相邻节点可达节点的数量）。

5）从集合 N_2 中选择唯一可达性不为 0 的节点作为 MPR。如果可达性不为 0 的节点不唯一，则选择可达集合 N_2 中可达性最高的节点；如果有多个节点的可达性相同，则计算这些节点的优先度 A_i，选择优先度最高的节点。如果存在优先度相同的节点，则选择集合中节点密度最高的节点，节点密度表示与该节点对称的邻居节点的数量，但不包括 N 中节点以及正在执行 MPR 选择的节点。删除集合 N_2 中的已被 MPR 集合所包含的节点。

最后，取上面计算得到的 MPR 集合的并集，建立该节点的 MPR 集合。

11.3 仿真实验与分析

网络仿真实验拟在 NS2 平台上进行。用上节提出的 MPR 搜索流程对 OLSR 协议进行改进，并予以实现，通过对运动位置通信概率、最近访问时间、节点连接度三个参数，设置不同的权重来对比考察分析运动参数信息对路由协议的影响。将参数设置不同的权重加入协议中，和 OLSR协议进行对比，对仿真的结果进行分析。

▶ 11.3.1　仿真工具 NS2 简介

NS（Network Simulator）为网络模拟器，也称作网络仿真器。NS2 为网络仿真器的第 2 版。NS2 是一款由加州大学伯克利分校开发的源代码开放的网络仿真软件，运行在 LINUX 平台上。开发 NS 的初衷是为了研究仿真大规模网络和网络协议的交互行为。它不仅支持有线网络的路由协议、TCP、UDP、多播路由，对无线网络同样提供支持。NS2 由于属于开源项目，源码开放，所有人都可以在源码基础上改进各项功能。因此，关于 NS2 的功能扩展和改进是由所有的研究者们共同实现的，当然也包括新出现的路由协议和功能模块的添加。NS2 目前已经在网络研究领域取得了广泛应用。

NS2 是一种基于离散事件的模拟器。NS2 本身携带一个计时的虚拟时钟，几乎所有的交互和仿真动画都是由离散事件来驱动的。NS2 可以仿真当前所有类型的通信网络，它的模块丰富并且功能强大，已经实现的仿真模块包括：网络传输协议，如 TCP 和 UDP；业务源流量产生器，如FTP、Telnet、Web CBR 和 VBR；路由选择算法以及无线网络的 WLAN、局域网、移动自组织网络路由以及卫星通信网络。同时 NS2 也可以实现多播以及 MAC 子层协议。

NS2 的开发采用分裂对象模型的开发机制，它用 OTcl 和 C++两种语言进行开发。两种开发语言之间用 TclCL 自动连接和相互映射。基于效率、操作便利程度的考虑，NS2 实现了将控制通道与数据通道的分离。同时 NS2 的事件调度器和基本网络组件对象都用 C++编写，这样可以减少分组和事件的响应处理时间，通过 TclCL 的映射，这些对象对 OTcl 解释器是可见的。通过这些方式，NS2 用户只要用简单方便的 Tcl/OTcl 脚本就可以编写仿真的代码，同时也可以快速设置仿真网络的节点、拓扑以及链路等各部件和参数。NS2 通过网络组件来模拟网络节点之间的通信，使用相应的工具制定仿真场景，模拟网络通信的仿真进程产生特定的分组来模拟现实网络的过程，同时将仿真过程记录到 Trace 文件中，方便用户的分析解读和观察通信的过程，得到仿真结果。NS 就是采用这些机制和特点来提高仿真效率的，方便仿真网络的配置和操作。

▶ 11.3.2　仿真场景

实验用 11.2 节提出的 MPR 搜索流程对 OLSR 协议进行改进，并予以实现，通过对运动位置通信概率、最近访问时间、节点连接度三个参数，设置不同的权重系数来对比考察分析运动参数信息对路由协议的影响。

仿真实验的网络环境设置如下：MAC 层协议采用 IEEE802.11、无线信道带宽为 2Mbit/s、最大传输半径 250m、运动场景节点采用 Random Waypoint Mobility Model 运动模型。仿真网络中节点运动场景参数设置如表 11.1 所示。

表 11.1　仿真网络中节点运动场景参数设置

运动场景参数	值
节点个数	10、15、20、25、30*、35、40
区域/m²	800×800
节点的最大速度/m/s	10、15、20、25、30*、35、40
节点的最小速度/m/s	0
节点的停顿时间/s	0
仿真时间/s	120

注：带*为默认值。

NS2 平台采用 CBR 流来模拟网络生成数据包，通信参数设置如表 11.2 所示：

表 11.2　仿真场景参数设置

仿真场景参数	值
信道带宽/Mbits/s	2.0
数据流类型	CBR
最大通信链路/pair	22
CBR 包的间隔时间/s	1
CBR 包的大小/B	512

▶▶ 11.3.3　仿真结果分析

仿真实验从数据交付率、端对端延时 2 个通信性能参数对几种不同协议的性能进行分析。其中，OLSR 为优化链路状态协议，CAOLSR 为基于运动感知的链路状态优化协议，这里设置三种参数的权值相等。CAOLSR_P 协议表示运动信息中运动位置通信概率参数占较大比重的 OLSR 协议；CAOLSR_T 协议表示运动信息中最近访问时间参数占较大比重的 OLSR 协议；CAOLSR_N 表示运动信息中节点连接度参数占较大比重的 OLSR 协议。

节点移动速度对不同比重系数的影响：考虑到多无人机网络拓扑结构的变化与移动速度有关，本组实验根据节点不同的移动速度，结合数据交付率和端对端的延时对几种协议进行仿真对比，结果如图 11.4a、图 11.4b 所示。

从图 11.4a 可以得到，随着节点的移动速度逐渐增加，五种协议的数据交付率呈下降趋势，CAOLSR_P 比其他几种协议数据交付率有明显的提升，CAOLSR_N 比 CAOLSR_T 数据交付率也有稍微的提高。由图 11.4b 可以得到，随着节点移动速度的逐渐增加，CAOLSR_P 能够提供较小的平均时延，CAOLSR_N 能够提供比 CAOLSR_T 较低的平均时延。从图 11.4 总体可以看出，CAOLSR_P 在多无人机网络环境下具有一定优势。

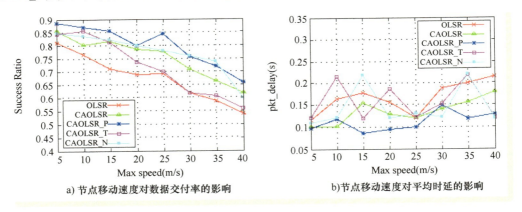

a) 节点移动速度对数据交付率的影响　　b) 节点移动速度对平均时延的影响

● 图 11.4　节点移动速度对协议的影响

节点数目对不同比重系数的影响：多无人机网络的通信性能与节点数目相关，本组实验通过改变指定区域内的节点数，对数据交付率和端对端的时延进行仿真，结果如图 11.5a、图 11.5b 所示。

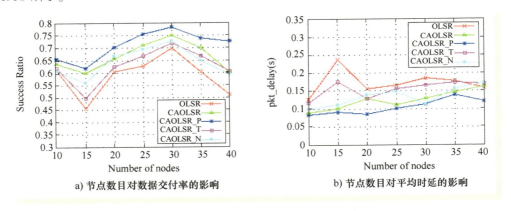

a) 节点数目对数据交付率的影响　　b) 节点数目对平均时延的影响

● 图 11.5　节点数目对协议的影响

从图 11.5a 可以看出，随着节点数的变化，5 种协议的数据交付率在总体变化上基本趋势一致，CAOLSR_P 协议的数据交付率有明显的提升，指定区域内分布适当节点时数据交付率比较高。由图 11.5b 可以看出，在节点数变化过程中，CAOLSR_P 比其他四种协议有较小的平均时延。从图 11.5 整体来看，随着节点数目的增加，CAOLSR_P 一直保持较高的数据交付率和较小的平均时延。CAOLSR_N 比 CAOLSR_T 在两个性能上都有较好的表现。

由仿真结果可以得到，在基于运动信息的 OLSR 协议中，在运动位置通信概率、最近访问时间、节点连接度三个参数中，运动位置通信概率对协议的影响最大，为关键参数，节点连接度对协议的影响其次，最近访问时间对协议的影响最小。

11.4 多无人机安全通信策略

第 10 章提出了改进人工鱼群算法，该算法主要采用自适应步长和视野，同时引入虚拟洋流和动力学参数，解决了多无人机网络整体通信范围优化问题，缩小了通信范围，避免了多无人机网络通信范围过大引起的信息泄露。在本章中，改进了无线自组织网络的 OLSR 协议，通过对运动信息进行感知，预测无人机的运动趋势，判断与之通信的可能性，改进 MPR 搜索的过程，使协议适应多无人机网络，提升多无人机网络的通信性能。因此，将两者结合，得到如下通信策略可以较好地解决多无人机网络安全通信问题：

1）在网络通信过程中，采用改进的 OLSR，提升通信性能。

2）在协同飞行过程中，采用改进的人工鱼群算法优化网络整体通信范围。

11.5 本章小结

本章提出了基于运动信息感知的改进 OLSR 协议。由于 OLSR 协议适用于节点移动速度较慢的移动自组织网络，难以满足多无人机节点的快速移动。为了适应多无人机协同飞行环境下节点快速移动的需求，根据节点移动过程中的运动信息改进 OLSR 协议，利用运动位置通信概率、最近访问时间、节点的连接度三个无人机的运动参数信息，对多点中继节点（MPR）的搜索选择策略进行改进，提出基于运动信息感知的 OLSR 协议。通过仿真实验比较 OLSR 和基于三个参数不同的权重的改进 OLSR 分析对通信性能的影响，最终得到运动位置通信概率对通信的影响最为重要，改进的基于运动信息感知 OLSR 协议大大提高了多无人机网络通信性能。

第12章

减小不安全区域通信优化

在多无人机执行任务过程中，如果无人机的通信半径大于无人机的侦查半径，则在无人机的侦查范围之外会出现侦查盲区，在这个区域中，敌机可以轻易地获取无人机群组的通信消息而不被无人机群组侦测到，我们称这种状态为信息泄露。本章中，定义信息泄露的区域为不安全区域。

为了解决上述问题，提出了无人机安全通信模型——层式虚拟通信圆环。在群聚算法运行后所有节点达到蜂拥状态，我们假设无人机的通信功率相同，因此，每架无人机的通信范围保持一致。层式虚拟通信圆环策略对蜂拥后所有节点位置进行重新排列，同时所有节点受群聚算法虚拟力的作用。该策略致力于减小无人机群组在通信时的不安全区域范围，从而减小信息泄露的可能。在本章中，只考虑通信范围对安全的影响，不考虑具体的通信细节。

第1节介绍图论的相关知识。将无人机的通信范围看作一个圆，无人机间的通信拓扑结构用图来表示。

第2节介绍层式虚拟通信圆环策略。首先对本章中用到的概念进行定义，然后描述层式虚拟通信圆环策略，最后介绍移动算法，该算法能够移动边界节点使其与群组节点有效通信。

第3节分别应用不同节点数对层式虚拟通信圆环策略进行模拟实验，对实验结果进行分析。通过理论证明不安全区域减小比例的极限值。

12.1 多无人机的通信拓扑结构

由于多无人机网络是由一个个单无人机通过通信连接的拓扑结构，因此图适合抽象多无人机的通信模型。一个图 G 是由点、边 $(V, E(t))$ 的二元组组成的，其中点代表无人机，边代表通信链路，这里 $V = \{1, 2, \cdots, n\}$，并且 $E \subseteq \{V \times V\}$。图 G 的邻接矩阵表示为 $A = [a_{ij}]$，邻接矩阵表示了无人机节点间的邻接关系，也就是说，相邻的节点间存在边，则 $a_{ij} \neq 0 \Leftrightarrow (i,j) \in \varepsilon$，反之，$a_{ij} = 0$。在这里 $e_{ij} = (v_i, v_j)$ 表示节点 v_j 能够与 v_i 有效通信。

图分为有向图和无向图两种。有向图适合具体的情形，在有向图中信息传播是单向的。如果从 v_i 到 v_j 和 v_j 到 v_i 存在双向的信息交互，那么这个图为无向图。对于无人机来说，这个图是一个无向图，它的邻接矩阵是一个对称矩阵（$A = A^T$），能与点 i 进行通信的无人机的定义如下：

$$N_i = \{j \in v : a_{ij} \neq 0\} = \{j \in v : (i,j) \in \varepsilon\} \tag{12.1}$$

本章设定无人机的通信半径为 $r(r > 0)$，则节点 i 的邻居集合定义如下：

$$N_i = \{j \in v : \| q_j - q_i \| < r\} \tag{12.2}$$

图 12.1 为无人机 i 的拓扑结构图，所有无人机的通信距离相同，在无人机 i 的通信范围内所有无人机都可以与无人机 i 进行通信。这种有通信半径的无线传感网络的拓扑结构是一个邻接网络。通信拓扑结构可以是固定的或随时间变化的。对于固定不变的通信，邻接矩阵 A 是恒定的，即 a_{ij} 随时间变化是恒定的。如果拓扑结构在一定的时间间隔之后变成新的拓扑结构，则认为该拓扑结构是动态的或是可切换的。在多无人机飞行过程中，在一定时间间隔后，无人机邻居中的无人机个体会发生改变，离开一部分无人机同时增加一部分新的无人机，组成新的邻居集合，因此，多无人机的拓扑结构是动态的。

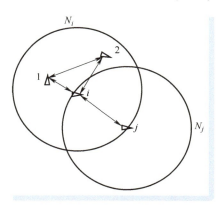

● 图 12.1　无人机拓扑结构图

12.2　减小不安全区域的安全通信策略

在层式虚拟通信圆环策略中，针对无人机群组通信时不安全区域大的问题。首先对群组节点分层，找到边界节点；然后减小边界节点的通信半径从而减小不安全区域；最后利用移动算法移动边界节点使其与群组节点有效通信。

▶▶ 12.2.1　概念定义

为了更好地描述不安全区域，本书采用多无人机的拓扑结构图来对其说明。如图 12.2 所示，点代表无人机，以点为中心的圆为无人机的通信范围，利用图直观描述无人机间的通信拓扑。

其中外层圆为无人机群组通信范围，内层圆代表无人机的群组范围，此处假设无人机的群组范围即为无人机群组的侦测范围。外层圆和内层圆的中间圆环为不安全区域，定义如下：

$$S = S_o - S_i \tag{12.3}$$

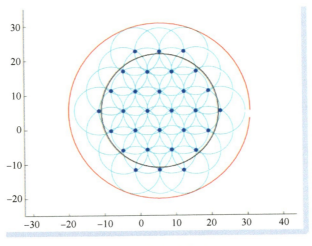

● 图 12.2　无人机群组通信图

其中，S_o 代表外层圆面积，S_i 代表内层圆面积。在层式虚拟通信圆环策略中，为了描述方便，我们定义了无人机群组范围和无人机群组通信范围。假定这两个范围均为圆形区域，本章中利用圆心和半径描述一个圆形的区域。无人机群组中心描述如下：

$$c = \frac{1}{2}(P_i + P_j) , \max_{(i,j)\in N} D(P_i, P_j) \tag{12.4}$$

其中，$D(P_i, P_j)$ 为两个节点间距离，描述如下：

$$D(P_i, P_j) = \sqrt{(x_j - x_i)^2 + (y_j - y_i)^2} \tag{12.5}$$

无人机群组范围半径描述如下：

$$R_u = \frac{1}{k}\sum_{i=1}^{k} D(P_i - c) \tag{12.6}$$

其中，P 代表无人机的位置、k 为边界节点个数。将无人机群组分层，最外层节点即为边界节点。由无人机群组半径可得无人机群组通信半径如下：

$$R_c = R_u + r \tag{12.7}$$

其中，r 为边界节点的通信半径，在后面通过理论分析和实验证明可得出：边界的通信半径为内层节点通信半径的一半。

▶▶ 12.2.2　层式虚拟通信圆环策略

在运行群聚算法后，所有节点会形成蜂拥状态，这时启动层式虚拟通信圆环策略对节点进行重新排列，具体过程为：

1）将所有节点分层，层式虚拟通信圆环策略作用于边界节点，同时使所有节点受群聚算法中虚拟力的作用。

2）减小边界节点的通信范围，使其受到的群组斥力减小。

3）用移动算法移动边界节点，保证边界节点与群组有效通信。

（1）群组分层算法

为了找到群组边界节点，进而缩小其通信范围，需要将群组分层。表 12.1 为无人机群组分层算法。在算法中，c 为群组的中心节点、a_{ij} 为群组的邻接矩阵，利用队列作为中间结构来寻找群组每一层的节点。

表 12.1　无人机群组分层算法（Alg. 1）

Input：c, a_{ij}
Output：*edge_nodes*

```
Queue level_node;
The number of level_node j = 2;
k = 0;
Push c to level_node;
level_node(1) = c;
The number points of level_node(1) i = 1;
While( ! isEmpty( level_node ) )
    If ( i == 0 )
        j = j + 1;
        i = k;
    end
    Pop L from level_node( j - 1 );
    i = i - 1;
    While ( there are neighbor nodes of L )
        Find neighbor nodes NN of L using a_ij;
        level_node(j) = level_node(j) + NN;
        k = k + 1;
    end
end
Return level_node(j);
```

（2）最佳通信半径证明

在减小边界节点通信半径的过程中，我们发现边界节点的通信半径存在一个临界值，在这种情况下，无人机群组的不安全区域最小，我们定义边界点通信半径的临界值为边界点的最佳通信半径。如图 12.3 所示，圆 A、B 分别为外层节点和内层节点的通信范围，圆 C 为群组范围也就是侦测范围，圆 D 为整个群组通信范围。

本章通过理论证明与实验验证找到了外层节点的最佳通信半径，保证在外层节点与群组节点能够有效通信的同时使不安全区域达到最小。最佳通信半径定义如下：

$$r = \{0 < r < r_{\mathrm{B}} : c_A \cap c_B = c_A, d_r = r_B - r_A, A \in N_o, B \in N_i\}$$

(12.8)

其中，c_A 代表边界圆（圆 A）、c_B 代表与 c_A 相交的内层圆（圆 B）、d_r 为两圆心的距离、r_B 为内层圆（圆 B）半径、r_A 为边界圆（圆 A）半径、N_o 为边界圆集合、N_i 为内层圆集合。

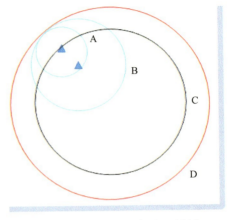

最佳通信半径证明如下：为保证圆 D 为整个群组通信范围，必须使圆 D 与圆 A、B 任一相切。那么当圆 A 在缩小通信范围的过程中，会出现圆 A 与圆 B 相内切的情况。在此之前圆 D 都是保证与圆 A 相切的。如果继续缩小圆 A 的通信范围，则圆 D 与圆 B 相切，而 B 为内层节点，因此圆 B 的通信范围

• 图 12.3　通信范围示例图

不变，所以圆 D 的范围也不再改变。但是圆 C 将随着圆 A 的减小而减小，圆 D 与圆 C 中间的圆环为不安全区域，会导致不安全区域范围变大。

因此，得出结论：当圆 A、B、D 都相切时达到临界点。此时，若圆 A 减小，圆 D 仍保持不变，保持与 B 相切。因此，此时为圆 A 的最佳通信半径。本章经过实验后得出：圆 A 的最佳半径为圆 B 的一半。

（3）移动算法

图 12.4 所示为 30 个节点情况下，边界节点通信范围缩小图示。由图可以看出，缩小边缘节点通信范围后，层式虚拟通信圆环最外层节点的通信范围不能覆盖其邻接节点，设计移动算法使外层节点向群组中心移动，使其能与群组中节点进行通信。

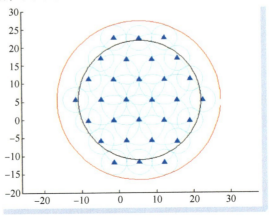

• 图 12.4　边界节点通信范围缩小图示

表 12.2 为节点移动算法，其中，a_{ij} 为节点的邻接矩阵，p_center 为群集的中心，p_1，$\cdots$，p_N 为 N 个点的位置信息，r 为通信范围。

表 12.2　节点移动算法（Alg. 2）

Input：a_{ij}，p_center，p_1，$\cdots$，p_N，r

For $i = 1:N$
Find the *edge_point* using Alg 1.
End
For $j = 1:N$
    If j is in the *edge_point*
        For $i = 1:N$
            If $i != j$
                If $|p_j - p_i| < \dfrac{r}{2}$
                    $b = $ false；
                    Break；
                Else
                    $b = $ true；
                End
            End
        End
        If b
            $P_j \to p\_center$
        End
    End
End

12.3　实验分析

12.3.1　实验效果分析

图 12.5 为层式虚拟通信圆环实验效果图，这里我们用 25 个点、30 个点、35 个点、40 个点分别进行实验。不安全区域面积进一步减小，所有边界节点都能与内层节点进行通信，提高了无人机群组整体的安全性。

根据图 12.5 可知，虽然节点数不同，但是层式虚拟通信圆环都能有效地减小边界节点的通信范围，并且使其能有效与内层节点通信。通过后面的实验数据可以得出，该策略有效地减小了不安全区域的范围。

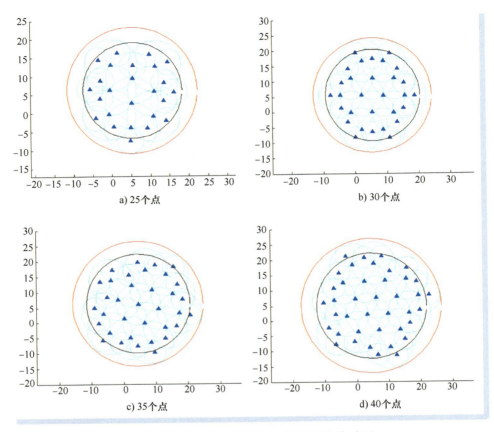

a) 25个点 b) 30个点

c) 35个点 d) 40个点

● 图 12.5   层式虚拟通信圆环实验效果图

▶▶ 12.3.2   性能分析

（1）无人机群组范围与群组通信范围对比试验

在本节中，给出在执行层式虚拟通信圆环后，无人机群组范围的变化曲线以及无人机群组通信范围的变化曲线。图 12.6 为 25 个点、30 个点、35 个点及 40 个点情况下无人机群组范围和群组通信范围变化图。

通过图 12.6 可以看出，在设置不同的节点数对层式虚拟通信圆环进行实验，该策略能表现出稳定的效果。随着迭代次数的增加，边界节点通信范围减小后，移动算法作用于边界节点，其向群组中心靠拢，使群组的范围减小，同时整个群组的通信范围减小。从而使无人机群组范围接近无人机群组通信范围，保证群组安全。

（2）无人机群组范围，群组通信范围及不安全区域数据对比

表 12.3 为 30 个节点时无人机群组范围、群组通信范围和不安全区域范围的数据，表中只给

出迭代次数为 1、2、43、44 的数据。在本章中，数据保留小数点后两位。通过表中可得无人机群组的范围由 845.48 减少到 501.39，减少了 40.70%，无人机群组通信范围由 1720.95 减少到 825.78，减少了 52.02%。不安全区域范围从开始时的 875.47 到最后的 324.39，减小了 62.95%。其余节点数据没有展示。在表 12.4 中给出了其余节点群组范围、群组通信范围及不安全区域的减小比例数据。

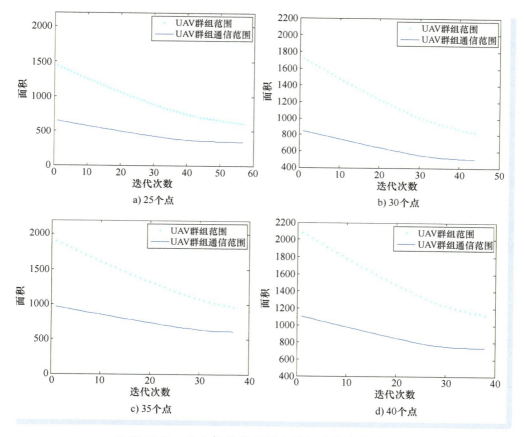

● 图 12.6　无人机群组范围与群组通信范围对比图

表 12.3　30 个节点层式虚拟通信圆环实验数据表

	1	2	43	44
无人机群组范围	845.48	834.25	502.52	501.39
无人机群组通信范围	1720.95	1693.28	835.36	825.78
不安全区域范围	875.47	859.04	332.84	324.39

由表 12.4 可知在 25 个点的情况下无人机群组范围减小了 47.66%，无人机群组通信范围减小了 54.55%，不安全区域面积减小了 65.33%。35 个点的情况下无人机群组范围减小了 36.53%，无人机群组通信范围减小了 48.73%，不安全区域面积减小了 61.50%。40 个点的情况下无人机群组范围减小了 33.33%，无人机群组通信范围减小了 46.12%，不安全区域面积减小了 60.55%。

表 12.4 层式虚拟通信圆环实验数据变化表

	25	30	35	40
无人机群组范围减小比例	47.66%	40.70%	36.53%	33.33%
无人机群组通信范围减小比例	54.55%	52.02%	48.73%	46.12%
不安全区域减小比例	65.33%	62.95%	61.50%	60.55%

（3）不安全区域减小比例数学推导及图示

由表 12.4 可以看出，在节点个数增加的过程中，不安全区域减小比例值越来越小，这与由公式推导的结果是一致的，下面给出不安全区域减小比例的具体推导过程。

设定群组初始范围半径为 r_1，群组通信范围半径为 r_2，无人机的通信半径为 d。在移动边界节点的过程中，群组范围的半径减小了 x，边界节点的通信半径减小为原来的一半，则群组通信范围的半径减小了 $x+d/2$。这里假设 $r_2=r_1+d$，在实际应用中无人机群组范围是一个圆，边界节点均匀分布在圆的两侧，无人机群组范围没有包含所有边界节点，因此，在假设中 r_2 可能会存在微小的偏差，但不影响求解过程。由上述可得无人机群组的减小范围为：

$$y_1 = \pi r_1^2 - \pi (r_1 - x)^2 \tag{12.9}$$

无人机群组通信的减小范围为：

$$y_2 = \pi r_2^2 - \pi \left[r_2 - \left(x + \frac{d}{2} \right) \right]^2 \tag{12.10}$$

不安全区域的范围是无人机群组通信范围和无人机群组范围的差值，即：

$$y = y_2 - y_1 \tag{12.11}$$

将 $r_2 = r_1 + d$ 代入式（12.10），简化后得：

$$y = \pi \left[\frac{3}{4} d^2 + d(x + r_1) \right] \tag{12.12}$$

因此，不安全区域减小比例为：

$$\sigma = \frac{y}{\pi r_2^2 - \pi r_1^2} = \frac{4r_1 + 4x + 3d}{8r_1 + 4d} \tag{12.13}$$

由公式（12.12）可知，不安全区域减小比例与 r_1、x、d 有关，在我们的实验中，节点设置较少，不安全区域减小比例受 x 和 d 影响较大。当节点数较多时，$r_1 >> x$ 并且 $r_1 >> d$。σ 的值受 r_1 影响较大，而群组节点数越多，r_1 越大，因此，σ 的值随着节点数的增加逐渐减小。当群组范围增大到一定程度时，σ 的值趋近 50%。

图 12.7a~图 12.7d 分别为 25 个点、30 个点、35 个点以及 40 个点的不安全区域面积变化图。通过图 12.7 可以看出，用不同的节点数进行实验，随着迭代次数的增加，不安全区域面积逐渐减小。因此可以得出结论，本章提出的层式虚拟通信圆环策略实现了预期的目的，达到了较好的效果，能够使多无人机在协同飞行的过程中保持安全通信。

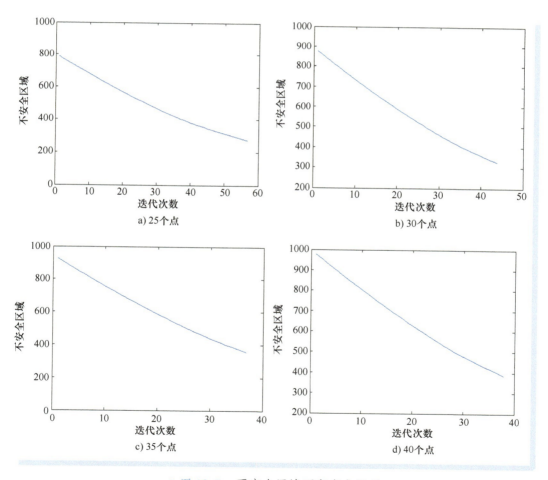

图 12.7　不安全区域面积变化图示

12.4 本章小结

在本章中，针对多无人机在通信过程中存在不安全区域，在这个区域内无人机间通信存在信息泄露的问题，因此，提出了层式虚拟通信圆环策略。首先对本章中涉及的群组范围、群组通信范围及不安全区域的概念做出定义，为了找出边界节点的集合提出群组节点分层算法。接着对层式虚拟通信圆环策略的具体过程做出解释，通过减小边界节点通信范围使群组不安全区域减小，但是会使边界节点不能与群组中节点进行通信。然后提出移动算法，通过移动边界节点使其与群组保持通信。最后，进行实验及分析，证明了本章提出的层式虚拟通信圆环策略的有效性。

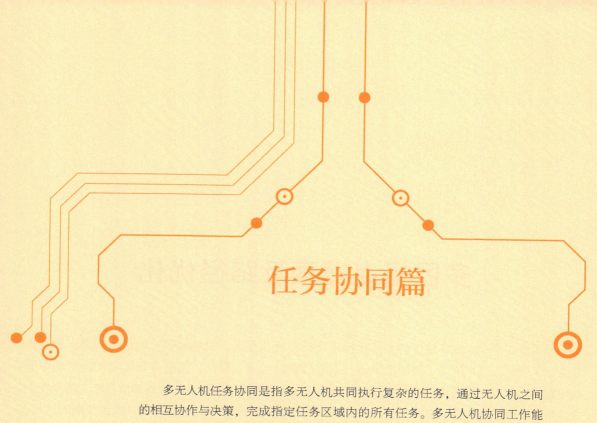

任务协同篇

多无人机任务协同是指多无人机共同执行复杂的任务，通过无人机之间的相互协作与决策，完成指定任务区域内的所有任务。多无人机协同工作能够扩大执行任务的范围、减少任务完成时间、提高任务完成率，具有鲁棒性、灵活性与合作性的特点。

多无人机自主协同目标搜索及任务分配是当前研究的热点。本篇包括第13~16章，涉及对未知环境下的目标点搜索及路径优化、任务分配机制，基于距离进化 N-PSO 的多智能体能源优化路径搜寻方法，基于强化学习角度积累营救区回报值，通过寻找回报最大值得到执行营救过程的最优行为等策略方法的阐述。我们提出的创新技术可在实时任务目标分配的同时进行最优路径规划，且在路径规划时还能考虑能源优化情况。

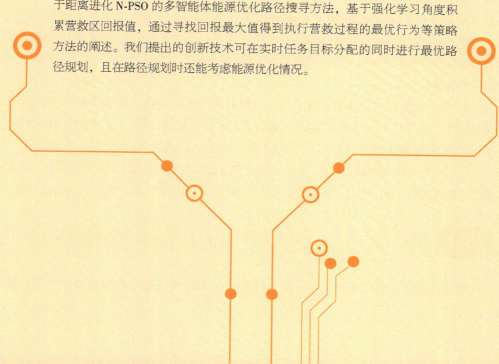

第13章

多目标点搜索及路径优化

>>>>>>

无人机在全局未知环境下的多目标搜索及路径优化是无人机领域研究的热门问题，相关学者进行了研究。现存的人工势场法虽是一个有效的路径规划算法，但前提是需要知晓环境中所有障碍物的位置，不适用于未知环境；以遗传算法、蚁群算法为代表的智能算法在特定的地图中通过迭代训练和复杂的计算能够得到很好的结果，在未知或动态的环境中很难达到预期的效果。针对以上问题，有必要提供一个能够适应全局未知环境的无人机自主进行目标搜索及路径优化的算法。强化学习由于其特性在无人机目标点搜索领域受到了越来越多的关注。针对无人机在未知环境下执行多个任务，考虑了无人机执行救援任务的时间以及无人机的航迹路径长度，实现一个能够成功学习执行搜救任务的无人机智能体，提出了能够自适应转换速度的Q-Learning算法（Adaptive Conversion Speed Q-Learning，ACSQL），算法主要有以下几点创新：

1）面向未知环境下无人机多任务点路径规划，将无人机的整个任务分为两部分：目标点搜索阶段和路径优化阶段。在加快算法收敛速度的同时，最终得到一条安全且距离短的、通过所有任务点的路径。

2）结合无人机传感器的属性，设计一种复合的奖励函数，改进了动作空间以适应无人机的速度转换，与传统的动作空间相比，减小了无人机的航迹长度；为了加快ACSQL算法的收敛速度，对ACSQL算法的Q表格进行了初始化，并结合子区域搜索提升算法的效率。

本章主要介绍ACSQL算法、子区域搜索算法如何在未知环境下尽快寻找目标，并实现路径优化，通过大量的实验对提出的算法进行验证和效果分析，最后在无人机仿真平台Airsim中进行仿真演示。

13.1 基于ACSQL的无人机目标点搜索与路径优化算法

随着任务区域的日渐复杂化，无人机执行单个任务已经不能满足需求，往往是单个无人机需要自主完成多个任务，因此任务的执行顺序、无人机飞行的总路径成为研究的关键问题。

　　根据现实情况，无人机在执行紧急搜索、救援任务时，对任务区域内的环境是完全未知的，需要借助无人机的传感器等装置增加对环境的了解程度。本节在任务区域内设定若干个任务点，为了简化模型，每个任务点是相互独立的。本节的主要思想是希望无人机能够尽快找到任务区域内的所有任务点，并且能够得到一条尽可能短的、通过所有任务点的路径。下文将从状态空间和动作空间的设计、奖励函数的设计、初始化 Q 表以及 ACSQL 算法的实现出发，介绍如何得到期望的路径。

▶▶ 13.1.1　状态空间和动作空间的设计

　　由于连续性的高维状态空间会使强化学习算法难以收敛，因此需要将环境状态空间离散化，通过栅格地图表示无人机执行任务环境模型，其中栅格的大小由无人机的最低飞行速度确定。环境由无人机、任务点，以及障碍物组成，每个栅格代表一个状态，状态的定义如式（13.1）所示：要充分考虑障碍物信息、目标点所在位置，才能在完成任务的同时又保证其安全性。

$$S = \{position(x,y,z), type\} \tag{13.1}$$

$$type = \begin{cases} 0, & \text{空闲} \\ 1, & \text{障碍物} \\ 2, & \text{任务点} \end{cases} \tag{13.2}$$

　　状态 S 中有两个参数：$position(x,y,z)$ 表示在任务区域中所处的位置，$type$ 表示该位置对应的类型。$type$ 具体如式（13.2）所示，0 表示状态 S 是空的，无人机可以到达该位置；1 表示状态 S 被障碍物所占用，到达该状态存在威胁；2 表示状态 S 是任务点，到达该状态表示无人机完成了其中的任务。另外，每个状态的位置和类型是唯一的。

　　将任务区域离散化后，在有效简化无人机的运动方式的同时，需要考虑其运动特性。在使用强化学习算法进行无人机的路径规划时，有的学者设置动作空间集合中存在 4 个动作或者 8 个动作，分别见图 13.1a 和图 13.1b。在 4 个动作的动作空间中，UAV 改变方向时需要做直角式运

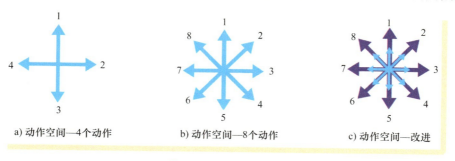

a) 动作空间—4个动作　　　b) 动作空间—8个动作　　　c) 动作空间—改进

● 图 13.1　不同动作空间

动，即使最终能够得到可行路径，整个路径长度也会偏大；而在 8 个方向的动作空间中，在任务区域较大的情况下，会降低整个算法的收敛速度，且无人机的运动速度单一，无法快速通过安全区域，不能充分地利用算法逐渐探索并获得环境信息。

针对上述问题，本节结合强化学习在环境中不断探索的特性，对动作空间进行改进。在原有的 8 个动作空间的基础上添加不同速度的动作，将动作设计为一个矢量，通过速度与方向表示，使无人机在环境中进行探索时可以自适应调整飞行的速度，示意图见图 13.1c，其中蓝色的箭头表示无人机沿着所示方向以 10m/s 的速度在任务区域内飞行，紫色的箭头表示无人机沿着所指方向以 20m/s 的速度在任务区域内飞行。

在动作空间中使用自适应调整速度的基础上，结合无人飞行器的运动特性，约束无人机的运动方向，即无人机不能向后运动，下一时刻的备选动作集合 A_{next} 的方向仅包含当前前进方向和与其相邻的动作方向，如式（13.4）所示，其中 d_{cur} 表示无人机当前动作的方向。无人机可选速度为速度集合中的全部速度，见式（13.5）。对无人机的动作采取约束后，满足无人机动力学的同时，能够缩小强化学习中的动作状态空间，加快算法的收敛。备选动作集 A_{next} 的形成详见式（13.3），D 表示下一时刻无人机的运动方向，V 表示无人机的速度集合。

$$A_{next} = D \times V \tag{13.3}$$

$$D = \begin{cases} d_{cur} \\ (d_{cur}+1) \,\%8 \\ (d_{cur}-1) \,\%8 \end{cases} \tag{13.4}$$

$$V = \{10m/s, 20m/s\} \tag{13.5}$$

在目标搜索阶段，期望能够尽快找到目标的位置，选择速度较快的动作，以减少找到目标的时间；在最优路径搜索阶段，无人机可对速度进行调整，找到到达目标点的最优路径。

▶▶ 13.1.2 奖励函数的设计

奖励函数是无人机在当前状态下采取动作后预计得到的奖励，代表在特定状态下采取动作的质量。由于本书将无人机在未知环境下执行的任务分为两个阶段：任务点搜索阶段、最优路径寻找阶段。任务点搜索阶段利用强化学习的探索能力，逐渐增加无人机对任务区域的了解。当无人机与目标点之间的距离小于无人机的探测半径时，认为发现了任务点，并记录任务点的位置。最优路径寻找阶段将第一阶段得到的任务位置信息作为先验知识，最终得到一条通过所有目标点并且安全的路径。由于两个阶段在初始阶段对环境的认识是不同的，因而设计了一个复合的奖励函数。在无人机执行任务的过程中，可能会出现多种情况，为了使智能体在最大化收益的同时，也能得到安全且距离较短的路径，设计了几个超参数，来表示不同情况下的奖励回报值，具体的值如表 13.1 所示。

表 13.1　奖励中的超参数

符　号	描　述	值
r_t	找到任务点	50
r_{obs}	到达障碍区域或边界	−100
r_v	到达已经访问的位置	−3
r_e	执行动作后的能量消耗	−1

当无人机与目标之间的距离小于传感器探测距离时，认定找到任务点，并得到 r_t 的奖励。将任务区域边界与障碍区域作为不合法的区域，当到达这些位置时，得到 r_{obs} 的惩罚。为了防止无人机在一个区域内反复搜索，或者回到以前访问的区域，每个回合会记录无人机的访问位置，如果重复访问后，得到 r_v 的惩罚，最终减少对该区域的访问次数。为了能够找到最短的路径，结合无人机的能量消耗，设定了无人机每运动一次都会有惩罚值 r_e，即无人机每运动一次就会有能量消耗。复合奖励函数如式（13.6）所示：

$$R = \begin{cases} r_t \times f(dist_{cur}) + \mu \times r_{obs} + v \times r_v + r_e, & \text{任务点搜索阶段} \\ r_{path} + \mu \times r_{obs} + v \times r_v + r_e, & \text{路径优化阶段} \end{cases} \quad (13.6)$$

在目标点搜索阶段，无人机对任务点的位置是完全未知的，采用的奖励函数如式（13.6）所示，考虑了无人机是否到达障碍区域、是否到达已经访问过的区域以及无人机的能量消耗。无人机到达一个新的状态 S 后，将 S 放入 UAV 已到达区域集合 $Visit\_Set$ 中，单个回合结束后将 $Visit\_Set$ 清空。$f(dist_{cur})$ 函数如式（13.7）所示：

$$f(dist_{cur}) = \exp\left(-\frac{dist_{cur}^2}{R^2}\right) \quad (13.7)$$

其中，$dist_{cur}$ 表示距离无人机最近的任务点，可通过式（13.7）计算得到，R 表示无人机的探测半径。$f(dist_{cur})$ 的一阶导数如式（13.8）所示：

$$\frac{\partial f(dist_{cur})}{\partial dist_{cur}} = -\frac{2dist_{cur}}{R^2} \times \exp\left(-\frac{dist_{cur}^2}{R^2}\right) \quad (13.8)$$

其中，$dist_{cur} \in [0, \infty)$，说明式（13.8）始终小于 0，表明函数 $f(dist_{cur})$ 是单调递减的，当 $dist_{cur}=0$ 时，取得函数的最大值 1，$f(dist_{cur})$ 函数在特殊值的取值如式（13.9）所示：

$$f(dist_{cur}) = \begin{cases} 1, & dist_{cur} = 0 \\ 0.368, & dist_{cur} = R \\ 0.00183, & dist_{cur} = 2R \end{cases} \quad (13.9)$$

根据函数 $f(dist_{cur})$，在任务点搜索阶段获得奖励的前提与未知环境是相同的。只有当无人机感知到目标点才会获得正向奖励，否则获得的奖励为负，与无人机的能量消耗和与障碍物发生碰撞相关。

式（13.6）中的其他参数值如下所示：

$$\mu = \begin{cases} 0, & s' \text{ 空闲} \\ 1, & s' \text{ 被占用} \end{cases} \qquad (13.10)$$

$$v = \begin{cases} 0, & s' \notin Visit\_Set \\ 1, & s' \in Visit\_Set \end{cases} \qquad (13.11)$$

在最优路径寻找阶段，将任务点搜索阶段获得的任务点的位置作为先验知识。在该阶段中，无人机希望采取的动作越来越靠近任务点，最终获得一条尽可能短的通过所有任务点的路径，复合奖励函数中 r_{path} 如下：

$$r_{path} = dist_1 - dist_2 \qquad (13.12)$$

$dist_1$ 表示当前状态 s_k 到最近目标点之间的距离，$dist_2$ 表示在状态下执行动作 a_k 后到达状态 s_{k+1}，s_{k+1} 与最近的目标点之间的距离。如果 $r_{path} > 0$，表示在状态 s_k 下，执行动作 a_k，会缩短无人机与目标之间的距离，离任务点更近一些，Q 表中对应的 (s_k, a_k) 具有更大的奖励值。如果 $r_{path} \leqslant 0$，表示在状态 s_k 下，执行动作 a_k 对整体的任务未能起到积极的效果，对应的 (s_k, a_k) 得到的奖励值越小。

在算法训练寻找最优路径的过程中，直接使用距离作为奖励函数，式（13.6）除了设定基本的距离消耗、到达障碍区域或者边界位置的负奖励外，如果采取动作后，能够使无人机靠近式（13.7）中的任务点，则更新的奖励为正奖励，反之，如果采取动作后无人机远离式（13.7）选择的任务点，则将 Q 表中对应的 $(state, action)$ 为负奖励。通过迭代训练不断更新 Q 表，得到最优路径。

UAV 在未知环境下执行多任务点的路径规划，设计的奖励函数充分考虑了无人机飞行过程中的能量消耗、躲避障碍区域以及无人机的飞行长度等因素。

▶▶ 13.1.3　初始化 Q 表

强化学习是一种以优化原理为基础的人工智能技术，它通过与环境交互进行学习，从而实现对复杂系统的控制与决策。近年来，人工智能技术与计算能力得到发展，结合了神经网络的强化学习技术已经在围棋领域战胜了顶级专家[12]，同时在一些电子游戏中也到达了人类水平。虽然强化学习结合神经网络的方法在很多方面已经超越了人类，但训练 Atari 游戏达到人类水平需要将近一个月的时间。在进行救援任务时，深度神经网络的训练时间成了弊端，因此本节采用表格的形式存储状态动作对的奖励值。

在传统的 Q-Learning 算法中，将 $Q(S, A)$ 的初始值置为 0 或者随机数值，在算法初期，智能体随机选择动作，从而产生无效的迭代。由于强化学习有延迟奖励的特点，即只有到达执行动作后，才能知道动作的好坏，从而不能很好地利用已有信息，如无人飞行器的传感器的信息。

在全局未知环境下，为了能够最大限度地利用有效信息，本节对 Q 表进行初始化。初始化完成后，在无人机学习的初始阶段结合无人机在探测过程中的基本属性，而不是完全随机地选取动作，从而加快了算法的收敛速度。初始化 Q 表的公式如下所示：

$$Q_{\text{init}}(s,a) = \sum_{i=1}^{i=n} r_{\text{t}} \times \exp\left(-\frac{dist_i}{R}\right) \tag{13.13}$$

其中，r_{t} 表示到达任务点的奖励，R 表示无人机传感器的探测半径，$dist_i$ 表示栅格内的位置与任务点 T_i 之间的距离，如式（13.16）所示。对 Q 表进行初始化的示意图如图 13.2 所示，由于式（13.13）本身的特性，当任务点位于无人飞行器的探测范围内时，才会发现目标，因此当与任务点之间的距离大于无人飞行器的探测半径时，初始化奖励为 0，设计的奖励函数既没有破坏全局未知环境的前提，同时还能够将传感器的信息充分利用。

如图 13.2 所示，图 13.2a 为无人机观测目标的示意图，为了说明式（13.13）的有效性，假定任务区域大小为 10×10，设定任务点的位置为（5，4），式（13.13）中的超参数 $r_{\text{t}} = 50$，无人飞行器传感器探测半径 $R = 3$，图中可以看出，在传感器探测范围内，将 Q 值进行了初始化，越靠近中心位置，奖励值越高。在传感器探测范围外，初始化的奖励值为 0。与传感器的本身性质保持一致，同时能够在不破坏未知环境的前提下合理利用信息，在一定程度上减少训练时间。

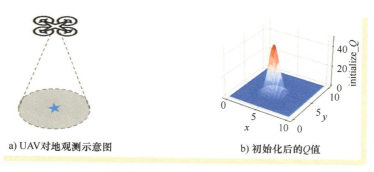

a) UAV对地观测示意图　　　　b) 初始化后的Q值

● 图 13.2　初始化 Q 表示意图

13.1.4　ACSQL 算法的实现

在全局未知环境下，无人机对于任务点的位置未知，因此将无人机执行救援任务分解为两个阶段：任务点搜索阶段、路径寻优阶段。任务点搜索阶段的目标是尽快找到任务点并记录其位置，路径寻优阶段基于获得的任务点位置信息，规划出一条无人机基站到所有任务点之间安全且距离短的路径。无人机在未知环境下执行多任务框架图如图 13.3 所示。

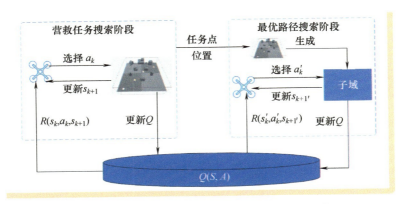

● 图 13.3　无人机在未知环境下执行多任务框架图

　　无人机在未知环境下执行紧急搜索、救援任务时，首先需要获得任务点的位置，强化学习算法本身的探索优势更适合于未知环境下的搜索。在任务点搜索阶段，使用前一小节的内容利用无人机传感器自身属性来初始化 Q 表，对任务区域进行环境建模，无人机通过强化学习算法选取备选动作中奖励值最大的动作，不断与环境进行交互，更新 $Q(s,a)$ 表中对应的奖励值，逐渐靠近任务点，最终确定任务点的位置信息。当所有任务点的位置信息均获取后，结束任务点搜索阶段，无人机记录每个任务点的位置信息以备路径寻优阶段使用。

　　这里将无人机执行多任务建模为 MDP。定义 Q 函数计算状态动作对 (s_k,a_k) 的期望返回奖励值，Q 函数常用的更新公式如式（13.14）所示：

$$Q(s_k,a_k) \leftarrow Q(s_k,a_k) + \alpha \big[R(s_k,a_k,s_{k+1}) + \tau \big]$$
$$\tau = \gamma \max Q(s_{k+1},A) - Q(s_k,a_k)$$
（13.14）

其中，$\alpha \in (0,1)$ 表示学习因子，决定了新回报值中历史回报值所占的比例，如果假设得过大会导致收敛速度太快，容易过拟合。γ 表示折扣率。

　　当无人机执行任务时，下一时刻的最优策略在备选集合 A_{next} 中生成，生成的策略如式（13.15）所示，s 表示离散地图中栅格的状态，$Q(s,A_{next})$ 为由式（13.14）得到的值，最优的策略即动作集合中最大的 Q 值：

$$\pi^* = \mathop{\arg\max}\limits_{a} Q(s,A_{next})$$
（13.15）

　　无人机在最优路径寻找阶段，将所有任务点的位置作为先验信息，计算无人机当前位置与任务点之间的距离，见式（13.16），$dist_i$ 表示无人机与任务 T_i 之间的距离，无人机选择距离当前位置最近的任务点作为当前执行的任务，见式（13.17），T_{cur} 表示无人机当前执行的任务，n 表示任务区域中执行任务点的个数。

$$dist_i = \sqrt{(x_t-x_i)^2+(y_t-y_i)^2+(z_t-z_i)^2} \tag{13.16}$$

$$T_{cur} = \mathrm{argmin}(\ dist_i),\quad i=1,2,\cdots,n \tag{13.17}$$

13.2 子区域搜索算法

强化学习算法通过对环境不断探索，从而增加智能体对环境的了解程度，为了减少强化学习中智能体在无效信息内的探索，本章在通过探索得到任务点位置后（任务搜索阶段完成后），根据起始点和任务点的位置确定了子区域，无人机只能在起始点与任务点之间、任务点与任务点之间的区域内执行任务，上述构成的区域称为子区域。子区域的集合的定义如式（13.18），其中 $subdomain$ 表示子区域的集合，集合中有 n 个元素，表示 n 个子区域，n 同时也表示任务区域中任务点的个数。$subdomain_1$ 表示起始点与起始点最近的任务点之间构成的子区域，具体定义见式（13.19），式（13.20）表示起始点到所有任务点之间的欧氏距离的最小值。其他子区域确定的原理与 $subdomain_1$ 相同，无人机在当前任务点执行任务后，计算与其最近的未执行的任务点，确定 T_{min}，即下一个执行的任务。

$$subdomain = \begin{cases} subdomain_1 \\ subdomain_2 \\ \quad\vdots \\ subdomain_n \end{cases} \tag{13.18}$$

$$subdomain_1 = \{x,y,z\},\begin{cases} \{x\ |\ start_x<x<T_{min}(x)\} \\ \{y\ |\ start_y<y<T_{min}(y)\} \\ \{z|start_z<z<T_{min}(z)\} \end{cases} \tag{13.19}$$

$$T_{min} = \mathrm{argmin}(\ distance\ T\_start) \tag{13.20}$$

子区域选定示意图如图 13.4 所示，图 13.4a 为环境的全局图，能够看到环境中的起始点、障碍区域以及任务点的位置，其中最大的框线表示整个任务区域，三个框线矩形表示生成的子任务区域，为了能够更清晰地展示子区域，提供了整个任务区域的俯视图，如图 13.4b 所示。

本节使用子区域的方法将任务区域缩减，降低了强化学习算法在训练过程中状态空间的大小，同时限制了无人机的运动空间，在理论上加快了算法的收敛速度，缩短了无人机的路径长度。

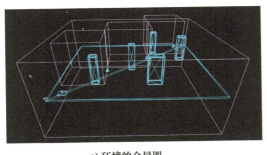

a) 环境的全局图

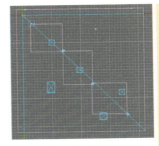

b) 整个任务区域的俯视图

● 图 13.4　子区域选定示意图

13.3　实验验证及效果分析

为了证明 ACSQL 算法在无人机执行多救援任务中的有效性，在 PyCharm Community Edition 2020.2.3、Unreal Engine 4.25、Microsoft Airsim 中构建了一些模拟程序，其中个人计算机配置了 Intel Core i3-7100、8GB RAM。设定了 200m×200m 的任务区域，任务区域内存在 3 个救援任务，由 5 个不同的长方体构成障碍区域，无人机在躲避障碍区域的同时，到达所有的任务点附近即可完成任务。通过算法达到收敛状态的迭代次数和无人机执行任务的航行距离评估算法的质量。

▶▶ 13.3.1　仿真环境的设计

首先，在 Unreal Engine 4.25 中构建了任务区域，如图 13.5a 所示，由于直接在 Airsim 中训练会花费大量的时间（例如软件渲染时间、无人机的飞行时间等），首先在 Python 绘图库 matplotlib 中绘制了相对应的二维环境，如图 13.5b 所示。无人机从位置 S 起飞，在任务区域内飞行，最终到达任务点上方，T_1、T_2、T_3 为救援区域的位置。图 13.5a 中的任务点 T_2 由于视角关系，被障碍物遮挡了，图中的立方体为障碍物，无人机不能通过。图 13.5b 中的黑色区域代表障碍区域，无人机不能通过，红色标志代表无人机起飞点，绿色标志代表需要执行任务的位置。

本章提出的算法中超参数的设计如下：折扣率为 0.9、探索率为 0.08、学习率为 0.15、最大回合为 100 轮。

本章在任务区域内添加了 3 个任务点：T_1、T_2、T_3；表 13.2 为任务点的基本信息，其中 T 代表不同的任务、P 代表救援任务的中心、R 代表任务点的覆盖半径。

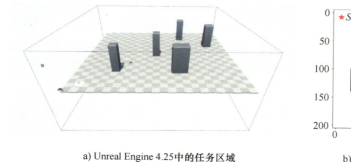

a) Unreal Engine 4.25中的任务区域

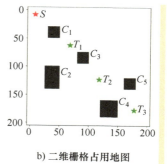

b) 二维栅格占用地图

● 图 13.5 任务区域示意图

表 13.2 任务点的基本信息

T	P	R
T_1	$(70,65,2)$	4
T_2	$(125,120,2)$	5
T_3	$(180,180,2)$	3

为了更加接近真实环境，在任务区域内添加了不同大小的障碍物作为障碍区域，表 13.3 为障碍区域的基本信息，其中：C 表示不同的障碍物，P 代表障碍区域中心点的位置，*Width*、*Depth*、*Height* 分别表示障碍区域的长、宽、高。

表 13.3 障碍区域的基本信息

C	P	Width	Depth	Height
C_1	$(40,40,5)$	20	20	50
C_2	$(35,115,5)$	20	30	50
C_3	$(90,85,5)$	20	20	50
C_4	$(135,175,5)$	30	30	50
C_5	$(172.5,130,5)$	20	25	50

无人机通过执行 ACSQL 算法，在环境中不断探索、学习，当无人机到达障碍区域、边界处或者找到全部任务点，则结束当前回合并开始新的回合。

▶▶ 13.3.2 算法分析

在二维栅格占用地图中，无人机通过与环境的不断交互，最终得到一条安全的路径。为了说明随着迭代次数的增加，无人机对未知环境的了解逐渐增加，提供了每个回合无人机获得的奖励。如图 13.6 所示，通过相邻回合奖励差值的绝对值，说明训练过程中奖励值的变化情况。为减少不必要的探索，设置了判定收敛的条件：当相邻 10 次回合生成的路径相同，认为模型已经训练完成，停止探索。从图 13.6 中可见，ACSQL 在第 30 个回合左右相邻回合之间的奖励值差值为 0，达到收敛的状态。

为了进一步说明随着训练次数的增加无人机对环境的了解程度的提升，选取 Q 表的平均值来说明问题。由于对 Q 表进行了初始化，故而初始平均值不为 0。图 13.7 是随着回合次数的增加，Q 表平均值变化的情况，在第 30 个回合之前，Q 的平均值增加是迅速的，大约 30 个回合后，Q 的平均值增加逐渐平缓，说明模型已经趋于平稳状态，达到收敛。

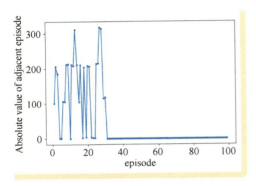
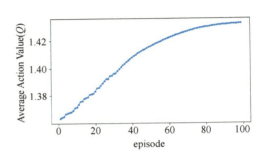

● 图 13.6　训练过程中奖励值的变化情况　● 图 13.7　训练过程中 Q 表平均值的变化情况

除了 ACSQL 算法的收敛速度，无人机最终路径的长度也作为评价的指标。图 13.8 为 ACSQL 算法在训练过程中路径长度的变化情况，其中紫色的线段表示无人机未能找到所有任务点、到达边界或者到达障碍区域的路径长度，蓝色的线段表示无人机成功完成所有任务的路径长度。随着训练次数的增加，每个回合都能成功执行任务，且路径长度逐渐减小，并在 30 个回合左右找到通过所有任务点的路径。

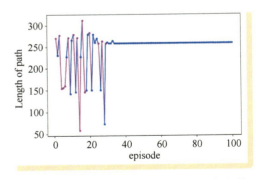

● 图 13.8　训练过程中路径长度的变化情况

离散空间生成的路径有很多拐点，而突然拐弯会浪费大量时间，对无人机的控制也增加了难度。为了更便于将规划的路径部署到无人机上，采用 B 样条方法（B-splines）对路径进行优化，生成平滑的路径曲线。

图 13.9 为使用 ACSQL 算法得到一条避开所有障碍区域、到达所有任务点的路径。为了更加清晰地显示算法得到的路径，提供了主视图与俯视图，分别如图 13.9a 与图 13.9b 所示。

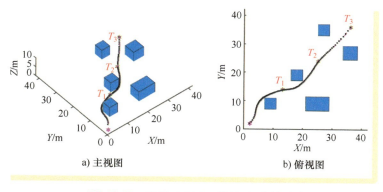

a) 主视图　　　　　　b) 俯视图

● 图 13.9　使用 ACSQL 算法生成的路径

▶▶ 13.3.3　与传统动作空间的对比分析

为了说明改进的动作空间能够加快算法的收敛速度、缩短生成路径的长度，分别与图 13.1a 和图 13.1b 的动作空间对比。设置三种动作空间在算法中使用的超参数、奖励函数等均是相同的。

如图 13.10 所示，改进的动作空间在前期探索阶段中，相邻回合之间的奖励值差距不大，并在 60 个回合左右达到收敛状态，即相邻回合奖励差值为 0。当动作空间集合的数量为 4 时，能够在 30 个回合左右相邻回合奖励差值减小，但是不能达到之前约定的收敛条件，且最终生成的路径不稳定。当动作空间集合的数量为 8 时，效果相对数量为 4 较好，但是与改进的动作空间还是有一定的差距。充分说明了使用改进后的动作空间

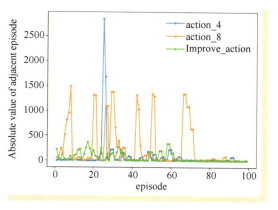

● 图 13.10　不同动作空间奖励值收敛对比

解决无人机多人任务点之间的路径规划问题时，能够尽快达到收敛的状态。

除了算法的收敛速度，从路径长度的角度改进动作空间的优势进一步进行了说明。为了让数据能够更直观地显示并说明问题，以 20 个回合为间距，计算每 20 个回合的路径长度的平均值，如图 13.11 所示，改进后的动作空间在收敛后（60 个回合后），路径长度的平均值最小。动作空间集合数量为 4 和 8 的路径长度虽然会随着回合次数的增加会减小，但最终的

路径长度还是大于改进的动作空间。充分说明改进的动作空间相对于传统的动作空间在路径长度上表现更优。

图 13.10 为不同动作空间奖励值收敛对比，本章改进的动作空间相对于其他动作空间能够尽快收敛，大约在 60 次左右得到收敛。为了提高算法收敛速度、减少救援过程中无人机的路径长度，在原有的动作空间的基础上，在无人机多任务点路径规划的最优路径寻找节点加入了子区域算法。图 13.12 为 ACSQL 算法与仅使用改进的动作空间奖励值收敛情况对比，在添加子区域的限制后，相邻两个回合之间奖励值的差距在 30 个回合左右达到稳定，能够将收敛的速度提升 50%，保证了任务的时效性，充分说明了添加子区域后的有效性。

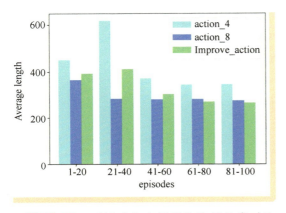

● 图 13.11　不同动作空间平均路径长度对比

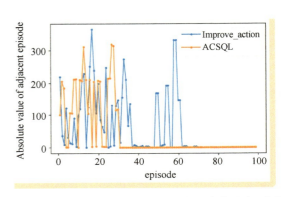

● 图 13.12　ACSQL 算法与改进的动作空间对比

图 13.13 为不同动作空间以及本章提出的算法收敛后的路径长度的对比。本章提出的新的动作空间与子区域算法结合，最终生成的路径相比于其他的动作空间是最短的，说明了算法在加快收敛速度的同时，得到的路径长度也是最短的。

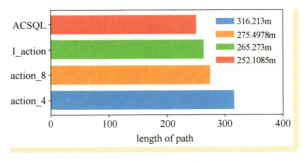

● 图 13.13　不同动作空间收敛路径长度对比

▶▶ 13.3.4　与其他算法对比分析

随着人工智能技术、智能算法的发展，相关的算法越来越多被应用到无人机的路径规划中。这里选择改进的强化学习与粒子群算法（Improved Reinforcement Learning and Particle Swarm Optimization，IR-RLPSO）算法和局部路径规划中改进的动态窗口算法（Improved Dynamic Window Approach，IDWA）作为对比算法，在相同环境下执行多任务点的路径规划，对 ACSQL 算法进行分析。

通过对已有算法进行改进，作者在三维复杂的环境下，提出了一种高效的强化学习与粒子群结合的算法（Reinforcement Learning and Particle Swarm Optimization，R-RLPSO），为三维水下环境中多 AUV 提供实时救援策略。将改进的 R-RLPSO 算法（Improved R-RLPSO，IR-RLPSO）与 ACSQL 算法进行对比。为了更能说明算法的性能，对其中的环境进行了修改，忽略了洋流的影响，将 3 架无人机转换为 1 架无人机，其中的障碍物、任务区域以及任务点的位置与 13.3.1 节中设置的环境相同，无人机的属性也与本章相同。其中 IR-RLPSO 算法的参数设置如下：惯性权重因子 w 变化范围为（0.4，0.9），学习因子 c_1 变化范围为 $2.5 \sim 0.5$，学习因子 c_2 变化范围为（0.5，2.5），代价函数 $cost\_F$ 的权重系数 α、β 分别为 2 与 10，迭代次数为 50，粒子数目为 300，回报值 ε 为 0.1，惩罚回报值 ε_1 为 0.5，K 为 10，吸引营救区半径为 10m。

尽管各种技术的不断进步，对于无人机来说，其航行距离、航行时间仍旧是有限的。路径长度是一个重要的性能指标，本章选取路径长度作为衡量算法好坏的对比指标。

如图 13.14 所示，在相同三维复杂环境下，IR-RLPSO 算法执行的路径图，该算法能够规划出一条到达通过任务 T_1、T_2、T_3，且不与障碍物发生碰撞的路径，路径长度为 258.035m。

动态窗口算法（Dynamic Window Approach，DWA）是重要的局部轨迹规划算法，最初是由 Fox D 在曲率速率法（Curvature Velocity Method，CVM）的基础上，考虑机器人的物理约束、环境约束以及当前速度等因素提出的。DWA 根据机器人的运动模型和当前速度获得速度采样窗

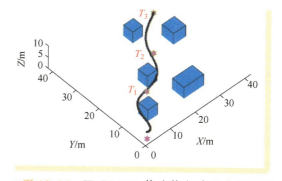

● 图 13.14　IR-RLPSO 算法执行多任务路径图

口，然后生成窗口内的速度轨迹，最后通过评价函数求得下一时刻的最优速度。该算法在考虑机器人运动模型的同时，直接获得所需的线速度与角速度，使轨迹更加平滑，适合于机器人运动。

DWA 算法的性能取决于评价函数的设计，如果设计得不合理，会出现一些不令人满意的结果：当障碍物处于螺旋分布时，可能会在障碍区域内陷入困境；当障碍物密集时，可能不会选择

一些较短的路径，而是绕过这些区域，从而使整体的路径变长。Chang L 等人针对 DWA 算法评价函数不足、权重选择困难导致的未知环境下机器人路径规划容易失败的问题，通过 Q-Learning 算法自适应地学习 DWA 算法中的参数，提升了 DWA 算法在未知复杂环境下任务的成功率。

为了适应未知环境下无人机执行多个任务，对 DWA 算法进行了改进。其中改进的动态窗口算法（Improved Dynamic Window Approach，ID-WA）的参数设置如下：学习率 $\alpha = 0.5$，折扣率 $\gamma = 0.5$，初始方向为 $\pi/4\mathrm{rad}$、最大速度 $v_{\max} = 4\mathrm{m/s}$、最大加速度 $a_{\max} = 1\mathrm{m/s^2}$、最大角速度 $\omega_{\max} = 2\pi/9\mathrm{rad/s}$、最大角加速度 $\alpha_{\max} = 2\pi/9\mathrm{rad/s^2}$、线速度分辨率为 $0.05\mathrm{m/s}$、角速度分辨率为 $0.1\pi/9\mathrm{rad/s}$。如图 13.15 所示，在相同三维复杂环境下，IDWA 算法执行多任务的路径图，

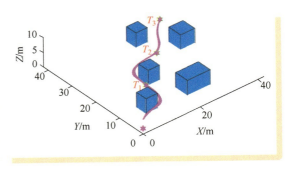

● 图 13.15　IDWA 算法执行多任务路径图

该算法能够规划出一条到达通过任务 T_1、T_2、T_3，且不与障碍物发生碰撞的路径，路径长度为 263.841m。

在设定的任务场景中，ACSQL 算法、IR-RLPSO 算法和 IDWA 算法在训练完成后，均能得到一条远离障碍物区域、通过所有任务点的路径。表 13.4 为在相同环境的无人机执行多任务救援时，不同算法得到的路径长度，实验结果证明，ACSQL 算法获得的路径长度最短，路径长度为 251.68m，相比 IR-RLPSO 算法，路径长度减小了 4.75m，相比 IDWA 路径长度减小了 12.161m。图 13.16 为算法在执行任务时需要飞行的路径长度。在执行 T_2 任务时，ACSQL 算法的路径长度比 IR-RLPSO 算法长，主要原因是为了保证无人

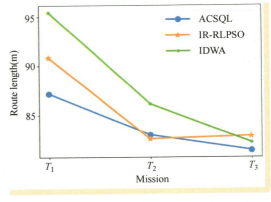

● 图 13.16　训练过程中路径长度变化情况

表 13.4　不同算法得到的路径长度　　　　　　　　　　　（单位：m）

算　法	T_1	T_2	T_3	总路径长度
ACSQL	87.183	83.035	81.462	251.68
IR-RLPSO	90.85	82.63	82.905	256.43
IDWA	95.431	86.154	82.256	263.841

机不与障碍区域发生碰撞，需要与障碍区域保持一定的间隔，但在整体上 ACSQL 算法的路径长度是最短的。说明了 ACSQL 算法在缩短无人机的路径长度上是有优势的。

13.4　仿真环境验证

为了加快算法的落地应用，这里使用 Airsim 对其进行验证。Airsim 是微软（Microsoft）于 2017 年开发的一个基于虚幻引擎 4（Unreal Engine 4，UE4）的无人机自主控制的仿真平台，具备普通相机、立体相机、激光雷达、全球定位系统、IMU 等传感器。在 Airsim 中执行训练得到的模型，图 13.17 为四旋翼无人机在起始点起飞，依次到达任务点 T_1、T_2、T_3，顺利完成了多个任务点的执行过程，说明本章提出的算法得到的路径可以成功移植到仿真环境中。

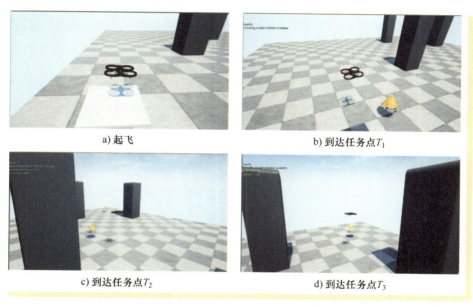

a）起飞　　　　　　　　　　b）到达任务点 T_1

c）到达任务点 T_2　　　　　　d）到达任务点 T_3

● 图 13.17　无人机在 Airsim 中执行多任务

13.5　本章小结

本章针对在全局未知环境下无人机自主执行多救援任务，将整个任务分为两个阶段：任务点搜索阶段与最优路径寻找阶段，基于强化学习的方法，设计了复合奖励函数以及对状态空间和动作空间进行了改进。为了加快算法的收敛速度，根据无人机传感器的探测特性对 Q 表初始化，并在确定了任务点的位置后缩小任务区域。与其他算法的对比实验结果证明，ACSQL 算法能够在加快算法收敛的同时，缩短通过任务点的路径长度。为了加快算法的落地应用，在无人机模拟仿真平台 Airsim 中对模型进行了验证，最终证明 ACSQL 算法能够直接应用于无人机执行多任务的路径规划中。

第14章

协同搜索及任务分配

多无人机协同进行多任务分配是当前研究的热点问题，现有的研究大多数基于静态场景，即在任务分配前 *UAV* 的信息与任务的相关信息已经全部获取，但是在真实的应用场景中，任务会动态出现，*UAV* 在执行任务的过程中可能会出现故障。另外，任务分配与路径规划分开执行，先进行任务分配，根据分配结果再进行路径的优化，忽略了真实任务场景中的需求，不能保证任务均衡。同时现有算法在负载均衡和执行效率方面存在不足。针对上述问题提出了一种能够在多无人机协同执行任务中处理突发情况的任务分配算法：改进的自组织映射算法（Improved Self-Organizing Mapping，ISOM），算法主要有以下几点创新：

1）针对复杂的任务场景，增加了对障碍物的避碰处理，从而保证执行任务无人机的安全。

2）在多无人机协同任务分配的过程中，考虑到无人机的飞行距离和任务执行时间这两个因素，保证了多无人机之间的负载均衡，减少了总体任务的完成时间，降低了无人机的航迹长度。

3）真实世界中的情况是复杂多变的，为了提升多无人机面对突发情况的自适应能力，在 ISOM 算法的基础上结合注意力机制，针对新任务的出现和无人机发生故障这两种突发情况进行了处理，保证了多无人机之间的鲁棒性。

14.1 多无人机协同任务分配模型

本节主要阐述多无人机协同任务分配模型的建立，设定任务区域内的任务点均分布在地面，无人机在执行任务时始终保持在同一高度对地面进行观测。将无人机抽象化处理，假定系统内均是相同的无人机，具备基本的导航、位置识别等功能，且无人机有足够的能量支撑完成被分配的所有任务。将研究的重点关注在多无人机之间的任务分配，即如何降低多无人机整体上的航迹长度、提升执行任务的效率。

　　将多无人机之间的任务分配问题抽象为多旅行商问题，其中旅行商代表 UAV，城市代表任务区域内的任务。无人机集合 $UAV = \{UAV_1, UAV_2, \cdots, UAV_N\}$，$N$ 表示任务区域内无人机的个数，为了描述 UAV 的能力，单个 UAV 通过四元组表示：$UAV_n = (s_t, pos_t, v, c_t)$，$s_t$ 表示 t 时刻 UAV_n 的状态，存在空闲、飞行和执行任务三种状态，如式（14.1）所示：

$$s_t = \begin{cases} 0, & \text{空闲} \\ 1, & \text{飞行} \\ 2, & \text{执行任务} \end{cases} \tag{14.1}$$

　　$pos_t = (x_t, y_t, z_t)$ 表示 UAV_i 在 t 时刻的位置，v 表示无人机的飞行速度，$c_t \in [0,1]$ 表示 t 时刻 UAV 的任务完成率，0 代表 UAV 在基站等待，1 代表完成所有任务返回到基站，随着无人机执行任务的增加而变大。

　　任务集合 $M = \{m_1, m_2, \cdots, m_K\}$，$K$ 表示任务区域内需要执行的任务数量，为了更好地表示任务的属性，通过三元组表示：$m_k = \{s_t', pos', a\}$，其中 s_t' 表示任务在 t 时刻的状态：未执行、已完成、执行中，具体如式（14.2）所示，$pos' = (x, y)$ 表示任务点在区域内的位置，a 表示完成任务需要的时间。

$$s_t' = \begin{cases} 0, & \text{未执行} \\ 1, & \text{已完成} \\ 2, & \text{执行中} \end{cases} \tag{14.2}$$

　　UAV_n 分配的任务集合，即 UAV_n 需要执行的任务用 π_n 表示，详见式（14.4），定义决策变量 π_{nk}，表示 UAV_n 是否执行任务 m_k，如式（14.3）所示：

$$\pi_{nk} = \begin{cases} 1, & UAV_n \text{执行} m_k \\ 0, & \text{其他} \end{cases} \tag{14.3}$$

$$\pi_n = \{m_k \mid m_k \in M \wedge \pi_{nk} = 1\} \tag{14.4}$$

　　在保证模型有效的前提下，为了降低模型求解难度，对提出的模型做了合理假设：在任务分配时，所有任务的位置在任务区域内是已知的；无人机携带足够的资源能够完成任务。

　　这里从两个方面来评价多无人机协同任务分配的好坏：一方面是多无人机的航迹长度之和，如式（14.5）所示，其中 d_n 表示 UAV_n 在执行任务时在任务区域内的航迹长度。

$$D_s = \sum_{n=1}^{n=N} d_n \tag{14.5}$$

　　另一方面是多无人机完成任务区域内所有任务需要的时间，其与单个无人机执行任务的时间息息相关，UAV_n 执行任务的时间如式（14.6）所示：

$$TT_n = \frac{d_n}{v} + \sum m_k(a), m_k \in \pi_n \tag{14.6}$$

　　其中，v 表示 UAV_n 的飞行速度，d_n 与式（14.5）定义相同，$m_k(a)$ 表示 UAV_n 在任务分配集合 π_n

中，完成第 k 个任务需要执行的时间。t 时刻 UAV_n 的任务完成度的计算方法如式（14.7）所示：

$$c_t = \frac{d'_n/v + \sum m_k(a)' + t^\circ}{TT_n} \tag{14.7}$$

其中，d'_n 表示当前 UAV_n 的飞行航迹长度，$\sum m_k(a)'$ 表示 UAV_n 当前已经完成任务消耗的时间，t° 表示 UAV_n 当前执行任务消耗的时间。

多无人机协同完成任务区域内所有任务的时间如式（14.8）所示：

$$TT_s = \max(TT_n), n = 1, 2, \cdots, N \tag{14.8}$$

为了保证多无人机整体上执行任务的效率，需要考虑多无人机之间的协同约束条件。任务集合 M 中的任一任务只能执行一次，需要在保证所有任务完成的同时，避免任务被执行多次造成不必要的资源消耗。决策变量 π_{nk} 具有以下约束条件：在执行任务过程中，一个任务只能由一个 UAV 执行：

$$\sum_{n=1}^{n=N} \pi_{nk} \leqslant 1, \forall m_k \in M \tag{14.9}$$

同一时刻，任意一个无人机只能执行一个任务：

$$\sum_{k=1}^{k=K} \pi_{nk} \leqslant 1, \forall UAV_n \in UAV \tag{14.10}$$

任务区域内的所有任务均被执行：

$$\sum_{n=1}^{n=N} \sum_{k=1}^{k=K} \pi_{nk} = K, \quad (n = 1, 2, \cdots, N; k = 1, 2, \cdots, K) \tag{14.11}$$

14.2 基于 ISOM 的多无人机协同任务分配算法

SOM 是一种无监督的神经网络，为了实现多无人机协同任务分配，本章对 SOM 神经网络进行了改进。网络结构如图 14.1 所示，神经网络分为三层：输入层包括 K 个神经元，分别表示任务区域内 K 个任务的坐标位置 $m_k(pos')$，任务分配层包括 $K \times N$ 个神经元，可以表示为 $(\pi_{11}, \pi_{12}, \cdots, \pi_{1K}, \cdots, \pi_{n1}, \pi_{n1}, \cdots, \pi_{nK}, \pi_{N1}, \pi_{N2}, \cdots, \pi_{NK})$，$N$ 为无人机系统中无人机的个数，K 为任务的个数，$\pi_{11} = 1$ 表示 UAV_1 去执行任务 m_1，否则不执行。其中 K 个神经元一组，表示 UAV_1 的任务分配情况。输入层与任务分配层的神经元全连接，连接 $m_k(pos') \to \pi_{nk}$ 的权重表示为 $w_{nk}(w_{nkx}, w_{nky})$。

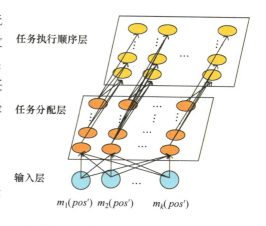

任务执行顺序层

任务分配层

输入层

$m_1(pos')$ $m_2(pos')$ $m_k(pos')$

● 图 14.1 改进的 SOM 神经网络结构图

任务执行顺序层根据任务分配层输入$(\boldsymbol{\pi}_{n1},\boldsymbol{\pi}_{n2},\cdots,\boldsymbol{\pi}_{nK})$，得到$UAV_n$的执行任务分配的顺序。

考虑到无人机系统之间的负载均衡，希望多无人机完成任务的时间相近，考虑了UAV的航行时间和执行任务的时间，设计了UAV_n的负载均衡度如下式所示：

$$SLB_n = \frac{TT_n - \bar{t}}{1 + \bar{t}} \tag{14.12}$$

$$\bar{t} = \frac{\sum_{n=1}^{N} TT_n}{N} \tag{14.13}$$

其中，$\bar{t}$表示无人机系统内无人机的平均工作时间，TT_n表示UAV_n执行分配的任务的时间，包括航行时间和在任务点悬停的时间，计算方法如式（14.6）所示。

ISOM 算法中选取获胜神经元考虑了与权重之间最相似的任务点以及UAV_n的负载均衡度SLB_n：

$$\arg\min(D_{kn}), n = 1, 2, \cdots, N \tag{14.14}$$

$$D_{kn} = |m_k - \boldsymbol{\pi}_{nk}|(1 + SLB_n) \tag{14.15}$$

$$|m_k - \boldsymbol{\pi}_{nk}| = \sqrt{(pos'(x) - w_{nkx})^2 + (pos'(y) - w_{nky})^2} \tag{14.16}$$

其中，式（14.16）表示任务m_k与输出神经元$\boldsymbol{\pi}_{nk}$的连接权重之间的距离，式（14.15）在距离的基础上添加了负载均衡的因素，获胜神经元为最小的D_{kn}，这样在任务分配的过程中既考虑了相近节点，又考虑了多无人机之间的负载均衡。

在 SOM 算法中，学习速率决定学习时间，如果设定过大，会使权重的更新幅度太大，造成学习中的效果不稳定。相反如果过小会使权重更新幅度较小，导致收敛的时间过长。在学习中通过动态地调整学习率能够解决这个问题，使用参数α表示学习率，设定初始值$\alpha_{init} = 0.5$，最小值$\alpha_{min} = 0.01$，使用非线性函数更新学习率：

$$\alpha(iter) = \alpha_{init} \times (e^{-iter}/2 \times \max iter) + \alpha_{min} \tag{14.17}$$

其中，$iter$表示当前的迭代次数，$\max iter$表示最大的迭代次数。参数σ表示邻域半径，确定优胜邻域的更新范围，设定初始值$\sigma_{init} = 5$，最小值$\sigma_{min} = 0.1$，通过非线性函数能够实现迭代次数的增加，邻域逐渐减小，邻域半径衰减函数如式（14.18）所示：

$$\sigma(iter) = \sigma_{init} \times (e^{-iter}/2 \times \max iter) + \sigma_{min} \tag{14.18}$$

邻域函数决定了输入任务位置对优胜者和临近神经元的影响，对获胜者的影响是最大的，随着神经元与优胜者之间的距离增大而减小，对远距离的神经元没有影响。邻域函数的定义如式（14.19）所示：

$$f(d_i', \alpha) = \begin{cases} \exp^{-\left(\frac{d_i'^2}{\alpha(t)}\right)}, & d_i' < \sigma(iter) \\ 0, & 其他 \end{cases} \tag{14.19}$$

d'_i 表示神经元 i 与获胜神经元之间的距离，根据学习率 α、邻域半径 σ 和邻域函数 $f(d'_i,\alpha)$ 对于神经元的权重进行更新：

$$w_{nk}(iter+1) = w_{nk}(iter) + \alpha(iter) \times f(d_i,\alpha) \times (m_i - w_{nk}(iter)) \tag{14.20}$$

ISOM 算法解决任务分配问题的具体步骤如表 14.1 所示。首先对算法的参数初始化：对任务集合 M 中每个任务的位置坐标 $m_k(pos')$ 标准化处理，具体如式（14.21）所示：

$$m_k(pos')_{norm} = \left(\frac{pos'(x) - x_{\min}}{x_{\max} - x_{\min}}, \ \frac{pos'(y) - y_{\min}}{y_{\max} - y_{\min}} \right) \tag{14.21}$$

其中，$x_{\min}$、$x_{\max}$、$y_{\min}$、$y_{\max}$ 分别表示任务点在 x 轴和 y 轴位置的最小值与最大值；将神经网络的权重系数初始化为均值为 0、方差为 0.01 的高斯分布的随机数；初始化决策变量 π_{nk}、负载均衡度 SLB_n。而后通过不断更新学习率、邻域半径、权重等参数，当神经网络中权重保持不变时，认为 ISOM 算法达到了收敛的状态，得到多无人机协同任务分配结果。

表 14.1　ISOM 算法

输入：集合 M、UAV、任务区域信息
输出：任务分配结果

1　将 M 标准化
2　初始化 w_{nk} 为很小的随机数
3　初始化 $\pi_{nk}=0; n=1,2,\ldots,N; k=1,2,\ldots,K$
4　初始化 $SLB_n=0; d_n=0, n=1,2,\ldots,N$
5　for $iter < \max(iter)$ do
6　　for m_k in M do
7　　　$SLB_n \leftarrow (4.12)$，$|m_k - \pi_{nk}| \leftarrow (4.16)$
8　　　$win \leftarrow \mathrm{argmin}(D_{kn}), n=1,2,\ldots,N$
9　　　$f(d'_i,\alpha) \leftarrow (4.19)$
10　　　$w_{nk}(iter+1) \leftarrow (4.20)$
11　　　if$(w_{nk}(iter+1) == w_{nk}(iter))$
12　　　　break
13　　end
14　　$\alpha(iter) \leftarrow (4.17), \sigma(iter) \leftarrow (4.18)$
15　end

14.3　注意力机制解决突发情况

非预期事件是动态分配问题的触发条件，本章主要解决以下突发事件：出现新任务，需要指派无人机执行；UAV 损伤（由于无人机损伤不能执行任务，需要无人机系统内的其他无人机帮

助完成任务）。

近年来，注意力机制（Attention Mechanism）被广泛应用在基于深度学习的自然语言处理、图像分类、语音识别等各种任务中，并取得了不错的效果。学者 KooL 通过其解决 VRP、CVRP 等组合优化问题，与 Gurobi、ORTools 等大规模优化工具对比，取得了较好的效果，但并不适合动态环境。注意力模型由于其直观性、通用性和可解释性，已经成为研究中的活跃领域，故而使用注意力机制解决非预期事件的处理。

解决无人机系统执行任务中出现非预期事件的问题，可以解释为注意力现象。即对于新出现的任务或者由于无人机损伤而无法完成任务，希望获得距离任务较近的无人机的更多关注，较远的无人机的关注较少，甚至是不关注。本章将这种现象引入到无人机系统执行任务过程中非预期事件的处理上，希望能实现无人机系统的非预期事件的处理，提升系统的鲁棒性。

（1）新增任务

对于新任务 $new(pos_{new}(x,y), e_d)$，$pos_{new}(x,y)$ 代表新任务的位置，e_d 代表任务的紧急程度，$e_d \in [0,1]$，$e_d = 0$ 表示出现的任务为非紧急任务，在无人机系统执行任务的过程中完成即可，没有时间的限制。$e_d = 1$ 表示出现的任务为紧急任务，希望立刻执行。

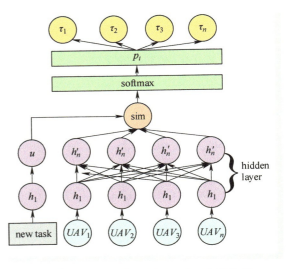

● 图 14.2　非预期事件处理网络结构

在新任务出现的时刻 t 向神经网络输入 N 个 UAV 的信息：$UAV_i(pos_t(x_t, y_t, z_t), c_t)$，使用神经网络数据进行处理，采用三层神经网络，输入层有 N 个神经元，每个神经元输入一个 UAV 的信息，隐藏层有 128 个神经元，输出层有 64 个神经元。对 UAV_i 的数据通过神经网络的处理转换为向量 h'_i。同时新增的任务点 new 作为上下文信息，将其输入到与 UAV_i 相同的网络结构中，转化为向量 u。计算 u 与 h'_i 之间的距离与新增任务 new 与 UAV_i 之间的相似性，公式如下：

$$sim(u, h'_i) = \sum_{k=1}^{k=o} \sqrt{(u_k - h'_{ik})^2} \tag{14.22}$$

根据 softmax 函数计算当前 UAV_i 被选择的概率 p_i：

$$p_i = \text{softmax}(sim(u, h'_i)) = \frac{e^{sim(u, h'_i)}}{\sum_{i=1}^{i=N} e^{sim(u, h'_i)}} \tag{14.23}$$

根据 p_i 的大小决定选择 UAV 执行新任务，其索引通过式（14.24）计算：

$$i = \arg \max(p_i) \tag{14.24}$$

（2）UAV 坠毁

根据 UAV 坠毁之前分配的未执行的任务等数据信息，整合系统中现存的无人机对还未执行的任务进行重分配，尽可能地降低整个系统的损失。具体的解决方案与新增任务的区别在于神经网络的输入，将坠毁无人机未执行的任务集合替换为 new 即可。

14.4 实验验证及效果分析

▶▶ 14.4.1 实验条件的设计

本章的实验环境为 Unreal Engine 4.25、Microsoft Airsim。首先对 ISOM 进行了验证，并与结合遗传算法的粒子群优化算法（Particle Swarm Optimization Combined with a Genetic Algorithm，GA-PSO）、常用的整数线性规划求解工具 Gurobi、ORTools 分别进行了对比。ORTools 被认为是元启发式算法的代表，因为其能够在相对较短的时间内得到整数线性规划、约束优化等问题的接近最优的解决方案。ISOM 算法对大任务量的处理能力，是在 TSPLIB 数据集下分别与 IWO 算法、IPGA 算法和 AC-PGA 算法进行对比验证。以上三种算法在 TSPLIB 数据集下进行了大量的实验，且求解 MTSP 的方案取得了较好的效果。选取多无人机在任务区域内完成任务的时间和航行距离对算法进行评估，其中任务完成的时间以用时最长的无人机为准。

这里设定无人机的速度 $v = 50\text{m/s}$、任务的观测时间 $a = 5\text{s}$。在 1800m×1200m 的任务区域内存在 10 个任务点：$T_1 \sim T_{10}$，表 14.2 为各任务点在任务区域内的位置信息，S 表示多无人机的基站，其坐标为（0，0）。

表 14.2　各任务点在任务区域内的位置信息

T	位　　置	T	位　　置
T_1	（1425，915）	T_2	（1137，747）
T_3	（865，422）	T_4	（885，111）
T_5	（381，447）	T_6	（147，675）
T_7	（867，963）	T_8	（327，207）
T_9	（1011，555）	T_{10}	（1685，147）

任务点在任务区域内的分布情况如图 14.3 所示，基站 S 通过红色的点显示，任务点通过蓝色的点显示。设定无人机系统中的数量为 3 架，UAV 从基站 S 出发，到达任务点执行任务，所有任务完成后最终返回至基站 S。

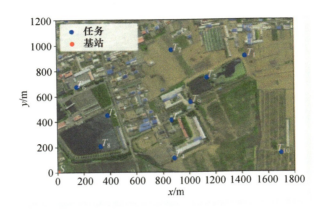

● 图 14.3 任务点在任务区域内的分布情况

▶▶ 14.4.2 ISOM 算法的测试与验证

在表 14.2 中设置的任务场景对 ISOM 算法进行测试与验证，图 14.4 为 ISOM 算法得到的任务分配方案。其中 UAV_1 的执行顺序为 $(S,T_5,T_6,T_9,T_3,T_8,S)$，$UAV_2$ 的执行顺序为 (S,T_7,T_1,T_2,S)，UAV_3 的执行顺序为 (S,T_4,T_{10},S)。

表 14.3 为 ISOM 算法执行任务的数据，其中 UAV_1 的航迹长度为 2950.22m，执行任务数量为 5 个，完成其任务分配的时间为 84s；UAV_2 的航迹长度为 3549.69m，执行任务数量为 3 个，完成其任务分配的时间为

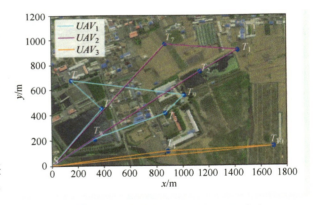

● 图 14.4 ISOM 算法任务分配方案

85.99s；UAV_3 的航迹长度为 3384.14m，执行任务数量为 2 个，完成其任务分配的时间为 77.68s。由此可知，使用 ISOM 算法无人机系统完成任务的时间为 85.99s。

表 14.3 ISOM 算法执行任务数据

UAV	航迹长度/m	任 务 数 量	时间/s
UAV_1	2950.22	5	84.00
UAV_2	3549.69	3	85.99
UAV_3	3384.14	2	77.68

在 ISOM 算法训练过程中，通过负载均衡度 SLB_n 实现系统的负载均衡，图 14.5 为 ISOM 算法在训练过程中单个 UAV 完成任务的时间变化。纵轴表示 UAV 完成分配任务的时间，包括航行时间和执行任务的时间。如果相邻 10 个回合内得到的任务分配解决方案相同，认定 ISOM 算法达到了收敛的状态。从图中可以看出 60 个回合左右算法达到收敛状态，且系统内 UAV 完成任务的时间相近，实现了无人机系统的负载均衡。

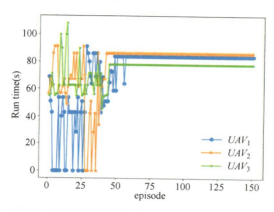

● 图 14.5　ISOM 算法收敛分析

▶▶ 14.4.3　ISOM 算法在复杂多任务场景下与其他算法的对比

学者 Yan 等人针对多架无人机在智能海洋中的任务分配和路径规划效率不理想的问题，提出了一种基于粒子群优化算法和遗传算法相结合的多架无人机海上任务智能分配与路径规划算法（Particle Swarm Optimization Combined with a Genetic Algorithm，GA-PSO），通过大量实验结果表明，GA-PSO 算法与传统方案相比能显著提高任务分配效率，所规划的导航路径也是最优的。

图 14.6 为 GA-PSO 算法解决表 14.2 的任务场景的任务分配方案。UAV_1 的执行顺序为 (S, T_3, T_9, T_4, S)，UAV_2 的执行顺序为 $(S, T_6, T_7, T_2, T_1, T_{10}, S)$，$UAV_3$ 的执行顺序为 (S, T_5, T_8, S)，可见任务区域内的所有任务均被执行。表 14.4 为 GA-PSO 算法执行任务的数据，其中 UAV_1 的航迹长度为 2513.41m，执行任务的数量为 3 个，完成其任务分配的时

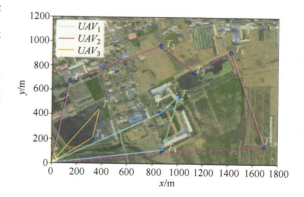

● 图 14.6　GA-PSO 算法解决表 14.2
的任务场景的任务分配方案

间为65.26s；UAV_2的航迹长度为3838.84m，执行任务数量为5个，完成其任务分配的时间为101.77s；UAV_3的航迹长度为1220.35m，执行任务数量为2个，完成其任务分配的时间为34.40s。由此可知，使用GA-PSO算法无人机系统完成任务的时间为101.77s。GA-PSO得到的任务分配方案，单个无人机完成任务时间差距较大，没有发挥无人机系统的优势，导致总任务的完成时间较长。

表 14.4　GA-PSO 算法执行任务数据

UAV	航迹长度/m	任 务 数 量	时间/s
UAV_1	2513.41	3	65.26
UAV_2	3838.84	5	101.77
UAV_3	1220.35	2	34.40

Gurobi是由美国Gurobi公司开发的新一代大规模数学规划优化器，在第三方优化器评估中，展示出更快的优化速度和精度，被各个领域广泛应用。图14.7为Gurobi解决表14.2的任务场景的任务分配方案，其中UAV_1的执行顺序为$(S, T_9, T_2, T_7, T_6, S)$，$UAV_2$的执行顺序为$(S, T_4, T_{10}, T_3, T_5, T_8, S)$，$UAV_3$的执行顺序为$(S, T_1, S)$，可见任务区域内的所有任务均被执行。表14.5为Gurobi解决执行任务的数据，其中UAV_1的航迹长度为3195.02m，执行任务数量为4个，完成其分配任务的时间为83.90s；UAV_2的航迹长度为

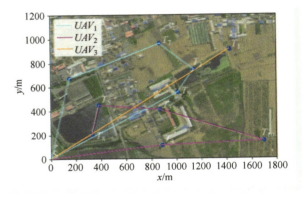

● 图 14.7　Gurobi 解决表 14.2 的
任务场景的任务分配方案

3675.28m，执行任务数量为5个，完成其分配任务的时间为98.50s；UAV_3的航迹长度为3386.94m，执行任务数量为1个，完成其分配任务的时间为72.73s。由此可知，使用Gurobi算法无人机系统完成任务的时间为98.50s。Gurobi得到的任务分配方案，与GA-PSO算法相比，单个无人机完成任务时间缩短，无人机系统的负载均衡效果提升了，但其系统完成任务的时间比ISOM算法长。

表 14.5　Gurobi 解决执行任务数据

UAV	航迹长度/m	任 务 数 量	时间/s
UAV_1	3195.02	4	83.90
UAV_2	3675.28	5	98.50
UAV_3	3386.94	1	72.73

ORTools 是谷歌的开源优化算法包，支持解决车辆路径问题、整数规划以及线性规划等问题。图 14.8 为 ORTools 解决表 14.2 的任务场景的任务分配方案，其中 UAV_1 的执行顺序为 (S, T_2, T_1, T_8, S)，UAV_2 的执行顺序为 (S, T_5, T_7, T_6, S)，UAV_3 的执行顺序为 $(S, T_3, T_9, T_{10}, T_4, S)$，可见任务区域内的所有任务均被执行。表 14.6 为 ORTools 解决执行任务的数据，其中 UAV_1 的航迹长度为 3387.33m，执行任务数量为 3 个，完成其分配任务的时间为 82.74s；UAV_2 的航迹长度为 2762.46m，执行任务数量为 3 个，完成其分配任务的

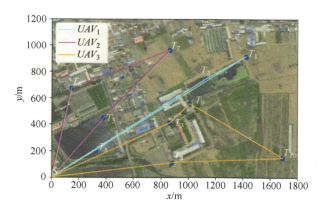

● 图 14.8　ORTools 解决表 14.2 的
任务场景的任务分配方案

时间为 70.24s；UAV_3 的航迹长度为 3604.56m，执行任务数量为 4 个，完成其分配任务的时间为 92.81s。由此可知，使用 ORTools 算法无人机系统完成任务的时间为 92.81s。ORTools 得到的任务分配方案，较 GA-PSO 算法、Gurobi 得到的任务方案有一定提升，但其系统完成任务的时间较 ISOM 长。

表 14.6　ORTools 解决执行任务数据

UAV	航迹长度/m	任 务 数 量	时间/s
UAV_1	3387.33	3	82.74
UAV_2	2762.46	3	70.24
UAV_3	3604.56	4	92.81

表 14.7 为 ISOM 算法、GA-PSO 算法、Gurobi 以及 ORTools 得到任务分配方案后，在无人机速度 $v=50\text{m/s}$、任务点观测时间 $a=5\text{s}$ 下，无人机系统完成任务的时间。从表中可知 ISOM 算法较 GA-PSO 算法系统执行任务时间减少了 15.5%，较 Gurobi 时间减少了 12.7%，较 ORTools 时间减少了 7.3%，说明 ISOM 算法增加了无人机系统任务完成的效率。

表 14.7　不同算法执行任务时间　　　　　　　　　（单位：s）

ISOM	GA-PSO	Gurobi	ORTools
85.99	101.77	98.50	92.81

▶▶ 14.4.4　ISOM 算法在大任务量环境下与其他算法的对比

在实际应用中，由于环境的复杂性，一个任务区域内往往存在大量的任务。为了验证 ISOM

算法在处理大任务量时的任务分配能力，在国际通用算例库 TSPLIB 下进行实验。选取 IWO 算法、AC-PGA 算法以及 IPGA 算法进行对比。分别设置任务数量 $K = 51$、100、150、200，对应 TSPLIB 的实例分别为 Eil51、KroA100、KroA150、KroA200。在相同的场景下进行了 50 次实验，分别选取任务执行时间和航迹长度的平均值作为对比的数据。

图 14.9 为在不同场景、不同无人机数量下，ISOM 算法、IWO 算法、IPGA 算法和 AC-PGA 算法的航迹长度在 50 次实验后的平均路径长度，从图中可见，ISOM 算法的任务分配完成结果，系统的路径长度比其他三种算法的路径长度短；且随着无人机系统内无人机数量的增加，ISOM 算法得到的路径长度基本不变，说明与 IWO 算法、IPGA 算法、AC-PGA 算法相比，ISOM 算法的任务分配方案是稳定的。图 14.9a～图 14.9d 分别为任务数量为 51、100、150 和 200 的任务完成后的航迹长度比较。可见随着任务数量的增加，ISOM 算法的优势逐渐明显。

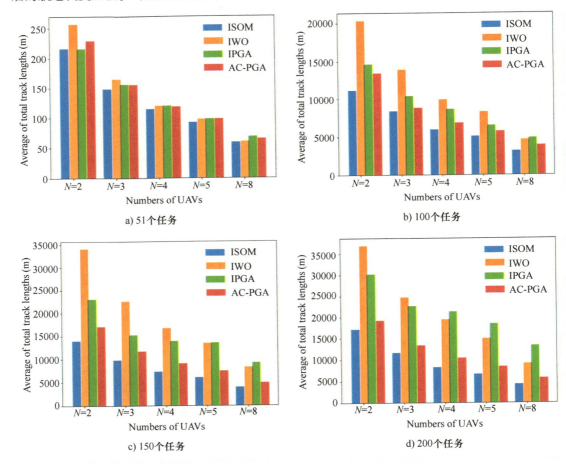

a) 51个任务

b) 100个任务

c) 150个任务

d) 200个任务

● 图 14.9　不同任务场景下平均总路径长度对比

表 14.8 为 ISOM 算法与其他算法对比在平均路径长度上的提升百分比。与 IWO 算法对比，ISOM 算法的平均路径长度最少提升 1.04%，最多提升了 59.03%；与 IPGA 对比，ISOM 算法的平均路径长度最少提升-0.23%，这种情况出现在任务数量为 51 时，说明得到的解决方案与 IPGA 相近，随着任务数量的增加，平均路径长度最多提升至 68.04%；与 AC-PGA 对比，ISOM 算法的平均路径长度最少提升 3.59%，最多提升 25.05%。说明 ISOM 算法在大规模的 MTSP 问题上能够得到很好的解决方案，能显著减小整个系统的路径长度，有效降低能源损耗。

表 14.8　ISOM 算法平均路径长度提升百分比

实　例	算　法	$N=2$	$N=3$	$N=4$	$N=5$	$N=8$
Eil51	IWO	15.63%	10.51%	5.00%	4.95%	1.04%
	IPGA	-0.23%	5.34%	5.00%	5.73%	13.30%
	AC-PGA	5.47%	5.14%	3.59%	5.53%	8.64%
KroA100	IWO	44.96%	40.02%	40.24%	38.64%	32.54%
	IPGA	23.61%	19.28%	31.03%	22.06%	35.22%
	AC-PGA	17.05%	5.00%	13.05%	11.97%	19.79%
KroA150	IWO	59.03%	56.74%	56.46%	54.82%	52.12%
	IPGA	39.59%	35.82%	47.36%	55.07%	56.73%
	AC-PGA	18.02%	16.35%	19.52%	18.35%	18.37%
KroA200	IWO	53.44%	53.10%	57.69%	55.76%	53.23%
	IPGA	43.15%	48.72%	61.25%	64.12%	68.04%
	AC-PGA	10.59%	13.21%	20.68%	21.03%	25.05%

图 14.10 为不同场景下任务平均执行时间对比，图 14.10a 是任务数量为 51，不同无人机数量下 ISOM 算法、IWO 算法、IPGA 算法和 AC-PGA 算法在 50 次实验后的平均任务执行时间，从图中可见，ISOM 算法的平均任务执行时间比其他三种算法少；随着无人机数量的增加，ISOM 算法仍能保持上述优势；四种算法随着无人机架数的增加，平均完成时间呈下降的趋势，也说明了多无人机完成任务的优势。图 14.10b~图 14.10d 分别为任务数量为 100、150 和 200 的不同算法平均任务执行时间，ISOM 算法仍能保持上述的优势。

表 14.9 为 ISOM 算法与其他算法对比在平均任务完成时间上的提升百分比。与 IWO 算法对比，ISOM 算法的平均任务完成时间最少提升 0.14%，最多提升了 50.09%；与 IPGA 对比，ISOM 算法的平均任务完成时间最少提升 0.68%，这种情况出现在任务数量为 51 时，也说明了 ISOM 算法得到的任务分配方案与其接近，随着任务数量的增加，平均任务完成时间最多提升至 61.12%；与 AC-PGA 对比，ISOM 算法的平均任务完成时间最少提升 0.48%，最多提升 19.80%。说明 ISOM 算法在大规模数据的 MTSP 问题上能够得到很好的解决方案，能显著缩短无人机系统

完成任务的时间。

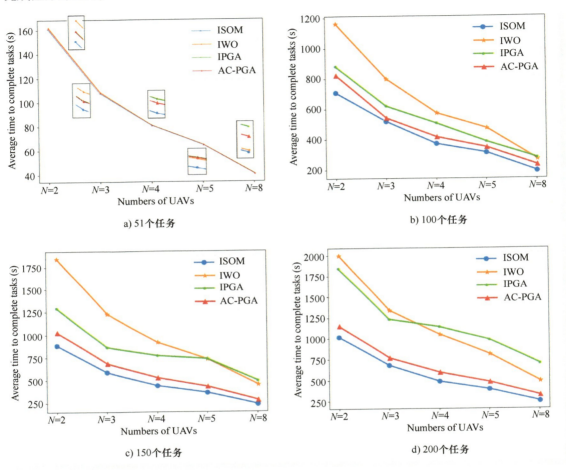

a) 51个任务

b) 100个任务

c) 150个任务

d) 200个任务

• 图 14.10 　不同场景下任务平均执行时间对比

表 14.9 　ISOM 算法平均任务完成时间提升百分比

实　例	算　法	N=3	N=4	N=5	N=8
Eil51	IWO	1.46%	0.68%	0.68%	0.14%
	IPGA	0.71%	0.68%	0.79%	2.02%
	AC-PGA	0.68%	0.48%	0.76%	1.26%
KroA101	IWO	35.00%	34.96%	33.73%	28.02%
	IPGA	16.16%	26.43%	18.62%	30.50%
	AC-PGA	4.08%	10.70%	9.91%	16.61%

（续）

实　例	算　法	$N=3$	$N=4$	$N=5$	$N=8$
	IWO	50.09%	49.79%	48.33%	45.89%
KroA150	IPGA	29.92%	40.75%	48.58%	50.53%
	AC-PGA	13.01%	15.64%	14.77%	14.91%
	IWO	45.70%	49.99%	48.06%	45.67%
KroA200	IPGA	41.39%	53.68%	56.74%	61.12%
	AC-PGA	10.16%	16.05%	16.35%	19.80%

▶▶ 14.4.5　突发情况处理验证

无人机系统在执行任务期间，任务区域内出现了新任务。为说明 ISOM 算法能够提升无人机系统的鲁棒性，假定无人机系统中有 5 架无人机，输入到 attention 神经网络的无人机数据 $UAV_i(pos_t(x_t, y_t, z_t), c_t)$ 为：$UAV_1((0, 27, 50), 0.7)$、$UAV_2((80, 69, 50), 0.3)$、$UAV_3((48, 38, 50), 0.4)$、$UAV_4((90, 4, 50), 1)$、$UAV_5((29, 89, 50), 0.6)$，设定了 new task 的紧急程度 $e_d=0$ 和 $e_d=1$ 来验证算法。图 14.11 为任务区域内出现新任务的解决方案，图 14.11a 为 $e_d=0$ 时，由于任务不需要被立即执行，最终选择已经完成任务的 UAV_4 去执行 new task 任务；图 14.11b 为 $e_d=1$ 时，表示任务需要被立即执行，最终选择离 new task 最近的 UAV_3 去执行 new task。整体上提升了无人机系统的鲁棒性，同时提升了执行任务的效率。

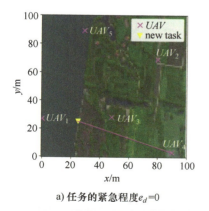 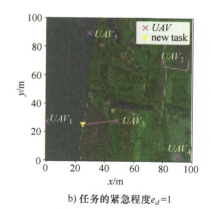

a) 任务的紧急程度e_d=0　　　　　　　　b) 任务的紧急程度e_d=1

● 图 14.11　出现新任务的解决方案

当多无人机使用 ISOM 算法执行图 14.4 提前分配的任务时，UAV_1 执行任务 T_6 后出现故障，导致被分配的任务（T_3, T_8, T_9）不能被执行。无人机系统根据出现的问题，采用 ISOM 算法结合注意力机制，最终选择 UAV_2 去执行上述任务，UAV_2 执行任务顺序为 $(S, T_5, T_7, T_2, T_9, T_3, T_8, S)$，最终执行效果如图 14.12 所示。

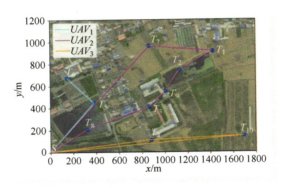

● 图 14.12 无人机故障解决方案

14.5 仿真环境验证

为了进一步验证 ISOM 算法并加快其落地应用，本章基于 Unreal Engine 4.25 和 Microsoft Airsim 搭建了多无人机协同任务分配仿真平台。图 14.13 为仿真环境中的任务场景，图中的 $T_1 \sim T_{10}$ 为表 14.2 中的任务，图 14.13a 为三架无人机从基站 S 起飞，图 14.13b 为无人机按照 ISOM 算法得到的任务分配方案执行任务，图 14.13c 为无人机完成任务后返回基站 S。

a) 从基站起飞

● 图 14.13 Airsim 仿真环境验证

b) 执行任务

c) 返回基站

● 图 14.13　Airsim 仿真环境验证（续）

14.6　本章小结

　　本章针对无人机系统的任务分配问题，从系统的负载均衡和算法的稳定性出发，提出了 ISOM 算法，同时引入注意力机制解决系统中出现的非预期情况，为解决该问题提供了一种新的思路。通过与已有算法的对比，证明了本章算法的有效性和鲁棒性，特别是当任务数量较大时，在缩短轨迹长度和减少任务完成时间方面有很大的优势。为了进一步验证 ISOM 算法并加快其落地应用，在 Airsim 仿真环境中进行了验证，充分说明了算法的可移植性和有效性。

第15章

R-RLPSO 实时多营救任务分配

三维复杂水下环境中，考虑实际水下营救任务，多 AUV 营救系统需要具备代价小、营救速度快、尽量少考虑营救任务之间关联的特点。实时营救是多 AUV 系统具备上述特征的核心条件。相关文献提出的多任务分配模型可用于解决水下营救分配问题，主要集中在线性规划、市场机制、智能算法。线性规划在研究早期被提出，是一种解决多营救分配的经典模型。尽管线性规划能够精确提供任务分配策略，但计算复杂度高，不能满足实时营救分配需求。基于市场机制的优势在于计算相对简单，然而这类算法在执行多 AUV 系统的营救任务之前，通常需要考虑最优分配策略，基于离线最优分配策略来指导多 AUV 系统执行水下营救任务。但这类算法通常将整个多营救分配任务过程分成不同阶段，一方面它不符合实际环境下水下营救任务执行模式，另一方面它也不满足实时性。多 AUV 系统在执行水下实时多营救分配任务中，不仅要考虑遵循最优营救策略，同时需要考虑如何安全、高效地执行任务。从实际水下执行任务的角度出发，这两方面不能按照市场机制分阶段考虑。近些年来，随着人工智能技术的不断发展，智能算法为水下多营救分配提供了新的解决途径。针对以上提出的多 AUV 系统不能解决实时营救分配问题，提出一种基于强化学习与粒子群优化算法（R-RLPSO）的实时多营救分配方法。该方法的创新点如下：

1）针对多 AUV 系统在执行水下营救分配任务不能满足实时性的缺点，提出了一个基于回报的实时营救分配模型。

2）考虑在实际水下环境中，多 AUV 系统要执行多个不同位置的营救任务，将每个营救任务抽象成球体营救区，并提出吸引营救区概念，吸引营救区是一个包围营救区的更大范围的球体营救区。针对落在吸引营救区的路径点，通过提出线性回报函数计算回报值。

3）为加快 R-RLPSO 算法收敛速度并标记当前营救任务的回报状态，基于所有营救区与吸引营救区，提出一种权重系数增强营救区与吸引营救区的回报值。

4）为了使研究更接近真实三维复杂水下环境，多 AUV 系统在执行任务过程中考虑到不同类型的障碍物与海底暗礁。

15.1 R-RLPSO 算法描述

▶▶ 15.1.1 营救区与吸引营救区

相关文献在环境空间中创建具体位置点作为任务模型，但在实际水下环境中，任务一般位于固定区域，当 AUV 到达预定的区域，就可能完成任务。从实际执行任务角度出发，本章摒弃传统任务点的设置，将每个任务定义为球体营救区，基于每个球体营救区提出吸引营救区的概念。图 15.1 描述了营救区与吸引营救区的位置关系，每个营救区代表一个营救任务，每个吸引营救区包含相应营救区，R_0 与 R_1 分别代表营救区与吸引营救区的半径。但吸引营救区不是实心球体，每个吸引营救区被定义为蓝色阴影覆盖范围。

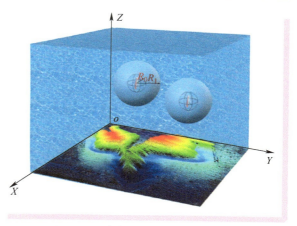

● 图 15.1 营救区与吸引营救区示意图

多 AUV 系统完成任务的必要条件是接近营救区与吸引营救区，鉴于它们均是占据在环境空间中固定区域，为路径点落入营救区创造了条件。三维复杂水下空间中，多 AUV 系统要执行的 N 个营救任务序列被定义为 $T = \{T_1, \cdots, T_i, \cdots, T_N\}$，针对每个营救任务 T_i，定义如式 (15.1) 所示：

$$(x-x_i)^2 + (y-y_i)^2 + (z-z_i)^2 < R_i^2 \qquad (15.1)$$

其中，$p(x, y, z)$ 代表营救路线的路径点，$T_i(x_i, y_i, z_i)$ 代表营救区的营救中心，R_i 为营救任务 T_i 的半径，式 (15.1) 表示路径点在营救区范围内，AUV 完成营救任务 T_i 可被定义为存在路径点 $p(x, y, z)$，满足与营救中心 $T_i(x_i, y_i, z_i)$ 的距离小于 R_i。

▶▶ 15.1.2 R-RLPSO 算法可行性分析

R-RLPSO 算法基于强化学习算法与粒子群优化算法，代价函数 $COST\_F$ 被定义如式 (15.2) 所示：

$$COST\_F = \alpha \times c\_path - \beta \times c\_reward \qquad (15.2)$$

其中，α、β 是权重系数，针对多 AUV 系统中单一 AUV，c_path 代表营救路线长度，c_reward代表路径点落在所有吸引营救区与营救区的回报值。

多 AUV 系统高效执行营救任务，首先要确保代价函数 $COST\_F$ 在执行任务过程中尽可能小，代价函数 $COST\_F$ 通过 c_path 与 c_reward 两部分衡量。高效完成所有营救任务主要涉及如何合理实现任务分配，不同分配策略会导致多 AUV 系统行走不同规划路线，在执行任务过程中要保持 c_path尽可能小，才能减小代价函数。但代价函数值减小并不一定能合理执行设定的营救任务，为此提出基于强化学习的回报值任务分配策略，通过路径点在营救区与吸引营救区的累积计算 c_reward，这样将营救分配、任务执行与路径规划形成整体。多 AUV 系统在执行任务过程中只要保证代价函数 c_reward 不断减小，就可实时完成多营救分配任务。

c_reward 是通过多 AUV 系统与环境之间不断交互获得的，图 15.2 表示了多 AUV 系统与营救任务的交互过程。

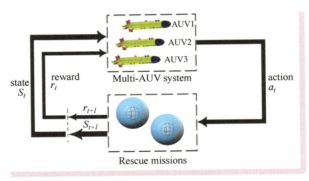

● 图 15.2　多 AUV 系统与营救任务的交互过程图

在水下营救分配任务中，环境表示吸引营救区与营救区的固定区域，多 AUV 系统当前状态定义为 s_t，多 AUV 系统联合行为定义为 a_t。营救过程被定义为元组$\langle S, \Theta_1, \Theta_2, \Theta_3, p, \gamma_1, \gamma_2, \gamma_3 \rangle$[46]，其表示形式被定义为式（15.3）：

$$\gamma_i: S \times \Theta \times S \to \mathbb{R},$$
$$p: S \times \Theta \times S \to [0,1], \tag{15.3}$$
$$\Theta = \Theta_1 \times \Theta_2 \times \Theta_3$$

其中，S 是多 AUV 系统的状态集合，Θ_1、Θ_2、Θ_3 是多 AUV 系统的行为集合，γ_i 是回报函数，p 是多 AUV 系统的状态转移函数，并且 "$a_{1,t} \in \Theta_1$；$a_{2,t} \in \Theta_2$；$a_{3,t} \in \Theta_3$" 联合行为被定义为 $a_t = [a_{1,t}, a_{2,t}, a_{3,t}]$，其中 $a_t \in \Theta$。

在多 AUV 系统营救分配模型中，吸引营救区与营救区均为球体，完成营救任务转化为通过 R-RLPSO 算法寻找最优落在营救区内的路径点。若把每个营救区想象成球形磁铁，营救任务转

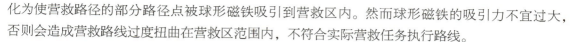

化为使营救路径的部分路径点被球形磁铁吸引到营救区内。然而球形磁铁的吸引力不宜过大，否则会造成营救路线过度扭曲在营救区范围内，不符合实际营救任务执行路线。

路径点被球形营救区吸引过程可抽象为营救策略，该策略被定义为式（15.4）：

$$Q_i^{\pi} = E\left\{ \sum_{j=0}^{\infty} \alpha^j \gamma_{i,j+1} \mid s_0 = s, a_0 = a, \pi \right\} \tag{15.4}$$

α^j 代表在 j 时刻的折扣因子，它是强化学习中的基本概念，表示离当前状态较远，越少考虑状态回报值。$\gamma_{i,j+1}$ 是多 AUV 系统中第 i 个 AUV 在 j 时刻的回报值，Q_i^{π} 表示 AUV 的策略值，即路径点被吸引营救区与营救区的吸引程度值，当 R-RLPSO 算法收敛趋于稳定后，产生的最优策略 π^* 定义为式（15.5）：

$$\pi^* = \arg \max_a Q^*(s,a) \tag{15.5}$$

在式（15.2）中，c_path 与 c_reward 值满足 $c\_path \gg c\_reward$，式（15.5）表示多 AUV 系统执行最优策略 π^* 会存在部分路径点被吸引到营救区内的情况。随着 R-RLPSO 算法不断进化，每个粒子都代表潜在营救路线，营救路线是由粒子群中最优粒子产生，通过最小化代价函数 $COST\_F$ 能够得到最优粒子。如果 c_reward 的值更加显著增加，会引起代价值 $COST\_F$ 变得更小，使粒子标记的营救路线有更大的概率被选择成为营救路线。同时最优策略 π^* 是抽象吸引磁铁区域的理论基石，多 AUV 系统的路径在经过营救区时会引起代价函数进一步减小，确保更多粒子的路径点被营救区吸引，完成实时多营救任务分配策略。

▶▶ 15.1.3 营救回报值 c_reward

（1）营救回报值 c_reward 计算

在多 AUV 系统实时生成营救任务分配策略的过程中，计算 c_reward 至关重要。多 AUV 系统营救路线可被分为若干路径点的集合，每个路径点都有可能被营救区与吸引营救区吸引。根据式（15.1），每个营救区要保证至少存在一个路径点 $p(x,y,z)$ 落入营救区内，表示 AUV 已经涉足过此营救区并且完成营救任务。针对多 AUV 系统的营救任务集合 $T = \{T_1, \ldots, T_i, \ldots, T_N\}$，每个路径点 $p(x,y,z)$ 可能落在不同的营救区内，其路径点 $p(x,y,z)$ 与营救任务 T_i 的营救中心 $T_i(x_i,y_i,z_i)$ 的距离被定义为式（15.6）：

$$dist = \sqrt{(x-x_i)^2 + (y-y_i)^2 + (z-z_i)^2} \tag{15.6}$$

对于每个营救任务，回报值 c_reward 被定义为式（15.7）：

$$c\_reward = \begin{cases} 0, & dist > R_1 \\ \varepsilon, & dist < R_0 \\ ((1-(dist-R_0)/(R_1-R_0)) * \varepsilon), & R_0 \leq dist \leq R_1 \end{cases} \tag{15.7}$$

当 $dist > R_1$ 时，表示路径点 $p(x,y,z)$ 落在吸引营救区外，此时路径点不受吸引营救区吸引，回报

值 $c\_reward=0$；当 $dist<R_0$ 时，此路径点落入营救区内，表示完成营救任务，回报值 $c\_reward=\varepsilon$，ε 是一个常数；当 $R_0 \leqslant dist \leqslant R_1$ 时，路径点落入吸引营救区内但没有在营救区范围内，根据任务完成定义，此时 AUV 仍然没有完成营救任务，通过提出一个线性回报函数计算路径点的回报值。线性回报函数的特点是，当路径点接近营救区时，回报值会接近 ε，当路径点远离吸引营救区时，回报值会逐渐接近 0。

当 $R_0 \leqslant dist \leqslant R_1$ 时，提出线性回报函数计算路径点回报值很有必要。若不考虑这种情况，路径点 $p(x,y,z)$ 回报值 c_reward 变成一种布尔问题，只有路径点在营救区内与路径点在营救区外两种情况。这会导致 $dist$ 趋于 R_0 但没有落入营救区内时，回报值 c_reward 仍然等于 0，但这种状态下路径点已经接近营救区了。提出的线性回报函数能捕捉到类似状态下的路径点，并基于吸引营救区用线性回报函数计算回报值 c_reward。若粒子的路径点在吸引营救区内的数目增加，通过代价函数 COST_F，该粒子会获取更多回报值，它会引起代价函数更大程度减小，同时捕捉并稳定这种状态，使 AUV 更好趋向营救区。

（2）回报权重系数

R-RLPSO 算法生成的营救路线在收敛前仍存在不稳定问题，当 $c\_reward>0$ 时，式（15.7）表示至少存在一个路径点落入吸引营救区或营救区内。R-RLPSO 算法基于代价函数 COST_F 选择最优粒子，若路径点已落在吸引营救区范围内，c_reward 适当增加，代价函数会更显著下降。基于营救区与吸引营救区的回报值，设立回报权重系数 W。为方便描述，回报值 c_reward 可用 γ 代替。因此对于在 j 次迭代中第 i 个 AUV，回报值可被定义为 $[\gamma_1^{(j)},\ldots,\gamma_i^{(j)},\ldots,\gamma_N^{(j)}]$，考虑到回报权重系数的作用，$\gamma_i^{(j)} \leqslant 0$ 代表不存在路径点落入吸引营救区与营救区内，在计算回报权重系数时，定义处于这种条件下的回报值 $\gamma_i^{(j)}=0$。

在第 j 次迭代中，总回报值被定义为式（15.8）：

$$W_{sum}^{(j)} = \sum_{i=1}^{N} \gamma_i^{(j)} \tag{15.8}$$

在第 j 次迭代中，回报权重系数 W 被定义为式（15.9）：

$$W^{(j)} = \left[\frac{\gamma_1^{(j)}}{W_{sum}^{(j)}}, \cdots, \frac{\gamma_k^{(j)}}{W_{sum}^{(j)}}, \cdots, \frac{\gamma_N^{(j)}}{W_{sum}^{(j)}} \right] \tag{15.9}$$

基于权重系数的作用，回报值 c_reward 被定义为式（15.10）：

$$c\_reward = \begin{cases} 0, & dist>R_1 \\ (1+W^{(j)}(k))\varepsilon, & dist<R_0 \\ ((1-(dist-R_0)/(R_1-R_0))\varepsilon)(1+W^{(j)}(k)), & R_0 \leqslant dist \leqslant R_1 \end{cases} \tag{15.10}$$

（3）约束回报值 c_reward

回报值 c_reward 持续增加会造成路径过度扭曲与任务执行失败，应从两方面约束回报值

c_reward，一方面是路径点在每个营救区和吸引营救区的累积程度，而过度累积会引起营救路线扭曲；另一方面是没有路径点落入营救区内，导致任务执行失败。造成第一种现象的原因在于吸引营救区与营救区以贪婪方式吸引路径点。贪婪表现在路径点在营救区或吸引营救区内过度累积，这会引起代价函数更显著减小，导致路径会集中在吸引营救区范围以内，不符合实际营救路线，因此需要约束营救区与吸引营救区的吸引能力。对于每个营救任务，定义吸引路径点上限值 κ，定义回报值惩罚是常数 ε_1，若营救区路径点数超过上限，回报值 *c_reward* 被定义为式（15.11）：

$$c\_reward_k^{(j+1)} = \begin{cases} c\_reward_k^{(j+1)} - \varepsilon_1, & \eta > \kappa \\ c\_reward_k^{(j+1)}, & \eta \leq \kappa \end{cases} \quad (15.11)$$

η 代表每个吸引营救区与营救区内路径点数。造成没有路径点落在营救区的原因是 AUV 放弃执行相关营救任务。单一 AUV 不可能完成全部营救任务，基于多 AUV 系统的效率考虑，AUV 放弃部分营救任务由其他 AUV 执行是正常的。式（15.9）的回报权重系数可定义为单一 AUV 对所有营救区的"偏爱"程度，对于单一 AUV 而言，没有"偏爱"的营救区本身不应该存在回报值，但针对"偏爱"的营救区，当前不存在回报值应受惩罚。在第 j 次迭代时，对于第 k 个营救区，$W^{(j)}(k) > 0$，但是在 $(j+1)$ 次迭代时，$W^{(j)}(k) = 0$，这种情况下 *c_reward* 应受到惩罚，回报值 *c_reward* 被定义为式（15.12）：

$$c\_reward_k^{(j+1)} = \begin{cases} c\_reward_k^{(j+1)} - \varepsilon_1, & W^{(j)} > 0 \quad and \quad W^{(j+1)} = 0 \\ 0, & \text{其他} \end{cases} \quad (15.12)$$

15.2　实验结果与分析

▶▶ 15.2.1　R-RLPSO 算法实现营救任务分配结果

为说明 R-RLPSO 算法在三维水下空间中营救任务分配效果，通过 MATLAB R2016b 构建多组实验，实验中计算机配置是 Intel Core i3-7100U @ 3.9GHz、8GB RAM。营救任务数目为 7，假设存在 4 个长方体障碍物，6 个球体障碍物和海底凹凸不平的暗礁。R-RLPSO 算法的参数设定如下：惯性权重因子 w 变化范围为 0.4～0.9，学习因子 c_1 变化范围为 0.5～2.5，学习因子 c_2 变化范围为 2.5～0.5，代价函数 *COST_F* 的权重系数 α、β 分别为 2 与 10，迭代次数为 50，粒子数目为 300，回报值 ε_1 为 0.1，惩罚回报值 ε_1 为 0.5，κ 为 10，吸引营救区半径为 10m。

图 15.3 描述了 R-RLPSO 算法执行营救任务分配过程，三个 AUV 从起始点 $S(5,5,5)$ 出发，执行 7 个营救任务 $T = \{T_1, T_2, \cdots, T_7\}$，当完成所有营救任务后到达各自子站 $G_1(180,180,0)$，$G_2(130,180,0)$ 和 $G_3(180,130,0)$。图 15.3a 描述了任务执行前的初始状态，多 AUV 在起始点 S

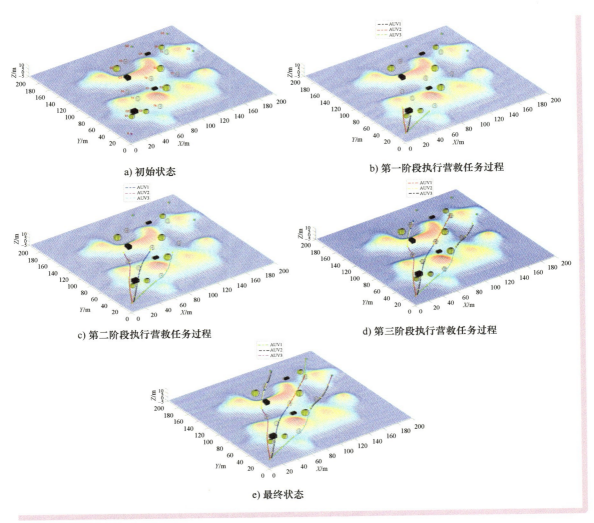

a) 初始状态

b) 第一阶段执行营救任务过程

c) 第二阶段执行营救任务过程

d) 第三阶段执行营救任务过程

e) 最终状态

● 图 15.3　R-RLPSO 算法执行营救任务分配过程

处等待营救指令，图 15.3b 描述了第一阶段执行营救任务过程，AUV 在这个阶段中没有完成营救任务，三个 AUV 分别面临营救任务 T_1、T_4、T_6，表 15.1 显示在第一阶段营救结束后 AUV 与营救任务 T_1、T_4、T_6 的距离，表中红色覆盖区域表示 AUV 距离最近任务的距离。图 15.4c 描述了第二阶段执行营救任务过程，表 15.1 显示在第一阶段结束时，AUV1 靠近任务 T_6、AUV2 靠近任务 T_1、AUV3 靠近任务 T_6。但在执行营救过程中，R-RLPSO 算法结果显示 AUV 并没有奔向最近任务，AUV1 趋向 T_1、AUV2 趋向 T_4、AUV3 趋向 T_6。多 AUV 系统执行任务之前并没有离线任务分配策略指导 AUV 执行任务，满足实时营救特征。针对 AUV2 距离 T_1 仅有 27.62m，最远距离

T_4 有 41.78m，但考虑多 AUV 系统执行任务效率，AUV2 仍然执行营救任务 T_4，抛弃 T_1。在第二阶段结束后，AUV 面临三个待执行任务 T_2、T_5、T_7，表 15.2 显示在第二阶段结束后 AUV 与营救任务 T_2、T_5、T_7 的距离。图 15.4d 描述了第三阶段执行营救任务过程，多 AUV 系统面临 T_2、T_5、T_7。表 15.2 显示 AUV1 距离 T_2 为 8.17m、AUV2 距离 T_2 为 33.67m、AUV3 距离 T_7 为 25.45m，执行任务结果同样显示 AUV 并没有趋向最近任务，AUV1 趋向 T_2、AUV2 趋向 T_5、AUV3 趋向 T_7。图 15.4d 显示 AUV1 在第三阶段结束时已执行完营救任务 T_3，表 15.3 显示在第三阶段 AUV 执行任务过程中距离 T_3 的最近距离，结果显示 AUV1 距离 T_3 仅有 2.34m，AUV1 在进行第 79 步时达到此状态，路径点位置是 $p(148.97,141.10,2.20)$，营救区半径被定义为3m，根据任务完成定义可得出 AUV1 已完成营救任务 T_3。

表 15.1　第一阶段结束后 AUV 与营救任务的距离 （单位：m）

T	AUV1	AUV2	AUV3
T_1	42.29	27.62	38.45
T_4	59.22	41.78	58.38
T_6	36.62	36.85	16.17

表 15.2　第二阶段结束后 AUV 与营救任务的距离 （单位：m）

T	AUV1	AUV2	AUV3
T_2	8.17	33.67	27.48
T_5	54.82	52.74	76.26
T_7	37.18	65.23	25.45

表 15.3　第三阶段过程中 AUV 与任务 T_3 的最近距离 （单位：m）

T	AUV1	AUV2	AUV3
T_3	2.34	44.94	31.34

▶▶ 15.2.2　*c_reward* 实验结果与分析

回报值 *c_reward* 是代价函数的重要组成部分，也是 R-RLPSO 算法能完成实时营救分配的关键。图 15.4 描述了多 AUV 系统执行营救分配过程中回报值 *c_reward* 的变化。图 15.4a 显示了 AUV1 执行 T_1、T_2、T_3 的回报值，实验显示其他营救任务的回报值为 0，基于代价函数 *COST_F*，AUV1 要衡量多 AUV 系统整体的营救效率，寻找在执行任务过程中的最小代价值，从基站 S 到子站 G_1，执行 T_1、T_2、T_3 是最优的任务执行策略。图 15.4a 表明在迭代过程中由于 AUV1 暂时没有发现更优的路径点会引起回报值，所以暂时稳定，但整个迭代过程中 T_1、T_2、T_3 的回报值都在相对逐渐升高，验证了通过增加 *c_reward* 实现实时执行任务的设想。AUV1 在执行营救任务的过程中，不应该仅关注单一的营救任务，这样会造成营救路线过度扭曲。AUV1 在执行任务时应通过代价函数评估所有可能执行任务的效率，当 T_1 回报值减小，T_2、T_3 回报值要增加。图 15.4d 中显示的是 AUV1 在执行 T_1、T_2、T_3 过程中回报值总和，实验表明在迭代过程中 AUV1 总回报值不断升高。根据式（15.2），当回报值增加时，它表示 AUV1 的路径点靠近全局最优营救位置。

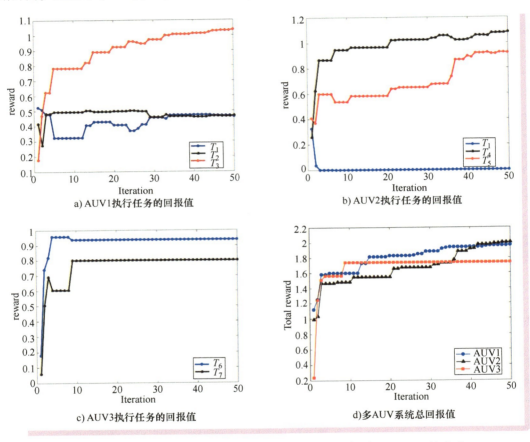

a) AUV1执行任务的回报值   b) AUV2执行任务的回报值

c) AUV3执行任务的回报值   d) 多AUV系统总回报值

● 图 15.4 　多 AUV 系统执行营救分配过程中回报值 *c_reward* 的变化

图 15.4b 显示在迭代过程中 AUV2 执行营救任务 T_4、T_5 的回报值，实验表明在迭代过程中回报值不断增加。但迭代初期 AUV2 的路径点也落入任务 T_1，回报值为 0.3249。但 AUV2 通过衡量总体营救代价迅速抛弃了任务 T_1，在下次迭代过程中，AUV2 在 T_1 的回报值迅速降低到 0.0366，证明了 AUV2 能在多个营救任务间自适应选择最优营救策略。图 15.4d 中显示了 AUV2 在执行任务过程中的总回报值，实验显示 AUV2 在整个过程中回报值持续不断增加，说明 AUV2

路径点在营救区与吸引营救区内不断累积。图 15.4c 显示了 AUV3 执行营救任务 T_6、T_7 的回报值，结果与 AUV1 与 AUV2 一致。

15.2.3 验证多营救任务完成

根据式（15.2），完成营救任务的条件是营救区范围内存在路径点 $p(x,y,z)$。表 15.4 显示在执行任务过程中营救路线的路径点在吸引营救区与营救区的分布，红色覆盖区域标记的数值特征是均小于 3m。假设所有营救区半径为 3m，吸引营救区半径为 10m，AUV 限制在 100 步内完成任务并到达目标点。实验结果显示 AUV1 在第 38 步落入吸引营救区，第 43 步远离吸引营救区，第 40 与 41 步 AUV1 距离营救区中心距离小于 3m，说明完成任务 T_1。AUV1 在执行任务 T_1 后趋向执行任务 T_2，第 56 步落入 T_2 吸引营救区，第 61 步远离吸引营救区，第 58 与 59 步完成任务 T_2。AUV1 执行完 T_2 后落入 T_3 吸引营救区，在 84 步时远离吸引营救区，第 78 与 79 步完成任务 T_3。AUV2 与 AUV3 执行任务的过程与 AUV1 相同。实验结果显示所有 AUV 路线的路径点落在吸引营救区个数不超过 10，限制了吸引营救区与营救区对路径点贪婪性，通过惩罚机制，定义路径点阈值上限 $\kappa = 10$，避免路径点在吸引营救区与营救区内过度累积。

表 15.4 路径点落入营救区与吸引营救区的情况 （单位：m）

AUV1	T_1	38	39	40	41	42	43			
		8.33	4.99	2.30	2.98	5.79	8.74			
	T_2	56	57	58	59	60	61			
		8.17	5.24	2.35	2.13	5.31	8.92			
	T_3	75	76	77	78	79	80	81	82	83	84
		7.87	5.84	4.08	2.76	2.34	3.03	4.25	5.62	7.04	8.51
AUV2	T_4	41	42	43	44	45	46	47	48	49	50
		8.21	6.10	4.11	2.28	0.95	1.74	3.32	4.97	6.63	8.32
	T_5	71	72	73	74	75	76	77	78	79	80
		7.45	5.18	3.44	2.67	3.17	4.30	5.56	6.79	7.95	9.04
AUV3	T_6	32	33	34	35	36	37	38	39	40	41
		8.29	6.47	4.73	3.09	1.85	2.03	3.47	5.28	7.25	9.35
	T_7	63	64	65	66	67	68	69	70	71	72
		9.32	7.46	5.71	4.11	2.83	2.45	3.29	4.78	6.54	8.4

15.2.4 R-RLPSO、ISOM、IACO 算法对比分析

为了证明新提出的 R-RLPSO 算法在水下营救任务分配的有效性，使用 ISOM 与 IACO 算法在

相同环境下执行营救任务。ACO 算法最初由 Dorigo 提出，它是经典的任务分配算法，主要用于解决 TSP 问题。但经典 ACO 算法过于关注任务分配策略，忽视在实际环境下的应用，IACO 算法不仅考虑到寻找最优的任务分配策略，同时能躲避不同类型的障碍物并规划出最优任务分配路径。Kohonen 首次提出 SOM 算法，它基于神经网络并已广泛应用于任务分配。图 15.5a 显示在相同三维复杂空间环境下 IACO 算法执行营救任务的路径图，图 15.5b 显示利用 ISOM 算法执行营救任务的路径图。实验结果显示，多 AUV 系统执行的任务分配策略与 R-RLPSO 算法相同。

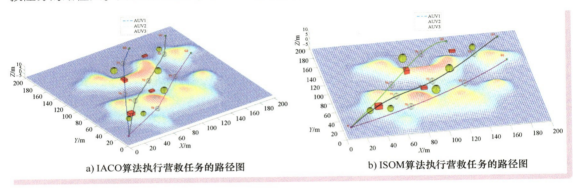

a) IACO算法执行营救任务的路径图　　　　　b) ISOM算法执行营救任务的路径图

● 图 15.5　IACO 算法与 ISOM 算法的营救任务分配

营救路径长度与算法时间消耗是衡量算法性能的重要指标，通过实验证明，R-RLPSO 时间消耗为 26.8524s、IACO 时间消耗为 31.8696s、ISOM 时间消耗为 32.1239s。表 15.5 显示在相同环境下多 AUV 系统执行 R-RLPSO、ISOM、IACO 算法的路径长度。实验显示 R-RLPSO 算法的路径长度最短，相比于 ISOM 算法，路径长度分别减小了 3.7331m、0.3968m 和 0.2475m；相比于 IACO 算法，路径长度减小了 4.8523m、2.0926m 和 1.5236m。

表 15.5　R-RLPSO、ISOM、IACO 算法的路径长度　　　　　　（单位：m）

	R-RLPSO	ISOM	IACO
AUV1	248.8839	252.6170	253.7362
AUV2	216.8351	217.2319	218.9277
AUV3	217.4052	217.6527	218.9288

尽管 ISOM 算法与 IACO 算法均可完成水下营救任务分配，实际应用在水下营救任务中存在局限性。针对 ISOM 算法，若多 AUV 系统与营救任务距离较远，它会引起 AUV 速度突变，而在现实水下营救任务中 AUV 不可能达到这种速度。针对 IACO 算法需要不同任务之间的先验距离信息，三维复杂水下空间中营救任务之间会存在距离最小值 $DIST_{min}$ 与距离最大值 $DIST_{max}$。图 15.5a 的实验产生在 $DIST_{min} = 40m$ 与 $DIST_{max} = 105m$ 的条件下。图 15.6 显示了多 AUV 系统在

营救任务位置定义为 $DIST_{min} = 30m$ 与 $DIST_{max} = 100m$ 的营救情况，实验结果显示 AUV1 与 AUV3 仍然顺利完成营救任务，但因基站 S 与 T_4 之间不存在关联，它限制 AUV2 执行任务 T_4。同时为最小化 AUV 系统营救代价，AUV2 要经过已被 AUV1 营救过的任务 T_1，导致 T_4 营救失败。先验位置信息在实际水下任务执行时难以控制，不恰当的定义会导致任务执行失败。

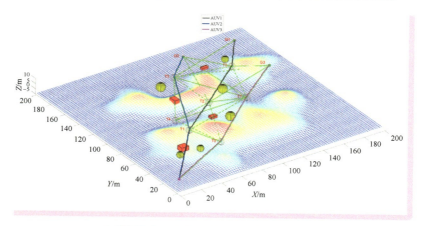

● 图 15.6　IACO 算法的营救任务分配

15.3　本章小结

　　本章提出一种 R-RLPSO 算法解决三维复杂水下环境中多 AUV 系统的实时营救分配问题。相比于其他相关文献提出的算法，R-RLPSO 算法明显优势在于不使用离线任务分配策略，能确保实时完成营救任务，保证营救过程是代价小、速度快、较少关心任务之间关联。通过 R-RLPSO 算法，只需要保证代价函数最小就可以实时完成营救任务。通过 R-RLPSO 算法，多 AUV 系统能自适应选择最优营救策略，在现实营救场景下具有极强的可应用性。

DENPSO 能量优化路径规划

通过第 15 章的实验，证明在三维复杂环境下多 AUV 系统能进行实时路径规划，完成营救任务，但是 AUV 执行任务时本身携带的能量有限，为了避免 AUV 因能源耗尽导致任务执行失败，能量优化问题成为 AUV 顺利执行任务的关键，适当规划路径能显著减小能量消耗。水下环境复杂且不可预知，AUV 在寻找安全、高效、能量优化的路径时需要考虑水下不确定因素干扰，比如不同类型障碍物、洋流与海底暗礁。

然而，当前研究主要集中于二维水下环境，很多研究没有充分考虑到洋流等水下不确定因素，导致缺乏在实际环境下对能量优化问题的思考。相比于二维环境，三维环境下的能量优化问题仍然是一个挑战，环境空间更为复杂导致能量优化很容易陷入局部极小值，不能得到全局能量最优的执行任务路径。因此，研究三维环境下能量优化问题具有现实意义与可应用性。本章从能量优化角度提出一种 DENPSO 算法用于解决 AUV 在执行任务过程中的能量优化，避开水下各种不同类型的障碍物、海底暗礁的同时，能够更好地驾驭洋流。DENPSO 算法的创新点如下：

1）提出距离进化因子并且定义进化状态，根据进化状态随机扰动可能陷入局部较优区域内的粒子，避免粒子陷入局部最优。

2）提出一种新颖的非线性惯性权重因子与非线性学习因子，通过定义超参数自适应调节非线性程度。

3）AUV 的路径被分成若干微元点，基于微元点，利用三次插值法构造程度值因子与微元碰撞因子。

4）在包括三维洋流、不同类型障碍物、海底暗礁的三维复杂水下环境中考虑 AUV 的能量优化问题。同时通过区域海洋模型系统（Regional Ocean Model System，ROMS）验证了在三维真实海洋环境下 DENPSO 算法的能量优化效果。

16.1 DENPSO 算法描述

▶▶ 16.1.1 非线性惯性权重与非线性学习因子

PSO 算法是一种基于种群进化的算法，起初源于对鸟群的研究。在 PSO 算法中，粒子结合自身最优经验与全局最优经验搜索问题最优解，在迭代若干次后能收敛到全局最优解或次优解。路径规划是一个复杂非线性优化问题，利用 PSO 算法解决具有高效性并能扩展到多维空间。但传统 PSO 算法仍然存在缺陷，导致不能得到能量优化的稳定路径。很多参数改进方法已经在 PSO 算法中得到广泛应用，对于惯性权重因子 w，PSO-LDW 算法被提出，主要包含线性变化权重因子，被定义为式（16.1）：

$$w = (w_{ini} - w_{end}) \frac{(K-k)}{K} + w_{end} \tag{16.1}$$

$w_{ini} = 0.9$ 是惯性权重因子上限、$w_{end} = 0.4$ 是惯性权重因子下限、K 表示最大迭代次数、k 表示当前迭代次数。w 值越大表示搜索能力越强。针对学习因子 c_1、c_2，Ratnaweera 等人[50] 提出 PSO-TVAC 算法，定义为式（16.2）：

$$c_1 = (l_{1ini} - l_{1end}) \frac{(K-k)}{K} + l_{1end}$$
$$c_2 = (l_{2ini} - l_{2end}) \frac{(K-k)}{K} + l_{2end} \tag{16.2}$$

根据历史经验，$l_{1ini} = 2.5$、$l_{2ini} = 0.5$、$l_{1end} = 0.5$、$l_{2end} = 2.5$，学习因子的不同变化标志粒子的自身与全局学习的能力。在 PSO 算法中，每个粒子都存储自身经验与全局最优经验，针对三维复杂水下环境，在执行任务过程中可能会遇到不同类型障碍物，传统 PSO 算法很容易陷入局部最优，导致不能获得能量优化的稳定路径。根据 PSO 算法的特性，控制算法性能的主要参数是 w、c_1、c_2。若把参数转化为非线性，它会自适应控制粒子的全局搜索与局部搜索能力与粒子的学习程度，在更新位置上会增加更多的不确定性，能对环境进行充分探索，有效获得最优的能量优化路径。惯性权重因子 w 在同节点下的不同值衡量了粒子的局部搜索与全局搜索的能力，非线性惯性权重因子被定义为式（16.3）：

$$w_0 = \frac{(w_{ini} - w_{end})}{2} \cos\left(\alpha\pi \frac{k}{K}\right) + \frac{(w_{ini} + w_{end})}{2} \tag{16.3}$$

图 16.1 代表线性惯性权重因子 w 与非线性惯性权重因子 w_0 对比结果，超参数 α 是一个实数，它控制全局搜索与局部搜索的倾向程度。当 $\alpha = 1$ 时，非线性惯性权重因子如图 16.1 红色虚

线所示，当 $\alpha<1$ 时，曲线偏移到右边，绿色覆盖区域会增加，引起粒子更倾向于全局搜索。当 $\alpha>1$ 时，非线性惯性曲线会偏移到左边，灰色覆盖区域增加，引起粒子更倾向于局部搜索。w_0 动态变化赋予粒子动态搜索能力。

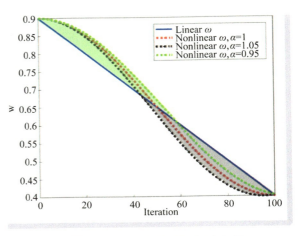

　　非线性惯性权重因子会延迟早期迭代的惯性权重因子 w 的衰减，超参数 α 能够控制非线性变化强度。这种改进优势在于 w_0 值越大，表明粒子主要集中于全局搜索，对于三维复杂水下环境，通过延缓 w_0 衰减能获得持续的全局搜索能力，实现对环境充分探索，有助于获得能量优化的稳定路径。粒子在迭代初期随机移动，通过大量进化接近全局最优区域。在后期进化中，粒子搜索能力集中于局部区域，通过迅速衰减非线性惯性权重因子 w_0 加强粒子的局部搜索能力。

● 图 16.1　惯性权重因子对比图

　　学习因子 c_1、c_2 分别控制粒子的个体与全局认知能力。在整个进化过程中，粒子个体认知能力逐渐衰减，全局认知能力逐渐增强。针对线性衰减学习因子 c_1，由式（16.4）定义非线性学习因子 c_1，对于线性增加学习因子 c_2，由式（16.5）定义非线性学习因子 c_2。

$$c_1 = b_\alpha \sin\left(\frac{\pi}{2} \tau_1 \frac{\left(\frac{K}{2} - k \right)}{\frac{K}{2}} \right) + b_\beta \tag{16.4}$$

$$c_2 = b_k \sin\left(\frac{\pi}{2} \tau_2 \frac{\left(k - \frac{K}{2} \right)}{\frac{K}{2}} \right) + b_\lambda \tag{16.5}$$

式（16.4）中，b_α、b_β 是边界限制因子，$b_\alpha = 1$，$b_\beta = 1.5$，K 是最大迭代次数，k 是当前迭代次数。式（16.5）中，b_k、b_λ 是边界限制因子，$b_k = 1$，$b_\lambda = 1.5$。线性学习因子与非线性学习因子差异如图 16.2 所示。

　　图 16.2a 中红色曲线表示当 $\tau_1 = 1$ 时，c_1 非线性变化程度，随着粒子不断进化，c_1 应不断减小。在早期进化中，粒子应集中自身搜索经验，相对于线性减小的学习因子 c_1，改进的 c_1 延缓了在前期进化过程中学习因子的衰减，使粒子充分利用前期自身的经验寻找能量优化的路径。在迭代后期，为了避免粒子陷入局部最优，粒子的认知能力应从个体转移到全局，通过全局经验

引导，粒子能迅速聚集到能量最优的环境区域。c_2 控制粒子全局认知能力，全局认知能力应不断增加。图 16.2b 中绿色曲线表示当 $\tau_2 = 1$ 时，c_2 非线性变化程度，上述分析显示粒子在前期迭代过程中应集中于个体的经验值，通过改进非线性学习因子 c_2 延缓了在同等程度下学习因子的增加，凸显粒子在前期进化过程中个体认知的重要性。随着粒子逐渐接近全局最优区域，粒子会发生聚集，引起粒子种类显著减小，在这种状态下全局经验会扮演重要角色。通过改进非线性学习因子 c_2 在进化后期迅速增加变化值来聚集全局经验，使粒子更充分利用全局最优经验，搜寻能量优化的稳定路径。

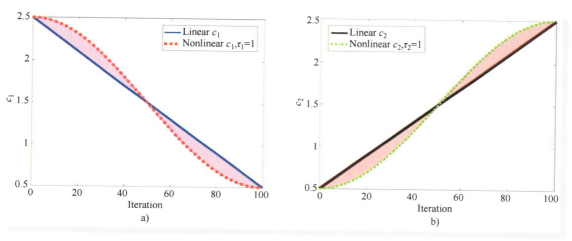

● 图 16.2　非线性学习因子与线性学习因子对比图

▶▶ 16.1.2　距离进化因子

当粒子陷入局部最优区域时，PSO 算法不能得到全局最优的能量优化。这种现象直观表现是 PSO 算法在收敛前代价函数值会出现持续稳定。AUV 在执行任务的过程中需要伴有能量消耗，应避免无效的搜索，使 AUV 迅速找到能量优化的稳定路径。

Zeng 等人[51]将粒子进化过程定义为自适应标记的进化状态，在本章中，提出一种距离进化因子，它主要作用是计算粒子之间的相对距离。在粒子进化过程中，粒子间的距离不断减小，表示粒子逐渐接近全局最优区域。通过计算粒子之间距离，能获得当前粒子进化状态。当前粒子群中第 $j\text{-}th$ 个粒子与其他粒子在第 $k\text{-}th$ 进化过程中距离 d_{jk} 被定义为式（16.6）：

$$d_{jk} = \frac{1}{N-1} \sum_{q=1, q \neq j}^{N} \sqrt{\sum_{i=1}^{D} \left[(x_{jsk} - x_{qsk})^2 + (y_{jsk} - y_{qsk})^2 + (z_{jsk} - z_{qsk})^2 \right]} \qquad (16.6)$$

其中，N 表示粒子群中粒子数，D 表示路径的控制点数。在第 k 次进化中，距离进化因子

Evo_fac_k 被定义为式（16.7）：

$$Evo\_fac_k = \frac{d_{best,k} - d_{min,k}}{d_{max,k} - d_{min,k}} \tag{16.7}$$

在第 k 次迭代中，$d_{best,k}$ 代表全局最优粒子与其他粒子之间的距离，$d_{min,k}$ 表示粒子之间最小距离，$d_{max,k}$ 表示粒子之间的最大距离。Evo_fac_k 的取值范围为 $[0, 1]$。基于距离进化因子，进化状态被定义为式（16.8）：

$$Evo\_state_k = \begin{cases} 1, & 0 \leq Evo\_fac_k \leq 0.25 \\ 2, & 0.25 \leq Evo\_fac_k \leq 1 \end{cases} \tag{16.8}$$

当 $d_{best,k}$ 的值接近 $d_{min,k}$ 时，粒子逐渐接近全局最优区域。当 Evo_state_k 等于 2 时，粒子之间距离相对较大。为了避免粒子因陷入局部最优区域导致能量消耗，本章通过在限定区域内随机扰动粒子位置并通过代价函数对扰动结果进行评估的方式，使粒子跳出局部最优搜索区域。第 $i\text{-}th$ 粒子的随机扰动被定义为式（16.9）：

$$\begin{cases} x_p^{(k)} = x_i^{(k)} + radius \times rand() \\ x_i^{(k)} = x_i^{(k)} + step \times rand() \times \dfrac{x_p^{(k)} - x_i^{(k)}}{\| x_p^{(k)} - x_i^{(k)} \|} \end{cases} \tag{16.9}$$

其中，$x_p^{(k)}$ 表示粒子在随机扰动中可能达到的位置，$radius$ 表示随机扰动半径范围，$step$ 表示移动步长。定义随机扰动上限阈值 $Iter_{max}$。若本次随机扰动次数达到上限阈值后仍然没有发现更优的位置，说明当前状态下的粒子位置更优，因此放弃本次粒子随机扰动。

▶▶ 16.1.3　能量评估

（1）能量优化代价函数

三维复杂环境下，AUV 搜寻能量优化路径是一个复杂问题。考虑真实的水下环境，AUV 在执行任务时需要尽量躲避不同类型障碍物、3D 涡流场、海底暗礁等不利因素的影响，在多种约束条件下寻找能量优化的稳定路径。

这里提出一种新的能量优化代价函数使粒子不断进化。罚函数是解决多约束优化问题的有效工具[41]，它的基本思想是将非线性约束问题转化为无限制优化问题。若 AUV 路径的控制点表达为 $x_i^{(k)} = [p_1^{(k)}, \cdots, p_i^{(k)}, \cdots, p_n^{(k)}]$，能量优化代价函数被定义为式（16.10）：

$$J(x_i^{(k)}) = func\_energy(x_i^{(k)}) + \sum_{i=1}^{3} \lambda_i F_o(x) \tag{16.10}$$

其中，$func\_energy(x_i^{(k)})$ 表示能量优化函数，$F_o(x)$ 表示障碍函数，λ_i 表示权重因子，能量优化函数被定义为式（16.11）：

$$func\_energy(x_i^{(k)}) = (E_k - E_{min})^2 \tag{16.11}$$

其中，E_k 是第 k 次进化过程中 AUV 的能量消耗，E_{min} 是 AUV 在无洋流与障碍物影响的理想环境下的能量参考值。障碍物与洋流约束组成障碍函数 F_o，式（16.12）表示 AUV 在洋流影响下的速度约束，式（16.13）表示在环境空间中的障碍物约束。

$$\begin{cases} 0 \leqslant |u(x,y,z)| \leqslant u_{max} \\ 0 \leqslant |v(x,y,z)| \leqslant v_{max} \end{cases} \tag{16.12}$$

$$(x,y,z) \cap \sum_{i=1}^{N} obs(i) = 0 \tag{16.13}$$

基于能量优化函数与障碍函数，能量优化代价函数被定义为式（16.14）：

$$J = \frac{(E_k - E_{min})^2}{E_{min}^2} + \lambda_1 \frac{\min(0, |u| - u_{max})^2}{u_{max}^2} +$$

$$\lambda_2 \frac{\min(0, |v| - v_{max})^2}{v_{max}^2} + \lambda_3 \times L \times (1 + \beta \times Violation) \tag{16.14}$$

其中，λ_1、λ_2、λ_3 是权重系数，L 表示当前路径长度，β 是一个常数值，$Violation$ 表示程度值因子，即当前路径点 $p(x,y,z)$ 落在障碍物覆盖区域 $\sum_{i=1}^{N} Obs(i)$ 的程度值。

（2）能量参考值

这里能量参考值定义为最理想三维水下环境中 AUV 执行任务的能量消耗，最理想的环境代表没有障碍物阻碍并始终受到正向有利的洋流作用。AUV 寻找能量优化路径可理解成搜寻路径能量消耗值 E_k 接近于 E_{min}。每个粒子潜在的路径可表示为潜在离散控制点 $x_i^{(k)} = [p_1^{(k)}, \cdots, p_i^{(k)}, \cdots, p_n^{(k)}]$，DENSPO 算法用于更新粒子潜在离散控制点位置。对于被更新的路径，AUV 能量消耗可被定义为式（16.15）：

$$E = c_d V_r^3 t \tag{16.15}$$

其中，c_d 是阻尼因子，V_r 是 AUV 的相对速度，t 是 AUV 通过 $x_i^{(k)}$ 的两个连续离散控制点的时间。根据式（16.15），通过极限与近似方法计算 E_{min}，若给定 AUV 起始点 $S(x_s, y_s, z_s)$ 与目标点 $T(x_t, y_t, z_t)$，AUV 执行任务获得最小时间包含两方面：一方面是沿起始点 $S(x_s, y_s, z_s)$ 到目标点 $T(x_t, y_t, z_t)$ 的直线路径执行任务；另一方面是从起始点 $S(x_s, y_s, z_s)$ 到目标点 $T(x_t, y_t, z_t)$ 保持最大速度。从起始点 $S(x_s, y_s, z_s)$ 到目标点 $T(x_t, y_t, z_t)$ 之间距离被定义为式（16.16）：

$$|T - S| = \sqrt{(x_t - x_s)^2 + (y_t - y_s)^2 + (z_t - z_s)^2} \tag{16.16}$$

假设 AUV 执行任务始终受到最大速度正向的洋流推力，在这种状态下，AUV 沿着恒定最大速度执行任务应获得最小任务执行时间 t_{min}，被定义为式（16.17）：

$$t_{min} = \frac{|T - S|}{\sqrt{v_{x\_max}^2 + v_{y\_max}^2 + v_{z\_max}^2}} \tag{16.17}$$

根据第 3 章的式（3.1）~式（3.5）可计算$(v_{x\_max}, v_{y\_max}, v_{z\_max})$，它代表 AUV 从起始点 $S(x_s, y_s, z_s)$ 到目标点 $T(x_t, y_t, z_t)$ 的最大速度。为获得最小速度 V_{r_min}，若总存在恒定的最大洋流阻碍 AUV 从起始点 $S(x_s, y_s, z_s)$ 到目标点 $T(x_t, y_t, z_t)$ 的直线运动。最小速度 V_{r_min} 被定义为式（16.18）：

$$V_{r\_min} = \sqrt{v_{x\_min}^2 + v_{y\_min}^2 + v_{z\_min}^2} \tag{16.18}$$

根据第 3 章的式（3.1）~式（3.5）可计算$(v_{x\_min}, v_{y\_min}, v_{z\_min})$，它代表 AUV 从起始点 $S(x_s, y_s, z_s)$ 到目标点 $T(x_t, y_t, z_t)$ 的最小速度，V_{r_min} 是最小速度标量。结合 V_{r_min} 与 t_{min}，能量参照值 E_{min} 被定义为式（16.19）：

$$E = c_d V_{r\_min}^3 t_{min} \tag{16.19}$$

16.2 仿真实验对比分析

16.2.1 DENPSO 算法在三维涡流场中的能量优化

仿真实验通过 MATLAB R2016b 构建，计算机的配置信息为 Intel core i3-7100 U @ 3.9GHz、8G RAM。DENPSO 算法的参数定义如下：粒子数为 40、最大迭代数为 200、非惯性权重因子 w_0 的超参数 α 为 1、非线性学习因子 c_1 与 c_2 的超参数 τ_1 与 τ_2 分别为 1；AUV 的最大速度为 6m/s、控制点数为 10、阻尼因子 c_d 为 3、随机扰动阈值 $Iter_{max}$ 为 6、随机扰动半径 $radius$ 为 4m；AUV 执行任务的起始点 $S = (5,5,5)$、目标点为 $T = (160,180,0)$；三个涡流场的位置分别位于 $\mathbb{R}^o = [50,50]^T$、$\mathbb{R}^o = [115,115]^T$ 和 $\mathbb{R}^o = [100,160]^T$。考虑 AUV 在真实三维水下环境的障碍物，在三维水下空间中设立 6 个球体、4 个立方体、1 个圆柱体与 1 个三棱柱障碍物并设置了起伏不定的海底暗礁，AUV 在执行任务的过程中必须调整行驶方向避免触碰海底暗礁。

在实验中，对比算法应该避免外界不必要因素干扰。因此，本章的对比算法充分结合了 Shi 和 Eberhart 等人提出的 PSO-LDW 算法和 Ratnaweera 等人[50]提出的 PSO-TVAC 算法的优势，将在 PSO-LDW 提出的线性变化的线性惯性权重因子 w 以及 PSO-TVAC 提出的同样呈线性变化的线性学习因子 c_1、c_2 相结合作为对比算法，并将该算法命名为 LPSO 算法。图 16.3 表示在三维复杂环境下 DENPSO 算法与 LPSO 算法执行任务轨迹，从图中可看出红色路径为 DENPSO 算法生成而黑色路径由 LPSO 算法生成。DENPSO 算法的时间消耗为 35.1745 s，LPSO 算法的时间消耗为 35.8312 s，图中实验结果显示当 AUV 从起始点 $S = (5,5,5)$ 出发时，它会面临涡流中心位于 $\mathbb{R}^o = [50,50]^T$ 的涡流，DENPSO 算法具有更强的沿着涡流躲避障碍物的能力，当接近目标位置 $T = (160,180,0)$ 时，它会面临其余两个涡流。相比 LPSO 算法，DENPSO 算法能避免碰到各种不同类型障碍物与海底暗礁。

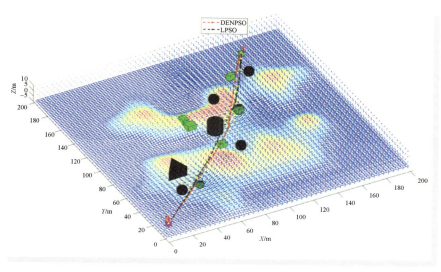

● 图 16.3
三维复杂环境下 DENPSO 算法与 LPSO 算法执行任务轨迹

表 16.1 显示在三维水下环境中 DENPSO 算法的潜在离散控制点位置。图 16.4 显示 DENPSO 算法与 LPSO 算法的能量消耗。尽管两种算法在迭代初期均出现能量波动，但能量消耗均不断减小。在相同三维水下环境中，DENPSO 算法能量消耗更小。在第 24 次迭代是一个"转折点"，这里"转折点"的含义是 DENPSO 算法的能量消耗开始小于 LPSO 算法并且这种现象在后续迭代过程中持续保持。在"转折点"处，DENPSO 算法的能量消耗为 4.1318×10^4J，LPSO 算法的能量消耗为 4.1966×10^4J。由于粒子逐渐接近全局最优区域，能量消耗在第 130 次附近趋于稳定。

表 16.1 DENPSO 算法的潜在离散控制点位置 （单位：m）

point	1	2	3	4	5	6	7	8	9	10
x-axis	29.98	37.25	53.23	92.17	103.95	112.09	136.24	143.30	150.56	153.89
y-axis	24.68	30.71	44.74	80.37	95.02	107.73	145.23	155.93	166.77	171.79
z-axis	7.71	7.66	8.15	9.10	8.50	7.60	5.71	4.97	3.40	2.31

DENPSO 算法迭代后期的能量消耗趋于稳定。表 16.2 显示在第 191 次至 200 次之间的能量消耗情况。DENPSO 算法的平均能量消耗为 3.25098×10^4J，LPSO 算法的平均能量消耗为 3.46639×10^4J。图 16.4 显示在迭代初期 DENPSO 算法的能量消耗高于 LPSO 算法，出现这种现象主要原因为能量消耗取决于粒子最优代价值。粒子在前期移动显示出极大的随机性并且非线性惯性权重与学习因子充分考虑了进化阶段的特点，使粒子能够在全局空间内充分探索。但是随着迭代进行，粒子对环境空间的经验累积，DENPSO 算法的能量消耗出现了显著的减小。图 16.4 显示在

前 100 次迭代中，第 20 次、49 次、86 次出现了能量突变，在能量突变点的能量消耗分别为 $4.5053 \times 10^4 \mathrm{J}$，$3.9040 \times 10^4 \mathrm{J}$、$3.71230 \times 10^4 \mathrm{J}$，能量突变理解为在能量消耗显著减小后能保持相对更小的能量波动并且能量在后续波动时不会超过能量突变点的能量消耗，直至达到稳定的能量消耗值。

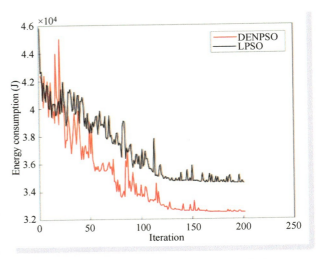

● 图 16.4 三维环境下 DENPSO 算法与 LPSO 算法的能量消耗

实验结果显示 DENPSO 算法与 LPSO 算法的能量曲线在整个迭代过程中呈现波动。在每次迭代中，最优粒子经过不同区域的洋流不相同，同时有可能遭遇障碍物，引起最优粒子持续交替。式（16.15）显示能量消耗与速度和时间相关，粒子在不同位置存在不同的速度，最优粒子交替的同时引起能量消耗的波动。当 DENPSO 算法趋于稳定后，最优粒子接近全局最优位置，能量消耗同样趋于稳定。

表 16.2 三维环境下 DENPSO 与 LPSO 的能量消耗 （单位：$10^4 \mathrm{J}$）

Iteration	191	192	193	194	195	196	197	198	199	200	average
DENPSO	3.249	3.249	3.248	3.258	3.258	3.249	3.249	3.249	3.248	3.24	3.2509
LPSO	3.459	3.459	3.459	3.459	3.515	3.458	3.458	3.475	3.458	3.45	3.4663

在进化过程中粒子会随机移动，粒子的路径落入障碍物的覆盖区域内是不可避免的。图 16.5 显示在迭代过程中 DENPSO 算法与 LPSO 算法的微元碰撞因子（$Micro\_factor$）。实验中粒子数为 40，每个粒子的路径被分成 100 个微元点，$Micro\_factor$ 表示所有粒子微元点落在障碍物覆盖区域的情况。图 16.5 显示在 80 次迭代前 DENPSO 算法的 $Micro\_factor$ 略微高于 LPSO 算法，出现这种现象原因是 DENPSO 算法在迭代前期要经历更长时间的全局搜索，当进化状态 $Evo\_state_k = 2$ 时，随机扰动也会增加粒子与障碍物接触概率。但在 150 次迭代后，所有粒子微元点落在障碍物覆盖区域内个数几乎为 0，图 16.4 显示在 150 次迭代后能量消耗也趋于稳定。$Micro\_factor$ 代表粒子群中所有粒子路径的微元点落在障碍物覆盖区域内的个数，它反映了 DENPSO 算法的进化趋势。度量最优粒子的 $Micro\_factor$ 没有意义，根据式（16.10）可知，碰撞到障碍物的粒子具有很小的概率被选择成为最优粒子。

　　图 16.6 显示 DENPSO 算法与 LPSO 算法的代价值，DENPSO 算法在前 100 次迭代时的代价值呈现显著减小，图 16.4 显示前 100 次能量消耗同样呈现显著下降。但在前 20 次迭代，DENPSO 算法的代价值大于 LPSO 算法，图 16.4 同样显示 DENPSO 算法在对应迭代期间的能量消耗略微大于 LPSO。粒子在迭代过程中会积累环境经验，图 16.4 显示 DENPSO 算法的能量消耗在 150 次迭代后趋于稳定，图 16.6 显示在对应迭代期间，代价值也趋于稳定并且在图 16.5 中 *Micro_factor* 接近 0。

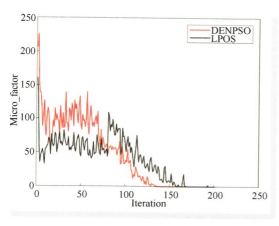 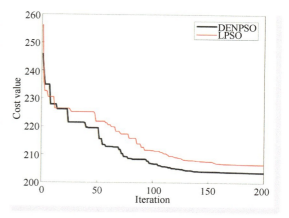

　　● 图 16.5　三维环境下 DENPSO 算法与 　　　　　● 图 16.6　三维环境下 DENPSO 算法与
　　　　LPSO 算法的微元碰撞因子 　　　　　　　　　　　　　LPSO 算法的代价值

　　图 16.7 显示了 DENPSO 算法在不同阶段的随机扰动情况，目的是验证提出的距离进化因子 Evo_fac_k。在图 16.7 中，X 轴表示迭代数并且以 20 为单位分组，Y 轴表示每个分组内随机扰动发生次数，为了保护最优粒子的经验，最优粒子在整个迭代过程中始终不使用随机扰动。图中显示，因前期粒子间距离较大，在前 60 次迭代时通过距离进化因子能产生多次随机扰动并且这段时期是局部最优粒子渴望跳出局部的最优区域，有必要为粒子提供足够的能量去逃逸。随机扰动主要发生在前 60 次，这正是能量优化与代价值极不稳定的阶段。图中也显示随机扰动发生在迭代的最后阶段，产生这种现象的原因是距离因子 Evo_fac_k 在迭代过程中不断减小。在进化初期，粒子间距离相对较大，造成 Evo_fac_k 也相对较大，随机扰动发生的概率也相对较大。在进化后期粒子趋于最优区域，尽管粒子间距离不断缩小，但是根据式（16.7），我们不应该忽视距离进化因子 Evo_fac_k 也在不断减小，同时还存在不确定因子的扰动，会造成进化状态 $Evo\_state_k = 2$ 的条件被满足，随机扰动就会发生。

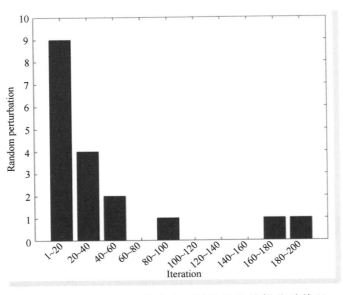

● 图 16.7　DENPSO 算法在不同阶段的随机扰动情况

▶▶ 16.2.2　DENPSO 算法在区域海洋系统中的能量优化

　　为了验证真实海洋环境下 DENPSO 算法的能量优化情况，使用在加利福尼亚州的区域海洋模型系统（ROMS）的真实洋流数据集。洋流数据是来自海洋模型系统中很小的区域。经度范围从西经 117°至西经 121.1°，纬度范围从北纬 32.5°至北纬 34.7°，数据收集时间为 2013 年的 1 月 21 日 12：37：14。根据真实历史洋流数据，通过散乱点插值法构建出加利福尼亚海岸线的群岛。实验中，AUV 从起始点 S 出发到达目标点 T，起始点 S 的地理位置位于西经 119.82°、北纬 33.4°，目标点 T 的地理位置位于西经 119.27°、北纬 33.16°。在实验中，地理坐标转化为对应的笛卡儿坐标，DENPSO 算法的时间消耗是 21.5823s，而 LPSO 算法的时间消耗是 21.7951s。图 16.8显示 DENPSO 算法与 LPSO 算法在真实 ROMS 系统中的路径。红色的路径代表 DENPSO 算法，绿色的路径代表 LPSO 算法。DENPSO 算法产生的能量优化路径能沿着洋流的方向并绕过加利福尼亚海岸线的岛屿。实验结果也显示当面对不规则的岛屿时，DENPSO 算法仍然能发现能量优化的路径。在本试验中，路径的潜在离散控制点数为 8，表 16.3 显示真实环境下 DENPSO 算法在收敛时离散控制点的位置。

表 16.3　真实环境下 DENPSO 算法在收敛时离散控制点的位置　　　（单位：m）

point	1	2	3	4	5	6	7	8
x-axis	133.18	137.79	146.35	150.65	161.33	165.26	169.40	173.66
y-axis	98.37	96.29	92.41	90.40	85.25	82.90	80.26	77.53
z-axis	3.71	3.61	3.43	3.37	3.11	3.00	2.30	1.43

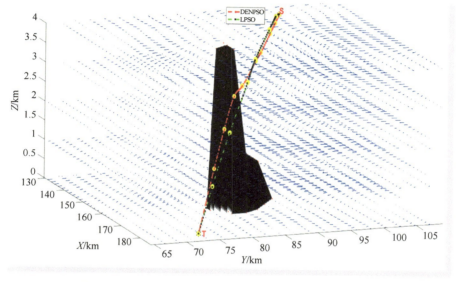

● 图 16.8　真实环境下 DENPSO 算法与 LPSO 算法的路径

图 16.9 显示了在真实水下环境中 DENPSO 算法与 LPSO 算法的能量消耗，DENPSO 算法在第 11 次迭代时发生了能量突变，在能量突变点的能量消耗为 1.4692×10^9J，并且在第 48 次再次发生了能量突变，能量消耗为 1.4366×10^9J。在最后收敛时，DENPSO 算法的能量消耗明显小于 LPSO 算法。表 16.4 显示 DENPSO 算法在迭代第 141 至 150 次之间能量消耗情况，结果显示 DENPSO 算法与 LPSO 算法在迭代收敛时能量消耗均保持相对稳定，DENPSO 算法的平均能量消耗是 1.42655×10^9J，LPSO 算法的平均能量消耗是 1.43704×10^9J，结果证明 DENPSO 算法的能量消耗优于 LPSO 算法。

表 16.4　真实环境下 DENPSO 与 LPSO 的能量消耗　　　（单位：10^9J）

Iteration	141	142	143	144	145	146	147	148	149	150	average
DENPSO	1.4265	1.4264	1.4265	1.4264	1.4264	1.4268	1.4272	1.4265	1.4264	1.4264	1.42655
LPSO	1.4369	1.4369	1.4374	1.4374	1.4372	1.4369	1.4369	1.4370	1.4369	1.4369	1.43704

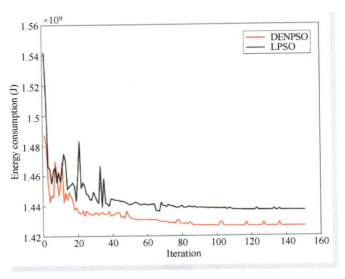

图 16.10 显示在区域海洋模型系统中 DENPSO 算法与 LPSO 算法的代价值曲线，DENPSO 算法的代价值在前 20 次迭代时会明显减小。在这个进化过程中，粒子发现全局最优的能量优化位置并带来大范围的能量优化波动。图 16.9 显示在前 20 次能量波动明显，但随着后续进化过程中代价值变化较小，DENPSO 算法与 LPSO 算法的能量消耗均在小范围内波动。在 80 次迭代后，

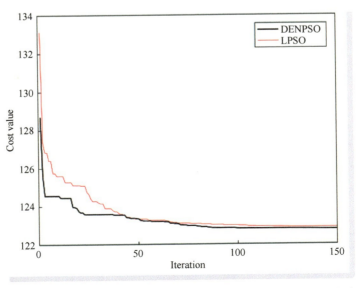

● 图 16.10　真实环境下 DENPSO 算法与 LPSO 算法的代价值曲线

DENPSO 算法与 LPSO 算法的代价值趋于稳定。图 16.9 显示在后续进化中能量消耗均没有出现明显波动。

图 16.11 显示在真实环境下 DENPSO 算法随机扰动发生的次数，大多数随机扰动发生在前 30 次。在这个进化阶段，DENPSO 算法的能量消耗与代价值均呈现明显波动，表明了陷入局部最优的粒子渴望通过随机扰动跳出局部最优区域，因此很有必要为这些粒子提供足够的能量向全局最优区域移动。但在进化 30 次后，随机扰动发生的概率比较低，表示粒子接近全局最优区域。在本实验中，代价值与能量消耗在粒子到达最优区域之前均呈现小范围变化。

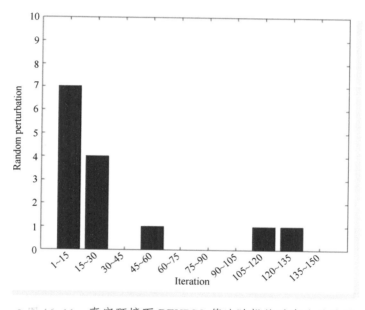

●图 16.11 真实环境下 DENPSO 算法随机扰动发生的次数

▶▶ 16.2.3 DENPSO 算法在多 AUV 实时营救任务中的能量优化

通过提出的 DENPSO 算法，多 AUV 系统能够沿着一条能量优化的稳定路径执行水下任务，第 15 章介绍了多 AUV 系统实时执行营救任务，AUV 在执行营救任务时存在能量消耗，为证明 R-RLPSO 算法在水下执行实时营救任务的优越性，通过 DENPSO 算法计算多 AUV 系统利用 R-RLPSO 算法执行任务时的能量消耗，并在相同条件下对比多 AUV 系统应用 IACO 与 ISOM 算法执行任务的能量消耗。

在图 15.4 中，多 AUV 系统执行营救任务被划分为 4 个连续阶段，多 AUV 系统中包含 3 个 AUV，每个 AUV 被定义在 100 步内完成营救任务，每个 AUV 在不同阶段定义的步数区间范围分

别是 [1，28]、[29，56]、[57，84]、[85，100]。假设多 AUV 系统在执行营救任务的速度恒为 6m/s、阻尼系数为 3。表 16.5 显示利用 DENPSO 算法计算多 AUV 系统通过 R-RLPSO 算法、IACO 算法与 ISOM 算法执行营救分配时能量消耗情况。

在第 15 章中，表 15.5 显示多 AUV 系统利用 R-RLPSO 算法执行营救任务时路径长度最短，其次是 ISOM 算法，AUV 在执行任务的路径长度可以显示算法的优越性。表 16.5 显示 R-RLPSO 算法在执行任务整个过程的能量消耗为 7.1516×10^4J，ISOM 算法在执行任务整个过程的能量消耗为 7.2064×10^4J，IACO 算法在执行任务整个过程的能量消耗为 7.5305×10^4J。通过 DENPSO 算法计算能量消耗结果，可以得出 R-RLPSO 算法在执行整个任务过程中能量消耗是最少的，表明提出的实时任务分配算法 R-RLPSO 具有优越性。

表 16.5　R-RLPSO、ISOM、IACO 算法通过 DENPSO 算法的能量消耗

（单位：10^3J）

Algorithm	AUV	[1,28]	[29,56]	[57,84]	[85,100]	Total_energy
R-RLPSO	AUV1	4.6332	8.7550	8.2968	4.3802	71.516
	AUV2	6.4283	6.3997	6.7942	3.1337	
	AUV3	6.2632	7.2707	6.3948	2.7554	
ISOM	AUV1	9.3985	6.0175	8.4904	2.6162	72.064
	AUV2	9.2023	7.0726	4.7786	1.7522	
	AUV3	6.6351	6.4208	6.2850	3.4936	
IACO	AUV1	7.5440	7.2117	5.1768	2.9379	75.305
	AUV2	8.8661	8.4361	6.6704	3.8631	
	AUV3	6.7984	6.6509	7.1616	3.9823	

16.3　本章小结

本章展示了一个新颖的 DENPSO 算法用于在三维水下环境与真实的区域海洋模型系统中寻找能量优化的稳定路径。DENPSO 算法为 AUV 在执行任务过程中减少能量消耗提供了一种有效且稳定的策略。DENPSO 算法包含三个重要方面：首先提出一种新颖的非线性惯性权重与非线性学习因子，并且非线性程度可通过超参数自适应调节；其次为了避免粒子陷入局部最优区域，通过距离进化因子随机扰动粒子，使粒子能够发现更好的位置；最后路径被分成很多微元点，基于微元点构建安全程度值因子与微元碰撞因子。结果显示在三维仿真环境下与区域海洋模型下 DENPSO 算法的能量消耗能够分别减小 2.1514×10^3J 与 1.049×10^7J。

目标追踪篇

多无人机系统在执行任务时，目标追踪是最重要的环节之一。无人机执行目标追踪任务的本质就是根据目标的状态与周围环境信息的影响，调节其自身的运动规则，最终实现对目标的有效控制。

多无人机协同目标追踪是一个复杂的问题，本篇包括 17、18 两章，主要研究多无人机在追踪单目标或多目标时如何实时自适应地调整自身的运动状态，如何在追踪过程中始终保持网络动态连通及避免碰撞，从而使无人机能快速地跟踪到目标，完成追踪任务。

第17章

切换式协同目标追踪

在动态环境中，相比较单个无人机执行任务的情况，多无人机协同运动具有稳定性、可靠性和安全性的特点。其中，目标追踪是考察多无人机系统上述特点的常用任务场景之一。近年来，这一问题受到了国内外学者的广泛关注，并在多无人机协同控制方面已经取得了很多研究成果。相关文献中提出的解决思路主要集中在传统智能群集算法、多智能体系统分布式理论框架和预测算法。传统智能群集算法在早期研究中受到高度关注，是一种受到生物群集启发，设计出的模拟生物运动规则的基本模型。尽管该算法可以实现无人机的简单群集和运动趋于一致，但是效率较低，且会存在无人机之间相互作用抵消的情况。而从多智能体系统分布式理论框架入手的优势在于其实现简单、效率较高，可以较快实现多无人机形成一个规则有序的整体并保持运动，但是系统震荡有回溯，难以达到稳定的状态。并且这两个算法只是单纯地从运动控制的角度出发，却没有实现对目标状态的有效预测，难以满足动态环境中对目标实时追踪的要求。多无人机执行追踪任务时，一方面要考虑无人机之间的协同性，另一方面要考虑是否能够对目标状态实现准确的预测。上述算法只适用于解决目标沿着固定轨迹运动的问题，且追踪效率不高。多无人机系统可以看作是一个移动的拓扑网络，当动态拓扑网络用来追踪移动目标时，网络中节点如何对目标进行有效的预测是当下面临的新的挑战。关于目标轨迹预测的方法有很多，其中最小二乘法处理多传感器数据方面有着计算量小和容错性良好的特点，但是其稳定性较差，并不适合于分布式无人机系统；而基于强化学习的方法需要进行模型训练，难以满足动态环境下实时预测目标轨迹的需求。

本书从实际环境中执行追踪任务的角度出发，针对目标是否具有逃逸的能力建立不同的运动模型，并结合多智能体分布式理论框架和分布式卡尔曼滤波算法，提出一种切换式的目标追踪策略。

该算法的创新点如下：

1）针对多无人机系统在执行目标任务时难以实现对目标的有效控制，提出切换式的追踪策略，当距离目标较远时，进入自组织模式；当距离目标较近时，进入捕获控制模式。

2）考虑真实环境中目标运动具有灵活性、自主性、躲避追捕的特点，设计了目标基本运动模型和逃逸模型，将目标的探测范围抽象为一个圆形感知区，针对进入感知区的无人机，通过逃逸模型选择下一步的动作。

3）针对标准分布式卡尔曼滤波算法难以解决系统中每一架无人机估计数据协同一致的问题，将一致性思想引入到分布式卡尔曼滤波算法中，实现无人机协同估计。

17.1　切换式追踪策略描述

▶▶ 17.1.1　卡尔曼一致性滤波算法

相关文献中针对目标轨迹预测问题采用标准卡尔曼滤波算法作为模型。但是在动态环境下，目标运动形式较为复杂；且在多无人机系统中，无人机数量较多，每一架无人机的探测范围有限，在某些时刻，只有部分无人机感知到目标信息。本章从实际角度出发，基于分布式系统估计，引入一致性算法，以解决在目标追踪中多无人机协同预测的问题。

假设 N 架无人机组成的传感器网络，每一架无人机装备相同的传感器，且探测范围完全相同。则该传感器网络表示为 $G=(V,E)$，其中 $V=\{1,2,\cdots,N\}$ 表示无人机节点集合，$E=\{(i,j)\mid i, j\in V\}$ 表示传感器网络中两架无人机节点之间可以通信的通道，且 $(i,j)\in Ed_i=|V_i|$ 表示无人机 i 的度，表示为 $J_i=V_i\cup\{i\}$。

上述传感器网络模型对目标进行估计，而目标的状态方程与无人机 i 对目标的观测方程如下：

$$x(k+1)=A\times x(k)+B\times\omega(k), x\in\mathbb{R}^2 \tag{17.1}$$

$$z_i(k)=H_i(k)\times x(k)+v_i(k), z_i\in\mathbb{R}^2 \tag{17.2}$$

式（17.1）中，$x(0)$ 为目标的初始状态；B 为噪声输入矩阵；式（17.2）中，H_i 为无人机 i 的观测矩阵；$\omega(k)$ 和 $v_i(k)$ 分别为过程噪声和测量噪声，且均是零均值的高斯噪声，其协方差如下：

$$E(\omega(k)\omega(l)^{\mathrm{T}})=Q(k)\sigma_{kl} \tag{17.3}$$

$$E(v_i(k)v_j(l)^{\mathrm{T}})=R_i(k)\sigma_{kl}\sigma_{ij} \tag{17.4}$$

式（17.3）和式（17.4）中，当 $k=l$ 时，$\sigma_{kl}=1$；否则，$\sigma_{kl}=0$。

令 $Z_i(k)=col(z_j(k))\in R^{lp}(j\in N_i\cup i, l=|N_i|+1)$ 为无人机节点 i 在时刻 k 对目标的观测值集合。给定测量值信息 $Z_i^k=\{Z_i(0),Z_i(1),\cdots,Z_i(k)\}$，无人机对目标的估计值如下：

$$\hat{x}_i(k)=E(x(k)\mid Z_i^k), \bar{x}_i(k)=E(x(k)\mid Z_i^{k-1}) \tag{17.5}$$

令 $e_i(k) = \hat{x}_i(k) - x(k)$、$\bar{e}_i(k) = \bar{x}_i(k) - x(k)$，分别表示无人机的估计误差与先验估计误差，则

$$M_i(k) = E(e_i(k)e_i(k)^{\mathrm{T}}), \quad P_i(k) = E(\bar{e}_i(k)\bar{e}_i(k)^{\mathrm{T}}) \tag{17.6}$$

式（17.6）中，$M_i(k)$ 和 $P_i(k)$ 为估计误差协方差。

一致性思想主要表示为传感器网络中相邻无人机节点之间的作用规则，最终保证网络所有节点收敛到一致状态，即所有无人机对目标的预测值趋于一致。假设无人机节点 i 的初始状态为 $z_i(0)$，在运行 k 次一致性算法之后，$z_i(k)$ 表示为：

$$z_i(k) = w_{ii}z_i(k-1) + \sum_{j \in N_i} w_{ij}z_j(k-1) \tag{17.7}$$

式（17.7）中，$w_{ii}(i,j = 1,2,\cdots,N)$ 表示为加权系数，并且满足式（17.8）。

$$w_{ii} + \sum_{j \in N_i} w_{ij} = 1 \tag{17.8}$$

在研究中经常用到的加权系数，一共有两种表示形式，分别为：最大度加权和 Metropolis 加权。具体表现如式（17.9）和式（17.10）所示。

（1）最大度加权

$$w_{il} = \begin{cases} \dfrac{1}{n}, & l \in V_i \\ 1 - \dfrac{d_i}{n}, & l = i \\ 0, & l \notin J_i \end{cases} \tag{17.9}$$

（2）Metropolis 加权

$$w_{il} = \begin{cases} (1 + \max\{d_i, d_l\}), & l \in V_i \\ 1 - \sum_{j \in V_i} w_{ij}, & l = i \\ 0, & l \notin J_i \end{cases} \tag{17.10}$$

无人机之间的信息交互过程如图 17.1 所示，每一个无人机节点主要有三个任务：

1）计算局部测量值 z 和系统状态的局部估计 $\hat{x}$。

2）与邻居进行通信。

3）使用自身与邻居的 z 和 $\hat{x}$，更新局部估计和误差协方差。

定理 17.1（卡尔曼一致性滤波算法） 在多无人机构成的动态网络拓扑中，每一个无人机节点的观测方程为式（17.2），假设每一个无人机节点的分布式估计算法如下：

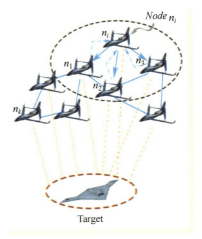

● 图 17.1 无人机之间的信息交互过程

$$\hat{x}_i = A\hat{x}_i + K_i(Z_i - H_i\hat{x}_i) + \mu P_i \sum_{j \in N_i} (\hat{x}_j - \hat{x}_i) \qquad (17.11)$$

$$K_i = P_i H_i^{\mathrm{T}} R_i^{-1}, \mu > 0 \qquad (17.12)$$

$$\dot{p}_i = AP_i + P_i A^{\mathrm{T}} + BQB^T - K_i R_i K_i^{\mathrm{T}} \qquad (17.13)$$

式（17.13）中，卡尔曼一致性估计初始值和先验估计误差的协方差为 $P_i(0) = P_0$ 和 $\hat{x}_i(0) = x(0)$。第 i 架无人机节点的估计误差 $\eta_i = x - \hat{x}_i$ 是渐进稳定且有界收敛的。

设 Lyapunov 函数为

$$V(\eta) = \eta^{\mathrm{T}} P^{-1} \eta = \sum_{i=1}^{N} \eta_i^{\mathrm{T}} P^{-1} \eta_i \qquad (17.14)$$

$$\dot{V} \leqslant -2\psi_G(\eta) \leqslant 0 \qquad (17.15)$$

而且所有无人机节点的估计值渐进达到一致，即 $\hat{x}_1 = \hat{x}_2 = \cdots = \hat{x}_N = x$。

证明 定义向量 $\eta = col(\eta_1, \cdots, \eta_n), x = col(x, \cdots, x) \in \mathbb{R}^{mn}$。

所有无人机节点的估计值向量为 $\hat{x} = col(\hat{x}_1, \cdots, \hat{x}_n)$。

其中，

$$\hat{x}_j - \hat{x}_i = \eta_i - \eta_j$$

因此，动态估计方程可以写为：

$$\hat{x}_i = A\hat{x}_i + K_i(z_i - H_i\hat{x}_i) - \gamma P_i \sum_{j \in N_i} (\eta_j - \eta_i) \qquad (17.16)$$

无人机节点 i 的估计误差可以表示为：

$$\dot{\eta}_i = (A - K_i H_i)\eta_i + \gamma P_i \sum_{j \in N_i} (\eta_j - \eta_i) \qquad (17.17)$$

或者，

$$\dot{\eta}_i = F_i \eta_i + \gamma P_i \sum_{j \in N_i} (\eta_j - \eta_i) \qquad (17.18)$$

其中，$F_i = A - K_i H_i$。通过计算 $\dot{V}(\eta)$，得到：

$$\dot{V} = \sum_i \eta_i^{\mathrm{T}} P_i^{-1} \dot{\eta}_i - \eta_i^{\mathrm{T}} P_i^{-1} \dot{P}_i P_i^{-1} \eta_i \qquad (17.19)$$

$$\eta_i^{\mathrm{T}} P_i^{-1} \eta_i = \eta_i^{\mathrm{T}} P_i^{-1} F_i \eta_i + \gamma \eta_i^{\mathrm{T}} \sum_{j \in N_i} (\eta_j - \eta_i) \qquad (17.20)$$

换位之后，最后一项保持不变，因此，

$$\dot{\eta}_i^{\mathrm{T}} P_i^{-1} \dot{\eta}_i = \eta_i^{\mathrm{T}} F_i^{\mathrm{T}} P_i^{-1} \eta_i + \gamma \eta_i^{\mathrm{T}} \sum_{j \in N_i} (\eta_j - \eta_i) \qquad (17.21)$$

$$\dot{V} = - \sum_i \eta_i^{\mathrm{T}} [H_i^{\mathrm{T}} R_i^{-1} H_i^{\mathrm{T}} + P_i^{-1} BQB^{\mathrm{T}} P^{-1}] \eta_i + 2\gamma \sum_i \sum_{j \in N_i} \eta_i^{\mathrm{T}} (\eta_j - \eta_i) \qquad (17.22)$$

对于无向图，上式中的第二项与一致性理论中的分歧函数 $-\psi_G(\eta)$ 的负值成比例。

$$\dot{V} = -\eta^{\mathrm{T}}\Lambda\eta - 2\gamma\eta^{\mathrm{T}}\hat{L}\eta \leqslant -2\gamma\psi_{G}(\eta) \leqslant 0 \tag{17.23}$$

式（17.23）中，Λ 是正定对角块矩阵，其对角块为 $H_i^{\mathrm{T}}R_i^{-1}H_i^{\mathrm{T}} + P_i^{-1}BQB^{\mathrm{T}}P^{-1}$。由于 $\dot{V}(\eta) = 0$，表示所有的 η_i 值相等，$\eta = 0$，因此，$\forall i$，当 $t \to \infty$ 时，$\hat{x}_i = x$，证明完毕。

▶ 17.1.2　多无人机协同控制方程

考虑到无人机集群之间的相互作用，分布式蜂拥算法的理论框架如式（17.24）所示。

$$u_i = -\sum_{j \in N_i(t)} \nabla_{q_i}\psi(q_j - q_{i\sigma}) - \sum_{j \in N_i(t)} a_{ij}(p_i - p_j) - C_1 \times (q_i - \hat{q}_{i,\gamma}) - C_2 \times (p_i - \hat{p}_{i,\gamma}) \tag{17.24}$$

式（17.24）中，$\hat{q}_{i,\gamma}$ 和 $\hat{p}_{i,\gamma}$ 分别为第 i 架无人机对目标的位置和速度估计值，C_1、C_2 为反馈系数，$\psi(q_j - q_{i\sigma})$ 为人工势能函数。

考虑到目标存在一定的感知范围，无人机应该根据其与目标之间距离的变化，自适应地调节其运动状态。无人机在追踪过程中的模式转换如图 17.2 所示。

图 17.2 中，d_r 代表包围半径；d_p 表示模式切换距离；$d_i = \|q_i - q_{obj}\|$ 表示无人机 i 与目标之间的相对距离；d_k 代表目标感知范围；$\|\cdot\|$ 代表二维空间的欧几里得范数。

（1）自组织模式

无人机 i 进入以目标为中心、d_i 为半径，且 $d_i \in (d_p, d_k]$，无人机先通过式（17.11）获得对目标的最优状态估计，然后控制无人机向估计位置移动。

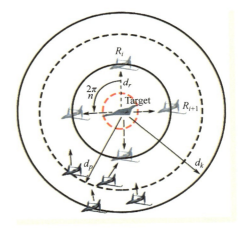

● 图 17.2　无人机在追踪过程中的模式转换

在式（17.24）中，假设所有无人机均可以探测到目标的位置，但是，在实际的追踪环境中，这一点是很难实现的，所以在追踪模式中，只考虑部分无人机可以探测到目标的情况，且考虑目标的加速度对无人机运动的反馈影响。

针对上述问题，设置新的分布式控制方程为：

$$u_i = -\sum_{j \in N_i(t)} \nabla_{q_i}\psi(q_j - q_{i\sigma}) - \sum_{j \in N_i(t)} a_{ij}(p_i - p_j) - a_{iobj} \times \{C_1 \times (q_i - \hat{q}_{i,\gamma}) + C_2 \times (p_i - \hat{p}_{i,\gamma}) - u_{obj}\}$$

$$\tag{17.25}$$

$$a_{iobj} = \begin{cases} 1, & \|q_i - q_{obj}\| \leqslant d_t \\ 0, & \|q_i - q_{obj}\| > d_t \end{cases} \tag{17.26}$$

式（17.26）中，a_{iobj} 表示无人机 i 是否具有目标信息的标志量；$d_t \in \mathbb{R}$ 表示无人机传感器的探测范围；式（17.25）中，u_{obj} 为目标的加速度向量。

（2）捕获控制模式

当 $d_i \in (d_r, d_p]$ 时，进入捕获模式。此时无人机利用目标的最优估计，通过 2.4 节中的式（2.12）计算围捕点。针对 2.4 节中提出的目标捕获模型和式（17.24）的分布式控制方程，设定捕获控制方程如下：

$$u_i = -\sum_{j \in N_i(t)} \nabla_{q_i} \psi(q_j - q_{i\sigma}) - \sum_{j \in N_i(t)} a_{ij} \times (p_i - p_j) - a_{iobj} \times \{C_1 \times (q_i - Q_i) + C_2 \times (p_i - \hat{p}_{i,\gamma}) - u_{obj}\} - \nabla_{q_i} \psi(q_i - \hat{q}_{i\sigma}) \tag{17.27}$$

式（17.27）中，k_1 和 k_2 是常数增益；$Q_i = \hat{q}_{i,\gamma} + R_i$。在式（17.27）中，第一项为防碰撞项，保证无人机之间的距离；第二项为速度匹配项，保证无人机之间速度收敛一致；第三项为目标跟踪项，使得能够观测到目标的无人机，速度和加速度趋近于目标的速度和加速度，并保证无人机与目标处于安全距离。

▶▶ 17.1.3　追踪策略流程

随着目标的移动，无人机动态预测目标下一时刻的位置，并确定围捕区域和围捕点。之后，无人机向围捕点移动，此过程不断重复，直到所有的无人机均到达期望围捕点，围捕任务才会完成。切换式目标追踪策略流程步骤如下：

Step 1：初始化。设定追踪无人机的个数、通信范围、防碰撞范围以及无人机的传感器范围。

Step 2：若无人机 i 可以直接探测到目标，采用式（17.11）预测目标下一刻的状态，并向邻居发送信息和接收邻居的信息；之后无人机全部采用式（17.14）调整自身状态，开始追踪目标。

Step 3：通过第 2 章中的式（2.21），计算目标周围围捕点的位置。

Step 4：计算控制器 u_i。如果追踪无人机与目标距离大于模式切换距离，则利用式（17.25）计算 u_i；如果追踪无人机与目标距离小于模式切换距离 d_r，则利用式（17.27）计算 u_i。

Step 5：在追踪过程中，无人机和目标的位置以及围捕点是实时变化的。因此回到 Step 2，直到满足捕获成功的条件为止。

Step 6：如果追踪时间超过限制时间，则判定为追踪失败。

17.2　理论分析

无人机组成系统的总能量包括无人机之间的势能、无人机与目标之间的相对势能和相对动能，令 $q=col\{q_i\}$、$p=col\{p_i\}$，构造能量方程如式（17.28）所示。

$$Q(q,p,q_\gamma,q_\gamma,\eta)=\varphi(q,p,q_\gamma,q_\gamma)+kV(\eta) \tag{17.28}$$

$$\varphi(q,p,q_\gamma,q_\gamma)=\frac{1}{2}\sum_{i=1}^{N}\left[U_i(q_i,q_\gamma)+(p_i-p_j)^{\mathrm{T}}(p_i-p_j)^{\mathrm{T}}+(p_i-p_\gamma)^{\mathrm{T}}(p_i-p_\gamma)\right] \tag{17.29}$$

$$U_i(q_i,q_\gamma)=\sum_{j=1,j\neq i}\psi(q_{ij\sigma})+a_{iobj}C_1\|q_i-q_\gamma\|^2 \tag{17.30}$$

定理 17.2 考虑一个具有 N 架无人机节点的动态网络，其运动方程为式（2.1），目标运动方程为式（2.12），控制方程为式（17.25）。假设系统的初始总能量 Q_0 为一个有限值。假设只有前 n 架无人机可以探测到目标，并通过式（17.11）获得对目标的最优估计，每架无人机通过控制方程（17.25）和（17.27）对目标进行跟踪，由此可以得到如下结论：

1）对于任意时刻，无人机之间都不会发生碰撞。

2）对于任意时间 $t\geq 0$，动态网络 $G(t)$ 始终保持连通。

3）各无人机的速度将收敛到目标的速度。

4）各无人机节点对目标的估计值渐进趋于一致，即：$\hat{x}_1=\hat{x}_2=\cdots=\hat{x}_N$。

证明 $C=[C_1I_m,C_2I_m]$，$\eta_i=[q_\gamma-\hat{q}_{i,\gamma},p_\gamma-\hat{p}_{i,\gamma}]$。

根据无人机控制方程改写其动力学模型为：

$$\dot{q}_i=p_i$$

$$\dot{p}_i=\sum_{j\in N_i(t)}\nabla_{q_i}\psi(q_j-q_{i\sigma})-\sum_{j\in N_i(t)}a_{ij}(p_i-p_j)-a_{iobj}\{C_1(q_i-\hat{q}_{i,\gamma})+C_2(p_i-\hat{p}_{i,\gamma})-C\eta_i\} \tag{17.31}$$

假设 $x_i=q_i-q_\gamma$ 和 $v_i=p_i-p_\gamma$，即式（17.31）可以写为：

$$\dot{x}_i=v_i,$$

$$\dot{v}_i=\sum_{j\in N_i(t)}\nabla_{x_i}\psi(q_j-q_{i\sigma})-\sum_{j\in N_i(t)}a_{ij}(v_i-v_j)-a_{iobj}[C_1x_i+C_2v_i]-C\eta_i \tag{17.32}$$

令 $x=col\{x_i\}$，$v=col\{v_i\}$，$i=1,2,\cdots,N$

系统能量方程式（17.28）改为：

$$Q(x,v,\eta)=\varphi(x,v)+\frac{k}{2\mu}V(\eta) \tag{17.33}$$

$$\varphi(x,v)=\frac{1}{2}\sum_{i=1}^{N}\left[U_i(x_i)+v_i^2\right] \tag{17.34}$$

$$U_i(x_i)=\sum_{j=1,j\neq i}\psi(x_i-x_{j\sigma})+a_{iobj}C_1x_i^2 \tag{17.35}$$

假设动态网络 $G(t)$ 在 t_k 时刻转换，那在时间区间 $[t_{k-1},t_k]$ 内，能量 Q 的导数如下：

$$\dot{Q} = \dot{\varphi}(x,v) + \frac{k}{2\mu}\dot{V}(\eta), \forall t \in [t_{k-1}, t_k] \tag{17.36}$$

$$\dot{\varphi}(x,v) = \frac{1}{2}\sum_{i=1}^{N}\left[\dot{U}_i(x_i) + \frac{1}{2}v_i^{\mathrm{T}}\dot{v}_i + \sum_{j\in N_i}(v_i - v_j)^{\mathrm{T}}(v_i - v_j)\right] \tag{17.37}$$

对于一个 $n \times m$ 矩阵 M 和两个向量 $x \in \mathbb{R}^n$ 和 $y \in \mathbb{R}^n$，有：

$$|x^{\mathrm{T}}My| \leqslant \frac{1}{2}(x^2 + My^2) \leqslant \frac{1}{2}(x^2 + \lambda_{\max}^2(M)y^2) \tag{17.38}$$

特别地，当 $M = C = [C_1 I_m, C_2 I_m]$ 时，令 $c_3 = \max(c_1, c_2)$ 可得：

$$|v_i^{\mathrm{T}}C\eta_i| \leqslant \frac{1}{2}(v_i^2 + c_3^2\eta_i^2) \tag{17.39}$$

将式（17.38）代入式（17.39）中可得：

$$\dot{\varphi}(x,v) \leqslant -v^{\mathrm{T}}\left[\left(c_2(\overline{H}(t)L(t) + H(t)) - \frac{1}{2}I_N\right)\otimes I_n\right]v + c_3^2\eta_i^2/2 \tag{17.40}$$

其中，$H = \mathrm{diag}\{a_{iobj}\}$，$\overline{H} = \mathrm{diag}\{1 - a_{iobj}\}$，$i = 1, 2, \cdots, N$。

由上式可知，

$$\dot{Q} \leqslant -v^{\mathrm{T}}\left[\left(c_2(\overline{H}(t)L(t) + H(t)) - \frac{1}{2}I_N\right)\otimes I_n\right]v - \left(\overline{k\lambda}_2 - \frac{1}{2}c_3^2\right)\eta^2 \leqslant 0, \forall t \in [t_0, t_1)$$

于是可以得到：

$$Q(t) \leqslant Q_0 < \infty, \forall t \in [t_0, t_1) \tag{17.41}$$

根据控制方程中的防碰撞项，$\psi(q_j - q_{i\sigma})$ 为人工势能函数。当 $q_j - q_i \to 0$、$\psi(q_j - q_{i\sigma}) \to \infty$，可以保证所有的无人机之间不会发生碰撞。动态网络中的新边会在 t_1 时刻加入，因为存在加边滞后效应，所以如果有有限边加入动态网络 $G(t)$，根据人工势能函数定义可知 $Q(t_1)$ 是一个有限值。

同理，计算系统能量 $Q(t)$ 在时间区间 $[t_{k-1}, t_k)$ 对时间的导数

$$\dot{Q}(t) \leqslant -v^{\mathrm{T}}\left[\left(c_2(\overline{H}(t)L(t) + H(t)) - \frac{1}{2}I_N\right)\otimes I_n\right]v - k\lambda_2\eta^2 \leqslant 0$$

于是可得

$$Q(t) \leqslant Q(t_{k-1}) < \infty, \forall t \in [t_{k-1}, t_k), k = 1, 2, \cdots, N$$

所以在时间区间 $[t_{k-1}, t_k)$，所有无人机之间的距离都不会趋向于 ∞ 或者 0，这意味着所有无人机之间的连线都不会在 t_k 时刻断开，同时避免了无人机之间碰撞，并且因为存在加边滞后效应，$Q(t_k)$ 是一个有限值。

因为 $G(0)$ 是连通的，并且，初始时刻所有的边 $E(0)$ 都不会断开，所以，$\forall t \geqslant 0$，网络 $G(t)$

保持连通，由此结论 1) 和 2) 得证。

对于时间 $\forall t \geqslant 0$，当无人机之间的连接断开时，只有新的连接建立，且最多有 F 条新的边加入网络，也就是

$$F = \sup\{|E(t)| - |E(t_0)|\} = \frac{N(N+1)}{2} - (N-1)$$

其中，$N-1$ 为在初始时刻，网络 $G(0)$ 是连通图条件下最少的边的数量，$\frac{N(N+1)}{2}$ 为网络 $G(t)$ 是完全连通图的边的数量。

假设在 t_k 时刻有 F_k 条新的边加入网络中，那么

$$0 \leqslant F_k \leqslant F \tag{17.42}$$

由式（17.40）和式（17.41）可知

$$Q(t_k) \leqslant Q_0 + (m_1 + m_2 + \cdots + m_k)\varphi(R-\varepsilon) \leqslant Q_{\max} \underline{\underline{\Delta}} Q_0 + F\varphi(R-\varepsilon)$$

对于无人机数量固定的网络来说，某一时刻最多有 F 条边加入，这同时表示多无人机系统追踪目标的过程中，网络拓扑是十分稳定的。

定义水平集

$$\Omega = \{(q_j - q_i, p_{i\gamma}, \eta) \mid Q \leqslant Q_{\max}, Q_{\max} > 0\}$$

为动态网络中无人机节点相对位置和速度空间上的紧集。由连续性可知，Ω 是闭集。因为网络 $G(t)$ 始终保持连通性，所以对于任意的无人机节点 $q_j - q_i \leqslant (N-1)R$、$p_{i\gamma}^{\mathrm{T}} p_{i\gamma} \leqslant 2Q_{\max}$，有 $p_{i\gamma} \leqslant \sqrt{2Q_{\max}}$，从而 Ω 为有界闭正向不变集。

取正不变紧集

$$\Omega = \{(q_j - q_i, p_{i\gamma}, \eta) \mid Q \leqslant Q_{\max}\}$$

中最大不变集

$$S = \{(q_j - q_i, p_{i\gamma}, \eta) \in \Omega \mid \dot{Q} = 0\}$$

根据 LaSalle 不变定理，可以得到 Ω 内的每个解都会趋于最大的不变集 S。由 $\dot{Q} = 0$ 可知，$\hat{x}_1 = \hat{x}_2 = \cdots = \hat{x}_N$、$p_1 = p_2 = \cdots = p_N = p_\gamma$ 这表明每一个无人机节点对目标的估计值逐渐一致，多无人机形成协同稳定的运动状态，由此结论 3) 和结论 4) 得证。

17.3 实验结果与分析

本章考虑由 N 架无人机组成的动态网络对目标进行跟踪。无人机节点的初始速度和位置分别随机产生于 $[0,2] \times [0,2]$ 和 $[20,70] \times [20,70]$，且设置追踪的限制时间 $it = 80\mathrm{s}$，若超过限制时

间，则判定为追踪失败。目标在二维空间中以 $y = \sin x$ 的轨迹移动。追踪过程具体参数如表 17.1 所示。根据 2.3 节中对目标运动模型的分析，考虑目标运动的两种情况，并分别与基于蜂拥控制的目标跟踪算法（Flocking Control Algorithm：FCA）和可扩展围捕控制算法（Capture Control Algorithm：CCA）进行对比。

表 17.1　追踪过程具体参数

参数	N	d_r	d_s	d_c	d_p	d_k	d_t	C_1	C_2	C_3	C_4	k_1	k_2	k_{obj}
数值	6	10	8	20	20	25	25	0.4	0.3	0.1	0.2	0.5	0.5	1

▶▶ 17.3.1　既定轨迹仿真及对比

在目标沿着既定轨迹运动的情况下，仿真结果如图 17.3 和图 17.4 所示。图 17.3a 中，STS 策略在 $t = 25s$ 时，进入捕获控制模式；在 $t = 40s$ 时，完成追踪任务。图 17.3b 和图 17.3c 分别为 FCA 算法和 CCA 算法追踪过程图。其中，FCA 算法在 $t = 70s$ 时完成追踪任务，CCA 算法在 $t = 50s$ 时完成追踪任务。

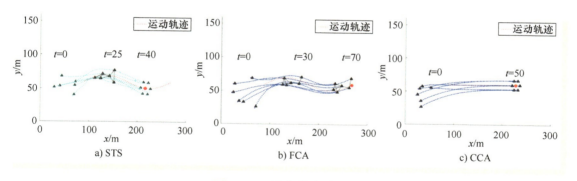

● 图 17.3　既定轨迹追踪过程

由图 17.4a 可知，STS 算法中无人机之间的最小距离从初始时刻 12m 逐渐稳定在 8.2m，在追踪过程中的任何时刻，无人机之间都没有发生碰撞。FCA 算法中无人机间最小距离由最初时刻的 4.1m 控制在 6.0m，无人机之间距离稳定。但是，SCA 算法在 $t = 10s$ 和 $t = 13s$ 时最小距离为 0m，存在无人机碰撞的情况。如图 17.4b 所示，STS 算法的 Laplace 矩阵第二小特征值大于 FCA 算法和 CCA 算法，说明其在保持网络连通性方面优于另外两种算法。综上所述，FCA 算法在保持无人机间距离方面较好，但是在网络连通性方面有一些不足；CCA 算法在保持网络连通性方面优于 FCA 算法，但是有碰撞行为发生。STS 算法在保持无人机间网络连通与避免碰撞方面均优于另外两种算法。

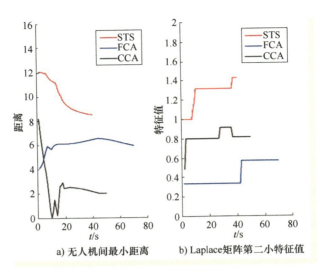

a) 无人机间最小距离　　　　　b) Laplace矩阵第二小特征值

● 图 17.4　无人机间最小距离及 Laplace 矩阵第二小特征值

▶▶ 17.3.2　逃逸仿真及对比

本章考虑实际情况下目标具有逃逸的行为，仿真结果如图 17.5 所示，STS 策略在 $t=60\mathrm{s}$ 时完成追踪任务，FCA 算法和 CCA 算法在截止时间 $t=80\mathrm{s}$ 时停止，并没有完成对目标的捕获任务。

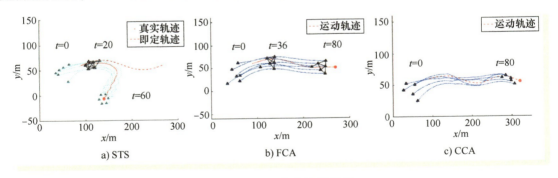

a) STS　　　　　　　　　b) FCA　　　　　　　　　c) CCA

● 图 17.5　逃逸追踪过程

由图 17.6a 可知，STS 策略中无人机之间的最小距离始终保持在安全距离之外。FCA 算法中无人机间距离控制稳定，但是 CCA 算法在 $t=19\mathrm{s}$ 时无人机发生碰撞。图 17.6b 给出了 STS 策略、FCA 算法和 CCA 算法动态网络 Laplace 矩阵第二小特征值的对比图，STS 策略在追踪过程中始终保持网络连通，且连通度优于其他两种算法。FCA 算法虽然能够有效保持无人机间距离，但是其网络连通性不足。综上所述，FCA 算法在保持无人机间距离方面较好，但是在网络连通性方面有一些不足；CCA 算法在保持网络连通性方面较好，但是有碰撞行为发生。STS 策略在保持无人机之间网络连通与避免碰撞方面均优于另外两种算法。

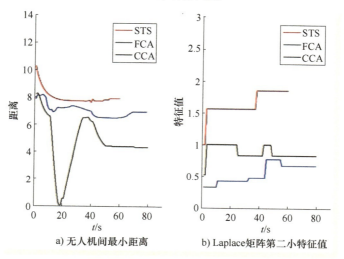

a) 无人机间最小距离　　　　b) Laplace矩阵第二小特征值

图 17.6　无人机间最小距离及 Laplace 矩阵第二小特征值

▶▶ 17.3.3　性能分析

为了获得目标的精确位置，本章采用卡尔曼一致性滤波算法（KCF）对目标轨迹进行预测。假设初始状态只有三架无人机可以直接探测到目标，如图 17.7 所示，卡尔曼一致性滤波算法（KCF）可以使各无人机对目标的估计值逐渐趋于一致。

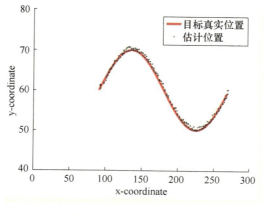

图 17.7　KCF 对目标估计

图 17.8 为标准卡尔曼滤波算法（KF）、扩展卡尔曼滤波算法（EKF）和 KCF 的估计均方根误差。如图 17.8 所示，KCF 的均方根误差最小，所以对目标的估计精确度最高。

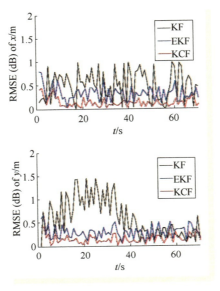

• 图 17.8　三种算法的位置均方根误差

为了进一步分析三种算法在两种情况下的追踪性能，在 MATLAB R2016b 仿真环境下分别对目标两种运动情况做了 100 次仿真，并将多种评价指标的数据总结，对比结果如表 17.2 所示。

表 17.2　三种算法仿真数据表

评价指标	既定轨迹			逃逸行为		
	STS	FCA	CCA	STS	FCA	CCA
捕获成功率（%）	98	90	95	95	85	80
平均捕获时间/s	42.32	53.25	66.78	60.42	71.50	78.50
Laplace 第二小特征值	2.43	0.41	0.88	2.02	0.51	0.87
平均最小距离/m	9.55	6.76	2.65	9.22	7.13	4.11

在目标沿着既定轨迹运动和目标具有逃逸行为的情况下，本文所提出的 STS 算法捕获目标的成功率分别在 98% 和 95%，虽然 FCA 算法和 CCA 算法也具有较高的捕获成功率，但是其所耗费的时间要高于 STS 算法。并且，FCA 算法在运动过程中网络连通性不高，CCA 算法并没有考虑无人机之间的相互作用，无人机之间有碰撞行为发生。综上所述，本章所提出的 STS 算法适用于目标既定轨迹运动和有逃逸行为的情况，在高效完成任务的同时，保证动态网络的连通性，并避

免无人机之间发生碰撞。

17.4 本章小结

　　本章节针对多无人机协同目标追踪问题，设计了一种切换式的目标追踪策略。该策略充分考虑了由于传感器探测范围和通信范围的限制，只有部分无人机可以探测到目标的状态以及无人机之间局部通信的情况。本章通过使用卡尔曼一致性滤波算法和设计无人机切换式运动模式实现了对目标的准确估计和有效控制。仿真实验表明，所提策略不仅具有较高的追踪效率，还能保证动态网络的连通性和避免无人机之间发生碰撞。在未来的工作中将进一步研究多目标一致性跟踪问题，并对所提算法进行理论性分析。

局部信息交互多目标追踪

通过第 17 章的实验，证明了在二维动态环境中多无人机系统可以完成单目标追踪任务。但是在实际中，通常遇到的为多目标问题。为了避免无人机群在多目标追踪过程中存在目标不能被追踪到的情况，以致任务不能按时完成，无人机分群问题成为多目标一致性追踪的关键，合理协调无人机之间的运动规则能提高目标追踪效率。

现有的研究工作包括：设计一种目标选取策略，该策略取决于目标与无人机之间的距离因素，虽然可以实现无人机快速选择目标并集群追踪，但是并不能保证追踪每一个目标的无人机数量合理，可能会出现有追踪某一个目标的无人机数量过少，以致任务失败的情况；通过对多个任务动态分工之后进行目标选取，提高执行任务的效率。但是，以上的研究都是通过集中式控制的方式实现信息的传递，在实际中，无人机系统中个体的通信、感知、计算能力十分有限，只能依靠局部通信范围内的其余个体信息调节自身行为。并且，相较于二维空间，在三维空间下的多目标追踪问题仍然是一个巨大的挑战，空间较为复杂导致目标逃脱的可能性更大，不能高效快速地完成追踪任务。因此研究三维空间中的无人机协同多目标追踪问题具有十分重要的理论意义和实用价值。本章从多无人机协同控制的角度提出一种 A-LISI 算法用于解决多无人机执行任务中的多目标问题，始终保持无人机之间的协调性，在目标具有逃逸行为的情况下，仍然可以对每一个目标一致性追踪，并且保证每一个子群中的无人机速度一致性收敛。A-LISI 算法的创新点如下：

1）提出基于局部信息交互的临时领导者选取策略，每一个无人机个体通过观察通信范围内其他个体的运动状态，调节自身行为。

2）提出一种分布式运动控制算法，通过定义临时领导者对无人机个体产生反馈项，最终实现追踪同一目标的无人机聚集，追踪不同目标的无人机分离。

3）在三维动态环境中考虑多目标追踪问题，同时通过考虑目标的逃逸模型，验证了 A-LISI

算法的多目标追踪效果。

18.1 算法描述

18.1.1 传统协同控制算法

多无人机协同运动具有普遍性的特点,即一组简单的智能主体通过邻居之间信息交流和外部环境刺激的共同作用形成协调有序的运动。因此,多无人机协同运动的控制框架表示如下:

$$u_i = u_i^{in} + g_i u_i^{out} \tag{18.1}$$

式(18.1)中,u_i^{in} 表示无人机 i 与邻居的内部交互力;u_i^{out} 表示无人机 i 受到外部环境的作用力;g_i 表示无人机 i 是否感知到外部刺激。

在现有的一些文献中,针对无人机之间的协同运动建立不同的运动模型,这些模型一般遵循三种原则:避碰、聚集和速度一致,又称为 SCA 三原则,如式(18.2)所示。

$$u_i^{in} = u_i^g + u_i^v \tag{18.2}$$

式(18.2)中,u_i^g 为梯度项,通过人工势能函数实现无人机之间避碰和聚集,当无人机 i 与邻居之间的距离较近时,产生斥力,当距离较远时,产生引力;u_i^v 为速度一致性项,用于实现无人机之间的速度收敛。具体表示为:

$$\begin{cases} u_i^g = - \nabla_{q_i} E(q) = \sum_{j \in N_i(t)} \varphi(q_j - q_i) \\ u_i^v = \sum_{j \in N_i(t)} a_{ij}(p_j - p_i) \end{cases} \tag{18.3}$$

然而,上述的算法存在一些问题:

1)若只有部分无人机感知到目标信息,就无法进行有效的协同控制,不能实现对多目标一致性追踪。

2)上述算法与人工势场法相似,通过设计无人机之间的吸引力和排斥力,导致算法会存在局部极小值问题,并且会产生临界区域震荡的现象。

本章的研究目标是设计一种分布式追踪控制算法,以解决局部信息交互环境下的多目标一致性追踪问题。在部分无人机具有目标信息的情况下,实现无人机分群运动,并且分裂出来的子群保持高度有序的编队状态。本章通过提出基于局部信息交互的领导者选取策略,在只有部分无人机感知到目标的情况下,为无人机选择临时跟随对象;并将该策略与无人机协同控制算法结合,最终完成对多目标一致性追踪的任务。

18.1.2 虚拟领导者选取

在自然界中,生物集群对周围的环境变化非常敏感,它们会对刺激做出反应,但是其注意力只针对关键的信息[54,55]。本章从两方面考虑，设计临时领导者选取策略：

1）若无人机 i 可以直接感知到目标信息，则将感知到的距离最近的目标作为临时领导者，并跟随其运动。具体形式为：

$$f_i = \min(\mathrm{dist}_{(i,k)})k \in N_t \qquad (18.4)$$

式（18.4）中，f_i 表示临时领导者。

2）若无人机 i 不能直接感知到目标信息，则通过与局部信息交互，有选择性地根据邻居状态信息确定跟随对象，其信息交互的过程如图 18.1 所示。

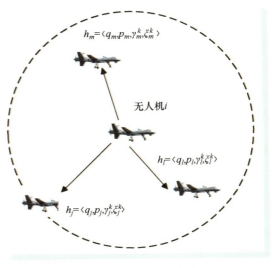

● 图 18.1　局部信息交互

将每一架无人机的状态信息用元组表示，则无人机 i 的元组表示如下：

$$h_i = \langle q_i, p_i, \gamma_i^k, \xi_i^k \rangle, k = 1, 2, \cdots, N_t \qquad (18.5)$$

式（18.5）中，$\gamma_i^k \in \mathbb{R}^{N_t}$ 为感知因子，用于判断无人机 i 是否可以感知到目标 k 的状态信息，当无人机 i 可以感知到目标 k 的状态信息时，$\gamma_i^k = 1$，否则 $\gamma_i^k = 0$；$\xi_i^k \in \mathbb{R}^{N_t}$ 为计数器，用于计算感知到同一目标 k 的无人机数量，ξ_i^k 的计算流程如表 18.1 所示。

针对无人机不能直接感知到目标信息的情况，设定临时领导者的选取规则如下：

定义 18.1　具有目标信息且距离最近的邻居无人机会产生更大的影响。

$$D_f^i = \frac{1}{\min(\mathrm{dist}_{(i,j)})}, j \in N_i \text{ 且 } \gamma_j = 1 \qquad (18.6)$$

式（18.6）中，$\mathrm{dist}_{(i,j)}$ 表示两架无人机之间的距离，说明在无人机 i 具有目标信息的邻居中，距离最近的邻居会更容易成为临时领导者。D_f^i 表示距离因素产生的影响因子。

定义 18.2　ξ_i^k 最小的邻居会对无人机 i 产生较大的影响。

$$S_f^i = \frac{1}{\min(\xi_j^k)}, j \in N_i \text{ 且 } \xi_j^k \neq 0, k = 1, 2, \cdots, N_t \qquad (18.7)$$

式（18.7）中，S_f^i 表示数量因素产生的影响因子。

综合上述因素，选取无人机 i 的临时领导者。通过式（18.8），针对无人机 i 的邻居分别计算 C_f^i 值，并进行排序，通过式（18.9）选择 C_f^i 值最大的无人机作为临时领导者。

$$C_f^j = D_f^j \cdot S_f^j, j \in N_i \qquad (18.8)$$

$$f_i = \text{find}(\max(C_f^j))$$

(18.9)

式（18.9）中，f_i 表示临时领导者。

表 18.1　ξ_i^k 的计算流程

算法 1：ξ_i^k
输入：ξ_i^k
输出：ξ_i^k

1	if $\gamma_i^k = 0$：
2	Send h_i to j;
3	Receive h_j from j; $j \in N_i$
4	else
5	if $\xi_j^k = 0$：
6	$\xi_i^k = \xi_i^k + 1$;
7	else
8	$\xi_i^k = \min(\xi_j^k) + 1$;
9	end
10	end
11	return ξ_i^k

▶▶ 18.1.3　多无人机协同控制算法

基于局部信息交互的多目标追踪控制过程体现为：

1）感知到同一目标的无人机快速聚集和速度一致性匹配。

2）感知到不同目标的无人机较快分离。

3）未感知到目标的无人机依据临时领导者策略，经过不断的信息交互，最终会自发追随具有目标信息的临时领导者。

基于上一节中所确定的临时领导者 f_i，通过将无人机 i 的状态信息融入协同控制框架公式（18.1）中，设计多目标追踪分布式控制方程如下：

$$u_i = u_i^r + (1 - \varepsilon_i)(u_i^c + u_i^v) + \varepsilon_i u_i^{\text{out}}$$

(18.10)

在式（18.10）中：

1）$u_i^r = k_r \sum\limits_{j \in N_i(t)} \dfrac{(q_j - q_i)}{\| q_j - q_i \|}$ 为无人机位置分离项，用于防止无人机之间发生碰撞。

2）u_i^c、u_i^v 分别为位置聚集项和速度匹配项，为了满足式（18.1）动力学控制的要求，在无人机聚集的同时还要求速度一致，具体形式为：

$$u_i^c + u_i^v = -k_c \times \sum_{j \in N_i(t)} \frac{(q_j - q_i)}{\| q_j - q_i \|} - \sum_{j \in N_i(t)} (p_i - p_j) \qquad (18.11)$$

3）$u_i^{out} = -l[(q_i - q_f^i) + (p_i - p_f^i)]$ 为分群运动控制项，该项融合了临时领导者位置和速度信息的反馈作用，自主调节无人机的运动倾向性，从而使得跟踪不同目标的无人机出现分裂现象，q_f^i、p_f^i 分别为无人机 i 的临时领导者的位置和速度向量。

式（18.10）中，k_r、k_c、$l > 0$ 分别为排斥、聚集和分群控制的增益系数；ε_i 为分群控制信号，是导致集群分裂的诱因，ε_i 的定义为：

$$\varepsilon_i = \begin{cases} 1, f_i = \varnothing \\ 0, f_i \neq \varnothing \end{cases} \qquad (18.12)$$

本章所提出的控制算法有以下特点：

1）考虑无人机有效的通信范围，即每一架无人机只能获取邻居的状态信息，不存在全局通信，因此算法复杂度较小。

2）本章算法是基于个体运动规则的分布式算法，相较于集中式的算法鲁棒性较强，计算量较小。

3）本章设定的临时领导者选取策略，充分考虑了无人机的数量和与目标之间的距离，可以保证每一个目标都有一定数量的无人机追踪，并具有较高的追踪效率。

▶▶ 18.1.4 算法流程

本章提出的 A-LISI 算法的基本思想主要分为两部分：一部分为在环境中存在多目标情况下，通过无人机个体间信息交互选择临时领导者；另一部分为根据选定的临时领导者，设定无人机协同控制算法，从而实现多目标追踪。具体的算法流程如表 18.2 所述。

表 18.2　A-LISI 具体的算法流程

算法 2：A-LISI
输入：$q_i, p_i, q_k, p_k, i \in N, K \in Nt$；
输出：u_i
1　更新 N_i
2　if UAV i 探测到目标 k
3　　$q_f^i \leftarrow q_k$
4　elseif UAVi 探测到多个目标，其中一个目标是目标 k
5　　计算无人机到目标之间的距离
6　　$q_f^i \leftarrow \min(dist_{(i,k)})$

（续）

7	else
8	通过邻居信息计算临时领导者

9      $h_i = \langle q_i, p_i, \gamma_i^k, \xi_i^k \rangle, k = 1, 2, \cdots, Nt;$

10      $D_f^j = \dfrac{1}{\min(dist_{(i,j)})} j \in N_i \ 且 \ \gamma_j = 1$

11    $S_f^j = \dfrac{1}{\min(\xi_j^k)}, j \in N_i \ 且 \ \xi_j^k \neq 0, k = 1, 2, \cdots, Nt$

12      $C_f^j = D_f^j \cdot S_f^j, \ j \in N_i$

13      $q_f^i = find(\max(C_f^j))$

14   end

15    $u_i = u_i^r + (1 - \varepsilon_i)(u_i^c + u_i^v) + \varepsilon_i u_i^{\text{out}}$

16   return u_i

18.2 实验结果与分析

本章在三维空间中进行仿真实验，对所提出的 A-LISI 算法进行可行性和有效性验证。仿真实验环境为：Windows 10、Intel 2.6 GHz 双核 CPU、内存 8GB、MATLAB 2016b 仿真软件，A-LISI 算法在仿真过程中的具体参数如表 18.3 所示。

表 18.3   A-LISI 算法在仿真过程中的具体参数

参数	N	N_t	R	m_1	m_2	k_r	k_c	l
数值	18	2	8.4	0.5	0.5	0.3	0.2	0.5

仿真过程中，无人机初始位置随机分布，初始速度随机生成。仿真时间步长为 1s，在每一次迭代中，同步更新无人机的状态。定义评价指标如下：

（1）极化指数 ψ

其代表所有无人机个体在集群中的速度一致性程度，具体公式如下：

$$\psi = \frac{1}{N} \left\| \sum_{i=1}^{N} \frac{v_i}{\| v_i \|} \right\| \tag{18.13}$$

其中，N 代表集群中所有无人机的数量；v_i 代表无人机 i 的速度向量。由上式可知，极化指数 ψ 的值在 [0,1] 之间；如果集群中所有个体的速度对齐，则 $\psi \approx 1$；如果所有个体的速度完全随机分布，则 $\psi \approx 0$。

（2）分群耗时 T

其代表从无人机感知到目标位置时，到集群完全分裂形成两个子群所需要的时间。具体公式如下：

$$T = T_{end} - T_{start} \qquad (18.14)$$

其中，T_{end} 表示分群结束的时间，T_{start} 表示分群开始的时间，用时越少表示算法效率越高。

（3）分群指标 P_{fitss}

其代表分群运动之后，规模最小的群数量与规模最大的群数量的比值，用于表示子群的数量分布情况，具体公式如下：

$$P_{fitss} = \frac{S_1}{S_2} \qquad (18.15)$$

其中，S_1 表示规模最小的子群数量，S_2 表示规模最大的子群数量。由上式可知 P_{fitss} 的值在 $\left[\frac{1}{N-1}, 1\right]$ 之间，其值越大表示分裂之后的两个子群规模越小；当 $P_{fitss} = 1$ 时，两个子群的无人机数量一致。

▶▶ 18.2.1 分群追踪效果

图 18.2 是无人机群追踪目标的过程图，具体来说，图 18.2a 表示无人机和目标的初始位置，其中无人机随机分布在特定的区域中，而两个目标分布在无人机的移动路径上。图 18.2b 表示无人机群从随机散乱状态形成高度有序的编队状态，并朝向目标运动，这一过程遵循集群算法中的三个基本原则：分离、内聚和对齐。图 18.2c 表示有无人机开始感知到了目标，意味着分群行为的开始，无人机在式（18.10）的作用下开始分裂成为两个子群以分别跟踪两个目标；同时，目标一旦感知到了无人机，会有逃逸行为，在式（18.11）的作用下试图逃离无人机的追踪。图 18.2d 表示无人机和目标的最终状态，无人机群分为两个子群，并以有序的状态，独立地追踪其相应的目标。

图 18.3 表示无人机集群与分群的过程中个体速度的变化情况，分别对 X 轴，Y 轴和 Z 轴方向的速度分量进行仿真。从图中可以看出，在时间 $t = 5s$ 之前，无人机群处于集群编队的过程，所有无人机的速度由随机值趋向于相同的值。当无人机感知到目标时，集群内部个体速度迅速分化（见图 18.3 中 $t = 5s$ 时出现的变化）。同时，集群分裂为两个子群，每一个子群向各自的目标运动，并且速度趋向于目标速度。这表明 A-LISI 算法对目标的反应极为迅速，只要集群内部少量无人机感知到了目标，整个群体即准确地做出下一步的动作。A-LISI 算法的这种准确快速的反应能力，主要是由于 18.1.2 节中设计的临时领导者选取策略，其减少了无人机的反应时间，一旦有无人机做出反应，集群中的其余没有目标信息的无人机也会迅速地采取动作。

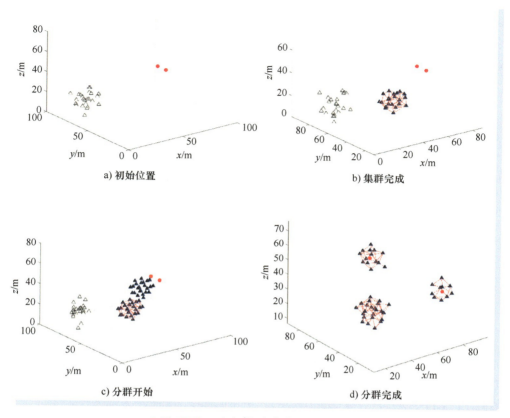

a) 初始位置   b) 集群完成

c) 分群开始   d) 分群完成

图 18.2   无人机群追踪目标的过程

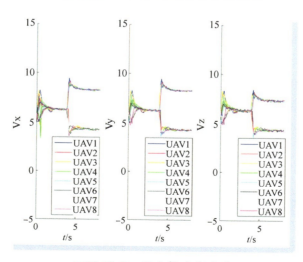

图 18.3   无人机速度变化

图 18.4 表示无人机分群消耗的时间，由图可见，随着无人机数量的增加，时间会相应增加，但是仍然处于平稳的状态，说明 A-LISI 算法在多目标追踪中较为稳定，且消耗时间保持在3s以下，效率较高。

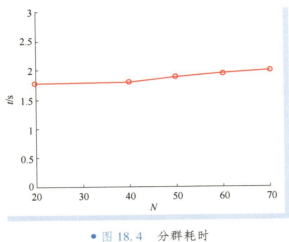

● 图 18.4　分群耗时

上述为本章所提出的 A-LISI 算法在三维空间的仿真效果，当无人机感知到目标之后，快速做出反应，有效地完成多目标一致性追踪的任务，并且具有相同目标的无人机速度趋于一致。上述仿真证明了 A-LISI 算法在三维空间中解决多目标追踪问题的可行性和有效性。

▶▶ 18.2.2　不同算法对比验证

下面将本章所提出的 A-LISI 算法与注意力跟随算法（IAP）以及局部自适应的多目标控制算法（LAA）在二维空间中进行仿真对比。在同样的初始条件下，通过式（18.13），得到图 18.5 所示的极化指数变化曲线。

之后根据分群行为的定义，以分群耗时作为评价指标进行实验对比。这里选择不同数量的无人机在相同的环境中进行 100 次仿真实验后，求取平均值进行比较，具体数据如表 18.4 所示。

表 18.4　分群追踪耗时对比　　　　　　　　　　　　　　　　（单位：s）

无人机数量（N）	20	40	50	60	70
A-LISI	1.75	1.79	1.82	1.86	1.89
IAP	2.78	2.84	2.98	3.11	3.27
LAA	2.92	3.04	3.18	3.26	3.44

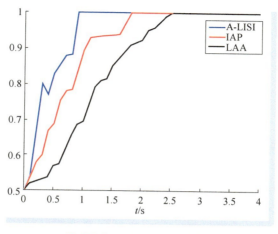

● 图 18.5　极化指数变化曲线

由表 18.4 可知，对于不同数量的无人机集群，A-LISI 算法的分群效率高于 IAP 算法和 LAA 算法，三种算法的分群耗时随着无人机个体数量的增加也持续增加，但是 A-LISI 算法较稳定，增长幅度低于其他两种算法。A-LISI 算法的这一优势主要是由于局部信息交互的临时领导者选择策略，将追踪每一个目标的无人机数量作为选择领导者的指标之一，并针对无人机及其邻居是否具有目标信息而设计不同的运动模式，具体如式（18.10）所示。表明如果有个别无人机感知到目标，其邻居可以快速地通过信息交互感知到该无人机所具有的目标信息，无人机集群会将这种局部信息快速传递，进而所有无人机均会做出反应，并实现对所有目标一致性追踪。

本章选用相同数量的无人机进行 100 次仿真实验，计算分群指标 P_{fitss}（定义如式（18.14）所示）。图 18.6 用频数分布直方图的形式统计了三种算法在分群运动之后，子群中无人机数量分布的情况。从图 18.6 可以看出，A-LISI 算法分群之后，分群指标值大多分布在 0.8 以上，相较于 IAP 和 LAA 算法，A-LISI 算法分裂成子群后，每一个子群中的无人机数量更稳定。

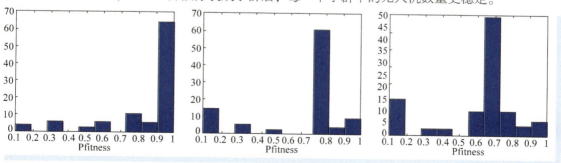

● 图 18.6　分群指标区间变化对比

通过上述实验结果可知，A-LISI 在局部信息通信的基础上能够较快地实现多无人机聚集，并达到速度一致，在感知到目标之后迅速分群，并保证每一个目标均有足够数量的无人机追踪。本节通过在三维空间进行仿真实验证明了 A-LISI 算法在解决多目标追踪问题上的效能，并与已有的算法在二维空间进行对比实验，证明了 A-LISI 算法在无人机聚集与分群运动过程中，效率更高、速度更快，并且有效保证每一个目标具有均衡数量的无人机追踪。

18.3 本章小结

本章根据生物集群受到外界刺激会有选择性地提取信息这一现象，设计基于局部信息交互的临时领导者选取策略，为解决多目标追踪问题提供了一条新思路；并通过设计无人机运动控制方程，实现同一目标的无人机之间快速聚集，不同目标之间的无人机快速分裂。通过仿真实验分析表明：A-LISI 算法在解决多目标追踪问题上能够保持规模大致相等的分群，并且保证每一个子群的速度一致，具有比传统算法更加良好的性能。

参 考 文 献

［1］ Wasserman E A, Young M E, Cook R G. Variability discrimination in humans and animals: implications for adaptive action ［J］. American Psychologist, 2004, 59（9）: 879-890.

［2］ Bruce N D B, Tsotsos J K. Saliency, attention, and visual search: an information theoretic approach. ［J］. Journal of Vision, 2009, 9（3）: 1-24.

［3］ Wu J, Song C, Ma J, et al. Reinforcement learning and particle swarm optimization supporting real-time rescue assignments for multiple autonomous underwater vehicles ［J］. IEEE Transactions on Intelligent Transportation Systems, 2021, 23（7）: 6807-6820.

［4］ Wu J, Yu Y, Ma J, et al. Autonomous cooperative flocking for heterogeneous unmanned aerial vehicle group ［J］. IEEE Transactions on Vehicular Technology, 2021, 70（12）: 12477-12490.

［5］ Chen Y, Yu J, Mei Y, et al. Modified central force optimization（MCFO）algorithm for 3D UAV path planning ［J］. Neurocomputing, 2016, 171（C）: 878-888.

［6］ Yin C, Xiao Z, Cao X, et al. Offline and Online Search: UAV Multi-Objective Path Planning under Dynamic Urban Environment ［J］. IEEE Internet of Things Journal, 2017, PP（99）: 1.

［7］ 宗群, 王丹丹, 邵士凯, 等. 多无人机协同编队飞行控制研究现状及发展 ［J］. 哈尔滨工业大学学报, 2017, 49（3）: 1-14.

［8］ Reynolds C W. Flocks, herds and schools: A distributed behavioral model ［J］. Acm Siggraph Computer Graphics, 1987, 21（4）: 25-34.

［9］ Nagy M, Akos Z, Biro D, et al. Hierarchical group dynamics in pigeon flocks. ［J］. Nature, 2010, 464（7290）: 890.

［10］ Khatib O. Real-Time Obstacle Avoidance for Manipulators and Mobile Robots ［J］. International Journal of Robotics Research, 1985, 5（1）: 90-98.

［11］ Helbing D, Farkas I, Vicsek T. Simulating dynamical features of escape panic ［J］. Nature, 2000, 407（6803）: 487-490.

［12］ Zimmermann M, KÖnig C. Integration of a visibility graph based path planning method in the ACT/FHS rotorcraft ［J］. Ceas Aeronautical Journal, 2016, 7（3）: 1-13.

［13］ 刘康, 段滢滢, 张恒才. 基于路网拓扑层次性表达的驾车路径规划方法 ［J］. 地球信息科学学报, 2015, 17（9）: 1039-1046.

［14］ Kadayif I, Kandemir M. Intelligent Mining for Path Planning using Evolutionary Algorithms and Artificial Neural Network for UAV ［J］. Acm Transactions on Embedded Computing Systems, 2015, V4（5）: 388-414.

［15］ Klavins E. Communication Complexity of Multi-robot Systems ［C］// Algorithmic Foundations of Robotics V, volume 7 of Springer Tracts in Advanced Robotics. 2002：275-292.

［16］Akyildiz I F, Su W, Sankarasubramaniam Y, et al. A survey on sensor networks ［J］. IEEE Communications Magazine, 2002, 40 （8）：102-114.

［17］Olfati-Saber R. Flocking for multi-agent dynamic systems：algorithms and theory ［J］. IEEE Transactions on Automatic Control, 2006, 51 （3）：401-420.

［18］Chen J, Zhang X, Xin B, et al. Coordination Between Unmanned Aerial and Ground Vehicles：A Taxonomy and Optimization Perspective ［J］. IEEE Transactions on Cybernetics, 2017, 46 （4）：959-972.

［19］Kim S W, Seo S W. Cooperative Unmanned Autonomous Vehicle Control for Spatially Secure Group Communications ［J］. IEEE Journal on Selected Areas in Communications, 2012, 30 （5）：870-882.

［20］Ben-Asher Y, Feldman S, Gurfil P, et al. Distributed Decision and Control for Cooperative UAVs Using Ad Hoc Communication ［J］. IEEE Transactions on Control Systems Technology, 2008, 16 （3）：511-516.

［21］Mozaffari M, Saad W, Bennis M, et al. Mobile Unmanned Aerial Vehicles （UAVs） for Energy-Efficient Internet of Things Communications ［J］. IEEE Transactions on Wireless Communications, 2017, PP （99）：1.

［22］张涛, 芦维宁, 李一鹏. 智能无人机综述 ［J］. 航空制造技术, 2013, （12）：24-27.

［23］Isby D C. US Army small UAV review ［J］. Air International, 2018, 94 （3）：30-30.

［24］谷旭平, 唐大全, 唐管政. 无人机集群关键技术研究综述 ［J］. 自动化与仪器仪表, 2021 （4）：21-26+30.

［25］郭褚冰, 张锴, 张永平. 基于生物智能的无人集群协同控制 ［J］. 指挥与控制学报, 2021, 7 （1）：76-82.

［26］Qiu H X, Duan H B, Fan Y M. Multiple unmanned aerial vehicle autonomous formation based on the behavior mechanism in pigeon flocks ［J］. Control Theory & Applications, 2015, 32 （10）：1298-1304.

［27］段海滨, 张岱峰, 范彦铭, 等. 从狼群智能到无人机集群协同决策 ［J］. 中国科学：信息科学, 2019, 49 （1）：112-118.

［28］Ribeiro R G, Cota L P, Euzebio T a M, et al. Unmanned-Aerial-Vehicle Routing Problem With Mobile Charging Stations for Assisting Search and Rescue Missions in Postdisaster Scenarios ［J］. IEEE Transactions on Systems, Man, and Cybernetics：Systems, 2021, 52 （11）：1-15.

［29］Sampedro C, Rodriguez-Ramos A, Bavle H, et al. A Fully-Autonomous Aerial Robot for Search and Rescue Applications in Indoor Environments using Learning-Based Techniques ［J］. Journal of Intelligent & Robotic Systems, 2019, 95 （2）：601-627.

［30］Wei M, He Z, Rong S, et al. Decentralized Multi-UAV Flight Autonomy for Moving Convoys Search and Track ［J］. IEEE Transactions on Control Systems Technology, 2017, 25 （4）：1480-1487.

［31］Dai F, Chen M, Wei X, et al. Swarm Intelligence-inspired Autonomous Flocking Control in UAV Networks ［J］. IEEE Access, 2019, 7：61786-61796.

［32］Zhao W, Chu H, Zhang M, et al. Flocking Control of Fixed-Wing UAVs with Cooperative Obstacle Avoidance

Capability [J]. IEEE Access, 2019, 7: 17798-17808.

[33] Joelianto E, Sagala A. Swarm tracking control for flocking of a multi-agent system [C] //Control, Systems & Industrial Informatics. IEEE, 2012: 75-80.

[34] Chen M, Dai F, Wang H, et al. DFM: A Distributed Flocking Model for UAV Swarm Networks [J]. IEEE Access, 2018, 6: 69141-69150.

[35] Wang C, Wang J, Shen Y, et al. Autonomous Navigation of UAVs in Large-Scale Complex Environments: A Deep Reinforcement Learning Approach [J]. IEEE Transactions on Vehicular Technology, 2019, 68 (3): 2124-2136.

[36] Vicsek T, Czirok A, Ben-Jacob E, et al. Novel Type of Phase Transition in a System of Self-Driven Particles [J]. Physical Review Letters, 2006, 75 (6): 1226-1229.

[37] Chaté H, Ginelli F, Grégoire G, et al. Modeling collective motion: variations on the Vicsek model [J]. European Physical Journal B, 2008, 64 (3): 451-456.

[38] Tian B M, Yang H X, Li W, et al. Optimal view angle in collective dynamics of self-propelled agents [J]. Physical Review E. , 2009, 79 (5): 52-102.

[39] Zhang X, Jia S, Li X. Improving the synchronization speed of self-propelled particles with restricted vision via randomly changing the line of sight [J]. Nonlinear Dynamics, 2017, 90 (1): 43-51.

[40] Schellinck J, White T. A review of attraction and repulsion models of aggregation: Methods, findings and a discussion of model validation [J]. Ecological Modelling, 2011, 222 (11): 1897-1911.

[41] Mogilner A, Edelstein-Keshet L, Bent L, et al. Mutual interactions, potentials, and individual distance in a social aggregation [J]. Journal of Mathematical Biology, 2003, 47 (4): 353-389.

[42] Olfati-Saber R, Murray R M. Consensus problems in networks of agents with switching topology and time-delays [J]. IEEE Transactions on Automatic Control, 2004, 49 (9): 1520-1533.

[43] Yan C, Wang C, Xiang X, et al. Deep Reinforcement Learning of Collision-Free Flocking Policies for Multiple Fixed-Wing UAVs Using Local Situation Maps [J]. IEEE Transactions on Industrial Informatics, 2021, 18 (2): 1260-1270.

[44] 郑健, 陈建, 朱琨. 基于多智能体强化学习的无人集群协同设计 [J]. 指挥信息系统与技术, 2020, 11 (6): 26-31.

[45] Azam M A, Mittelmann H D, Ragi S. Uav formation shape control via decentralized markov decision processes [J]. Algorithms, 2021, 14 (3): 1-12.

[46] Liu Y, Liu H, Tian Y, et al. Reinforcement learning based two-level control framework of UAV swarm for cooperative persistent surveillance in an unknown urban area [J]. Aerospace Science and Technology, 2020, 98: 1-20.

[47] Zhen Z, Wen L, Wang B, et al. Improved contract network protocol algorithm based cooperative target allocation of heterogeneous UAV swarm [J]. Aerospace Science and Technology, 2021, 119: 107054.

［48］贾涛，徐海航，颜鸿涛，等．异构无人机集群的分布式多智能体任务规划［J］．南京航空航天大学学报（英文版），2020，37（4）：528-538.

［49］严飞，祝小平，周洲，等．考虑同时攻击约束的多异构无人机实时任务分配［J］．中国科学F辑，2019，049（005）：555-569.

［50］娄柯，崔宝同，李纹．基于蜂拥控制的移动传感器网络目标跟踪算法［J］．控制与决策，2013，4（11）：1637-1642.

［51］裴惠琴，陈世明，孙红伟．动态环境下可扩展移动机器人群体的围捕控制［J］．信息与控制，2009，38（4）：437-443.

［52］Lakew D S, Na W, Dao N-N, et al. Aerial energy orchestration for heterogeneous UAV-assisted wireless communications［J］. IEEE Systems Journal, 2021, PP（99）：1-12.

［53］谷旭平，唐大全．基于细菌觅食算法的多异构无人机任务规划［J］．系统工程与电子技术，2021，43（11）：3312-3320.

［54］高振龙，丁勇，何金．注意力跟随机制与IAP法相结合的多智能体运动控制［J］．电光与控制，2020，27（3）：58-64.

［55］王海，罗琦，徐腾飞．融合局部自适应追踪的多目标牵制蜂拥算法［J］．计算机应用，2014，34（12）：3428-3432.

［56］Chen J, Du C, Zhang Y, et al. A clustering-based coverage path planning method for autonomous heterogeneous UAVs［J］. IEEE Transactions on Intelligent Transportation Systems, 2021.

［57］Chen J, Xiao K, You K, et al. Hierarchical Task Assignment Strategy for Heterogeneous Multi-UAV System in Large-Scale Search and Rescue Scenarios［J］. International Journal of Aerospace Engineering, 2021.

［58］陈士涛，张海林．基于作战网络模型的异构无人机集群作战能力评估［J］．军事运筹与系统工程，2019，33（1）：38-43.

［59］Liu H, Peng F, Modares H, et al. Heterogeneous formation control of multiple rotorcrafts with unknown dynamics by reinforcement learning［J］. Information Sciences, 2021, 558：194-207.

［60］卫强强．异构无人机飞控及其一致性编队控制的研究［D］．南京：南京航空航天大学，2019.

［61］周思全，董希旺，李清东，等．无人机-无人车异构时变编队控制与扰动抑制［J］．航空学报，2020，41（S1）：128-139.

［62］Wu J, Song C, Fan C, et al. DENPSO：A distance evolution nonlinear PSO algorithm for energy-efficient path planning in 3D UASNs［J］. IEEE access, 2019, 7：105514-105530.

［63］Chen M, Chu H, Wei X. Flocking Control Algorithms Based on the Diffusion Model for Unmanned Aerial Vehicle Systems［J］. IEEE Transactions on Green Communications and Networking, 2021, 5（3）：1271-1282.

［64］Wan K, Gao X, Hu Z, et al. Robust Motion Control for UAV in Dynamic Uncertain Environments Using Deep Reinforcement Learning［J］. Remote Sensing, 2020, 12（4）：1-21.

［65］赵学远，周绍磊，王帅磊，等．多无人机系统编队控制综述［J］．仪表技术，2020，（1）：40-42.

［66］蔡中轩. 无人机群体分布式导引关键技术研究与系统实现［D］. 长沙：国防科技大学，2017.

［67］成成. 多无人机协同编队飞行控制关键技术研究［D］. 长春：中国科学院大学（中国科学院长春光学精密机械与物理研究所），2018.

［68］孙彧，曹雷，陈希亮，等. 多智能体深度强化学习研究综述［J］. 计算机工程与应用，2020，56（5）：13-24.

［69］孙长银，穆朝絮. 多智能体深度强化学习的若干关键科学问题［J］. 自动化学报，2020，46（7）：1301-1312.

［70］张瑞鹏，冯彦翔，杨宜康. 多无人机协同任务分配混合粒子群算法［J］. 航空学报，2022，43（12）：418-433.

［71］Kohonen T. Self-Organization and Associative Memory［M］. London：Springer-Verlag & Business Media，2012：37.

［72］Kohonen T, Kaski S, Lagus K, et al. Self organization of a massive document collection［J］. IEEE Transactions on Neural Networks，2000，11（3）：574-585.

［73］Zhu D, Zhou B, Yang S X. A Novel Algorithm of Multi-AUVs Task Assignment and Path Planning Based on Biologically Inspired Neural Network Map［J］. IEEE Transactions on Intelligent Vehicles，2021，6（2）：333-342.

［74］Xiang C, Zhu D, Yang S X. Multi-AUV Target Search Based on Bioinspired Neurodynamics Model in 3-D Underwater Environments［J］. IEEE Transactions on Neural Networks & Learning Systems，2016，27（11）：2364-2374.

［75］Sun B, Zhu D, Tian C, et al. Complete Coverage Autonomous Underwater Vehicles Path Planning Based on Glasius Bio-inspired Neural Network Algorithm for Discrete and Centralized Programming［J］. IEEE Transactions on Cognitive & Developmental Systems，2019，11（1）：73-84.

［76］Zhu D, Xiang C, Bing S, et al. Biologically Inspired Self-Organizing Map Applied to Task Assignment and Path Planning of an AUV System［J］. IEEE Transactions on Cognitive and Developmental Systems，2018，10（99）：304-313.

［77］Hendzel Z. Collision free path planning and control of wheeled mobile robot using Kohonen self-organising map［J］. Bulletin of the Polish Academy of Sciences, Technical Sciences，2005，53（1）：39-47.

［78］Zhu A, Yang S X. A neural network approach to dynamic task assignment of multirobots［J］. IEEE Transactions on Neural Networks，2006，17（5）：1278-1287.

［79］Yi X, Zhu A, Yang S X, et al. A Bio-Inspired Approach to Task Assignment of Swarm Robots in 3-D Dynamic Environments［J］. IEEE Transactions on Cybernetics，2017，47（4）：974-983.

［80］Nazarahari M, Khanmirza E, Doostie S. Multi-objective multi-robot path planning in continuous environment using an enhanced Genetic Algorithm［J］. Expert Systems with Applications，2019，115：106-120.

［81］Jiehong Wu, Yanan Sun, Danyang Li, et al. An Adaptive Conversion Speed Q-Learning Algorithm for Search and Rescue UAV Path Planning in Unknown Environments [J]. IEEE Transactions on Vehicular Technology, 2023, 72 (12): 15391-15404.

[82] Jiehong Wu, Jingchuan Zhang, Yanan Sun, et al. Multi-UAV Collaborative Dynamic Task Allocation Method Based on ISOM and Attention Mechanism [J]. IEEE Transactions on Vehicular Technology, early access.

[83] Jiehong Wu, Danyang Li, Yuanzhe Yu, et al. An Attention Mechanism and Adaptive Accuracy Triple-Dependent MADDPG Formation Control Method for Hybrid UAVs [J]. IEEE Transactions on Intelligent Transportation Systems, early access.

[84] Jiehong Wu, Liangkai Zou, Liang Zhao, et al. A multi-UAV clustering strategy for reducing insecure communication range [J]. Computer Networks, 2019, 158 (20): 132-142.

[85] Jiehong Wu, Jianzhou Zhou, Lei Yu, et al. MAC Optimization Protocol for Cooperative UAV Based on Dual Perception of Energy Consumption and Channel Gain [J]. IEEE Transactions on Mobile Computing, early access.

[86] Jiehong Wu, Jian Ma, Yingying Rou, et al. An Energy-Aware Transmission Target Selection Mechanism for UAV Networking [J]. IEEE Access, 2019, 7: 67367-67379.

[87] Diestel R . Graph Theory [J]. Mathematical Gazette, 2000, 173 (502): 67-128. DOI: 10.2307/3620535.

[88] Horn R A, Johnson C R. Topics in matrix analysis [M]. Cambridge. Cambridge university press, 1994.

[89] Biggs N. Algebraic graph theory [M]. Cambridge. Cambridge university press, 1993.

[90] Akyildiz I F, Su W, Sankarasubramaniam Y, et al. A survey on sensor networks [J]. IEEE Communications Magazine, 2002, 40 (8): 102-114.

[91] 周赫雄. 复杂海洋环境影响下 UUV 远程航海能耗优化的路径规划研究 [D]. 哈尔滨: 哈尔滨工程大学, 2018.